Vom Unsinn des Lebens

Amir Kassaei

VOM UNSINN DES LEBENS

Was mich mein Weg vom Kindersoldaten
zum besten Werber der Welt gelehrt hat

AMIR KASSAEI

Unter Mitarbeit von Carolina Pasamonik

Econ

Um die Persönlichkeitsrechte einiger handelnder Personen zu wahren, wurden einige Namen, Orte und Personenbeschreibungen verfremdet. Alle in diesem Buch dargestellten Ereignisse, Szenen und Dialoge haben sich aber so wie beschrieben oder in sehr ähnlicher Weise abgespielt.

Wir verpflichten uns zu Nachhaltigkeit
- Papiere aus nachhaltiger Waldwirtschaft und anderen kontrollierten Quellen
- Druckfarben auf pflanzlicher Basis
- ullstein.de/nachhaltigkeit

MIX
Papier | Fördert gute Waldnutzung
FSC® C014496
FSC www.fsc.org

Econ ist ein Verlag
der Ullstein Buchverlage GmbH
ISBN: 978-3-430-21108-6

Redaktion: Michael Schickerling, schickerling.cc, München
Umschlaggestaltung und Layout: Barbara Lewall, Wien
Gesetzt aus der Swift LT Pro
Satz und Repro: LVD GmbH, Berlin
Druck und Bindearbeiten: GGP Media GmbH, Pößneck

Für Chiara, Olivia, Ornella und Vito

Here's to the crazy ones, the misfits, the rebels,
the troublemakers, the round pegs in the square holes …
the ones who see things differently – they're not fond
of rules … You can quote them, disagree with them, glorify
or vilify them, but the only thing you can't do is ignore them
because they change things … they push the human race
forward, and while some may see them as the crazy ones, we
see genius, because the ones who are crazy enough to think
that they can change the world, are the ones who do.

Apple-Kampagne »Think different«

INHALT

STERBEN

Bereuen verboten

Anneliese Wüllner saß mit dem Rücken zur Tür in ihrem Rollstuhl und schwieg. Die kleine Person mit Engelsgesicht, eingerahmt von schneeweißen Haaren, war noch nie allzu redselig gewesen, ihr Schweigen fiel mir daher kaum auf. Doch die Atmosphäre in dem kleinen Zimmer des Altersheims im 19. Wiener Bezirk wog an dem Tag schwerer als sonst, alles wirkte irgendwie dunkler, farbloser. Hätte ich die Tränen nicht ihre Wange herablaufen sehen, wäre ich vielleicht gleich wieder gegangen, nachdem Kaffee und Kekse serviert waren. Doch ich blieb, setzte mich zu ihr, fragte nach und hörte zu. Und kann seitdem nicht mehr vergessen, was sie mir erzählte.

1926 wurde Anneliese mit achtzehn Jahren als Tochter eines Großindustriellen aus Salzburg auf Bildungsreise nach Australien geschickt. Damals war es in wohlhabenden österreichischen Familien üblich, die jungen Töchter in die Welt zu schicken, bevor sie so standesgemäß wie konservativ in den Hafen der Ehe und der Familiengründung geleitet wurden. So auch bei den Wüllners. Nach einem Jahr in Down Under reiste Anneliese wieder in ihre Heimat zurück, lernte in Wien ihren zukünftigen Ehemann kennen, gründete mit ihm eine Familie, bekam vier Kinder und noch mehr Enkel. Sie lebte stets wohlsituiert, bewegte sich in guten Kreisen, fühlte sich akzeptiert und zufrieden. Doch siebzig Jahre nach ihrer Reise, 1996, saß sie nun weinend im Altersheim und sagte zu mir: »Ich habe das falsche Leben gelebt.«

Selbst wenn solche Reisen in den damaligen Zeiten kaum zu vergleichen sind mit den heute bekannten »Sabbaticals« oder »Work & Travel«, in denen alles – privat oder beruflich – erlaubt ist: Anneliese Wüllner war wohlhabend und sicher wohlerzogen, aber ebenso jung und leidenschaftlich. Sie verliebte sich in einen jungen Mann und verbrachte in Australien herrlich erfüllte Momente voller Liebe und Glück.

Bis ihr Aufenthalt vorbei war, sie dem Ruf von Familie und Gesellschaft erneut folgte und nach Österreich zurückkehrte. Es war nicht an ihr, diese Entscheidungen zu treffen, geschweige denn, ihr Leben selbst zu bestimmen, sagte mir Frau Wüllner. Siebzig Jahre später merkte sie – wusste sie, dass es nicht das Leben war, das sie tatsächlich wollte. Welches sie durch und durch glücklich gemacht hätte, wirklich ihr Leben gewesen wäre.

Sie sah noch immer die große Liebe in dem Mann, den sie in Australien zurücklassen musste und den sie nach ihrer kurzen gemeinsamen Beziehung nie mehr wiedertraf. Er hätte ihr Leben erfüllen sollen, Teil davon sein müssen. Sie hätte bleiben sollen, irgendwie. All das kam an diesem Tag über sie, eine große und erschreckende, schmerzende Erkenntnis, die außer Leid nicht mehr viel bringen kann: Ich habe mich falsch entschieden, die falschen Prioritäten gesetzt, bin falsch abgebogen. Das erschüttert bis ins Mark – und wenn man denkt, schlimmer geht es nicht, kommt die zweite Einsicht: Nichts ist nunmehr umkehrbar, rückgängig zu machen, nichts lässt die Zeit zurückdrehen.

Diese Erkenntnis der alten Dame kann ich sehr gut nachvollziehen, ihre Geschichte ist traurig und schmerzhaft. Besonders da sie wenige Tage danach starb, nachts, mit niemandem an ihrer Seite – außer mir, dem Zivi. Dennoch war sie gewiss kein Opfer eines Systems, einer Familie, eines Standes oder was auch immer. In meinen Augen war sie vielmehr den einfacheren Weg gegangen. Das sah ich schon damals so, und das tue ich heute noch. Gleichzeitig treibt mich seit jeher folgender Gedanke an: Mir wird das nicht passieren. Niemals. Denn nie in meinem Leben, vor allem aber nicht am Ende, möchte ich so dastehen und alles bereuen.

Und damit willkommen im Unsinn des Lebens. Anders kann man das, was wir Leben nennen, oft nicht bezeichnen. So oft ergibt nichts einen Sinn, so oft sind wir Zuschauer in

Aktion und Täter in Ohnmacht – und dann kommt es wieder anders, als man denkt. Alles ist gut, doch gelebt hat man nicht. Alles ist schlimm, doch Spaß hat's gemacht. Und wann zum Teufel soll man das merken, ändern, lassen, kommt die Einsicht doch immer erst später. Chaos in seiner strukturiertesten Form, das ist wohl Leben.

Man kann sich offensichtlich und wortwörtlich ein Leben lang einreden, dass alles richtig ist. Man kann seine Entscheidungen schönreden oder sich alternativ arrangieren, »das Beste machen« aus dem, was man hat. Man kann Optionen wählen, die gewisse Vorteile versprechen, welche man aus diversen Gründen anderen vorzieht. In Strukturen und Ziele investieren, die erstrebenswert erscheinen. Und einmal gefällte Entscheidungen als die einzig richtigen deklarieren. Am Ende des Lebens musst du dich immer der Wahrheit stellen, und zwar ungelogen und allein. Nicht als Rechtfertigung anderen gegenüber oder für deren Seelenfrieden, nicht für die Aufrechterhaltung eines hohen Ansehens oder für einen Eintrag in die Weltgeschichte. Sondern vor dir selbst, ganz allein vor dir selbst, nackt, ungeschönt und ohne Chance auf eine zweite Chance – eben weil diese Rekapitulation am Ende des Lebens passiert. Und du dich fragen wirst: »Ich hatte nur dieses eine Leben, habe ich es wahrhaftig gelebt? Alles für mich herausgeholt? Alles für mein Glück getan?«

AM ENDE DES LEBENS MUSST DU DICH IMMER DER WAHRHEIT STELLEN, UND ZWAR UNGELOGEN UND ALLEIN.

Sich diesen Fragen zu stellen ist übrigens kein freiwilliges Manöver, falls die eine oder der andere die Lösung darin sieht, es schlicht sein zu lassen. So einfach wird es nicht gehen, dazu habe ich allein in meiner Zivildienstzeit zu viele Menschen sterben sehen. Dafür sind wir wohl auch nicht gemacht, denke ich: Unseren Lebtag gehen wir uns mit dem ewigen Hinterfragen auf die Nerven, am Ende werden wir es sicher nicht sein lassen. Also, was dann? Wie gewappnet sind wir auf diese Fragen – und wichtiger: auf die Antwort?

Ich habe mir schon vor diesem schicksalhaften Tag mit Frau Wüllner diese Frage gestellt. Sie hatte sich allerdings in ihrer Geschichte so brutal manifestiert, dass es schien, als hätte ich endlich das Erlebnis und die Worte zu diesem Gefühl, das lange in mir wohnte. Ich begann zu verstehen, was ich wollte, wenn ich immer alles aus allem herauszuholen versuchte. Mich jeden Tag fragte, was ich wirklich möchte und wie ich es erreichen kann. Früher ging es oftmals ums Überleben, um ehrlich zu sein, mir etwas zu essen leisten, Schlaf finden, nicht erschossen werden, durchhalten. Später waren es andere Ziele: endlich eine Werbekampagne zu machen, die irgendjemandem gefällt, zum Beispiel. Noch später ging es darum, mein Leben so einzurichten, dass ich trotz zweihundertachtzig Tagen im Flugzeug meine Kinder überhaupt mal zu Gesicht bekomme. Und bei alldem nie Reue zu empfinden, weder über die Zeit im Flieger noch über die im kalten Keller, geschweige denn über die glückliche. Natürlich ist das eine verrückte Herausforderung, wenn man im Minenfeld steht, weit über tausend Kilometer zu Fuß flüchtet oder einer sterbenden Frau die Hand hält. Doch selbst in solchen Momenten hatte ich im Kopf, alles aus ihnen herauszuholen, irgendwie.

Ich glaube, in mir steckt noch immer der kleine iranische Junge, der so unschuldig ist, dass er überzeugt davon ist, mit Liebe und Leidenschaft alles erreichen zu können. Damit meine ich weder materielle Dinge noch Erfolg oder Macht. Sondern die Schöpfung meines eigenen Potenzials – was auch immer das ist, Talent nämlich eher nicht – und dem daraus resultierenden Glück. Mir geht es nicht darum, ob so ein wahres, aktiv gelebtes, bewusst entschiedenes Leben mal frustrierend ist, schmerzhaft oder zum Kotzen. Es geht nicht darum, ob man gehasst und geschasst wird, ständig Gegenwind erfährt, aber kaum Chancen. Denn umgekehrt wird daraus genauso wenig ein Schuh: nie Hindernisse gesehen, nie Schwierigkeiten gehabt, stets in Sicherheit gelebt – für mich garantiert kein erfülltes Leben. Angepasst, nachgegeben, schweigend geduckt kann man durchkommen, wahrlich leben hingegen kaum. Anneliese Wüllner hat nicht ihr wahres Leben gelebt, wobei ihr in den siebzig Jahren sicher weder nur alles in den Schoß fiel noch jeder Tag ein Albtraum war. Sie sagte es selbst: Sie liebte ihren Mann, ihre Kinder, ihr Leben. Irgendwie. Es war gut, nicht schlecht, nicht sinnlos. Aber doch nicht ihres.

So erging und ergeht es vielen Menschen: Sie beugen sich, kapitulieren. Damals wie heute und sicher auch morgen, wenn auch in anderen Formen, Normen, Zwängen. Was soll man schon machen, wenn einem ständig Steine in den Weg gelegt werden oder zumindest keine goldenen Löffel in den Mund? Es sind nur wenige damit gesegnet, ein schönes und selbstbestimmtes Leben zu leben – in der richtigen Familie, im richtigen Land, mit der richtigen Hautfarbe, mit Geld, Macht, Talent? Von wegen, Freunde, hier geht die Reise nicht hin, Jammerland hat geschlossen. Den einfachen Weg nehmen, klein beigeben, andere beschuldigen oder wehklagen, tut euch keinen Zwang an – aber Leben ist das nicht. Das als Vorwarnung, wenn ihr im Sterbebett das große Zittern befürchtet, denn es wird kommen, und die einzige Lösung lautet: Dieses eine ganze Leben lang aufstehen, entscheiden, handeln, leben. Hier, jetzt, jeden Tag, immer und immer wieder.

Anneliese Wüllner hätte es tun sollen – und tun können. In Australien bleiben, das Risiko eingehen, ihrer Liebe folgen, ihrem Glück. Hätte es schiefgehen können? Hätte es Schmerz ob der verlorenen Familie bedeutet? Ja, natürlich. Aber wer Garantien braucht, sucht diese, während das Leben an ihm vorbeizieht. Und wer weiß, womöglich gibt es ein paar Menschen, die nach achtzig Jahren voller Suchen nach Sicherheit sagen, das war das beste Leben, das sie sich jemals hätten vorstellen können – weil sie bei dieser Suche auf volles Risiko gegangen sind. Doch selbst das belegt nur meine Aussage: Lebe dein Leben, wie unbequem, steinig und quälend es sein mag. Solange du dein Ding durchziehst, ist es richtig.

Mein Leben war steinig, oft gnadenlos, manchmal brutal – und immer meines. Ich musste viel einstecken, viel Mist ertragen, viel Leid, Angst, Not. Doch ich weiß seit geraumer Zeit, dass ich in meinen letzten Minuten mit einem Lächeln auf jeden dieser verdammten Tage zurückblicken und sagen werde: »Fucking hell, was für ein Leben, was für ein Ritt, grandios!« Nicht nur, weil es auch unfassbar herrliche Zeiten gab, voller Glück, Liebe, Erfolg und Zufriedenheit. Sondern weil ich für jede noch so beschissene Erfahrung dankbar bin, weil ich aus jeder von ihnen etwas gezogen habe: Jede hat mich stärker gemacht, weiser, besser, vor allem aber zu dem, der ich bin.

FUCKING HELL, WAS FÜR EIN LEBEN, WAS FÜR EIN RITT, GRANDIOS!

Mit Anspruch

Solch eine seltsam reflektierte Lebenseinstellung erfordere doch ungemein viel Kraft, heißt es oft: »Welch starken Turbo hast du da in dir?« Ich weiß manchmal nicht so genau, wovon die Leute reden, aber es wird schon stimmen: Mir wurde eine gewisse Stärke mitgegeben. Und ich habe zwar das Glück, diese Eigenschaft schon immer in mir zu tragen – ob in den Genen oder im Geiste, ist nebensächlich –, aber ich habe sie zudem trainiert und genutzt, spätestens ab dem Tag, an dem ich auf mich allein gestellt war. Mir fehlten gerade in diesen frühen Phasen meines Lebens häufig die Wahlmöglichkeiten, sodass ich nicht behaupten kann, stets die richtigen Entscheidungen getroffen zu haben – oft gab es nämlich keine zu treffen. Ereignisse haben stattgefunden, die ich lediglich erlebte, passiv, sie sind mir passiert. Hier hatte ich keine anderen Optionen. Es ging nicht um mehr oder weniger Kraft, mehr oder weniger Turbo. Es ging ums blanke Überleben. Ich hatte keine Zeit, zu wählen oder zu arrangieren, und ebenso wenig, zu jammern und zu motzen. Ich kannte den Luxus nicht – und bin heute dafür dankbar.

Nichtsdestotrotz standen für mich während all der dramatischen und glücklichen, schlimmen und schönen Phasen meines Lebens drei Fragen im Vordergrund: Was für ein Leben möchte ich leben? Wie möchte ich es leben? Und wo möchte ich es leben? Nicht, dass ich bereits mit sechs Jahren jeden Tag vor mich hin philosophierte, doch mir wurde recht schnell klar, dass ich das Leben sehr bewusst wahrnahm, es geradezu inhalierte und irgendwie gezielt zu gestalten versuchte. Spätestens seit Frau Wüllners Geschichte konnte ich diese Herangehensweise an das Leben auf ebenjene Fragen herunterbrechen. Und vielleicht wäre auch ihr deutlich früher aufgefallen, dass etwas im Argen liegt, hätte sie sich öfter gefragt, ob sie wirklich dieses Leben leben will, oder ob doch etwas sticht, drückt, schmerzt.

Das soll nicht heißen, dass es stets einen fixen Plan fürs Leben gibt oder dass wir diesen zunächst erstellen und uns dann strikt an ihn halten müssen, bevor wir wahrhaftig leben. Es bedeutet genauso wenig, dass wir zu jedem Zeitpunkt direkt und absolut aussteigen können aus unserer Existenz, ist diese nun auf dem Minenfeld oder im Schloss. Es heißt vielmehr, zuzuhören, wenn es in einem ruft oder gar brüllt – und möglichst schnell etwas zu ändern, anstelle an irgendeinem Plan festzuhalten, den man selbst oder andere gemacht haben.

Meine Antworten auf diese Fragen lauten: Ich möchte ein Leben leben, in dem ich meine Werte zu eintausend Prozent realisieren kann, nämlich: Anspruch, Respekt und Konsequenz. Ich möchte es so leben, dass ich niemanden verletze, vor allem nicht bewusst – allerdings werde ich mich immer wehren, wenn es ungerecht zugeht, ob mir oder anderen gegenüber. Und die Frage nach dem Wo zielt für mich nicht vornehmlich auf die örtliche oder lokale Dimension, sondern abstrakter auf ein Konzept von Heimat oder Obdach. Ich habe solch ein Zuhause und meine Wurzeln in sehr jungen Jahren verloren und bin heimatlos geworden. Zugleich habe ich die Idee dahinter aber so verinnerlicht, dass ich sie stets mit mir trage. Sozusagen als innere Uhr, nur nicht zur Messung von Zeit, sondern von Heimat: Fühle ich mich wohl, fühle ich mich zu Hause.

Diese Antworten brauchen natürlich viel mehr Raum, sie machen mich aus, sind komplex und kontextgeladen. Aber das sind sie bei jedem von uns – wenn man sie sich denn stellt und wirklich nach Antworten sucht. Diesen Raum erhalten sie in diesem Buch auf beinahe jeder Seite, ob schwarz auf weiß, schwarz auf schwarz oder zwischen den Zeilen. Sie sind mein roter Faden, meine Checkliste, mein Sicherheitsnetz. Mit ihnen versuche ich sicherzustellen, im Sterbebett keine böse Überraschung zu erleben. Und bis dahin regelmäßig das Glücksgefühl, genau dort zu sein und das zu tun, was ich möchte. Gleichzeitig erzählt dieses Buch, was all das aus mir gemacht hat – und was ich in dieses Spiel mitbrachte. Denn ich wäre sicher nicht der, der ich heute bin, wäre all das nicht geschehen. Doch das Geschehene wäre auch nicht das, was es ist, wäre ich nicht gewesen.

DAS GESCHEHENE WÄRE AUCH NICHT DAS, WAS ES IST, WÄRE ICH NICHT GEWESEN.

Klingt arrogant und überheblich? Mag sein, aber lediglich für Menschen, die nicht verstehen, dass Bescheidenheit die größere Lüge und weniger sympathisch ist als eine reelle Selbsteinschätzung. Seit mindestens zweitausend Jahren werden Misfits, Rebellen und Visionäre ihrer Zeit, die nicht nur wissen, was sie wollen und können, sondern es zudem freiheraus sagen, als Großmaul beschimpft. Sie müssen mit gigantischem Gegenwind rechnen, mögen ihre Ideen noch so gut sein. So what? Ich sage nicht, dass das gut ist – mein Gerechtigkeitsgefühl wiegt schwer. Aber ich bin überzeugt, dass wir Misfits dadurch nur besser werden.

Ich habe unfassbar viele Fehler gemacht, Scheiße gebaut, Dinge versaut, mir Feinde gemacht – das gehört dazu. Wer stromlinienförmig durchs Leben geht, schreibt mit fünfundfünfzig Jahren wohl kaum seine Biografie. Ich bin mit mir im Reinen. Und lande auch deswegen stets am richtigen Platz. Soll nicht heißen, am schönsten oder gemütlichsten Platz: Wer will schon im Minenfeld landen, im Kellerloch, auf der Flucht? Niemand, selbst ich nicht. Doch dank meiner Einstellung, meiner Werte, die mir stets als Koordinatensystem dienten, konnte ich diese Situationen meistern, konnte mit fünfzehn entscheiden, ohne Heimat zu leben, jeden Tag allein aufzustehen, durchzuziehen und meine Geschichte zu formen.

Anspruch, Respekt und Konsequenz sind jene Werte, die ich lebe, seit ich bewusst darüber nachdenke, an jedem verfluchten Tag. Denn hätte ich es ab dem Alter von fünfzehn Jahren nicht getan, hätte es niemand für mich getan. Niemand stellte Ansprüche an mich, niemand zollte mir Respekt, niemand bedachte die Konsequenzen, sollte ich nicht aufstehen, nicht weitermachen. Niemand hat mich wahrgenommen, mich gesehen, mir zugehört, geschweige denn an mich geglaubt. Ich war der Einzige, der dies tat. Nicht weil ich mich so geil fand oder so überzeugt von mir war. Sondern weil ich sonst schon längst tot wäre.

ANSPRUCH, RESPEKT UND KONSEQUENZ SIND JENE WERTE, DIE ICH LEBE.

Jeder braucht einen Grund, um morgens aufzustehen. Also erschuf ich einen Amir, der es wert war, der es schaffen würde, der stark genug war, für den es sich aufzustehen lohnte. Genau dieser Amir bin ich noch heute und werde es immer bleiben. Meine Haltung ist Zeugnis meiner Entscheidung, das Leben so zu nehmen, wie es kommt – und es dann zu packen und zu formen, wie es mir gefällt. Dazu gehören für mich eben diese Werte, inklusive aller Zwischenschritte, Fehltritte, Fußtritte, Volltreffer. Sie begleiten entsprechend die gesamte Geschichte des untalentierten Mr. Kassaei und bilden das Gerüst meines Buchs.

Ich stelle den Anspruch, alles, was ich anfasse, richtig gut zu machen, mit bestem Wissen und Gewissen, mit allem, was ich mitbringe, so ungeschönt wie nötig, so offen wie möglich. Nun bin ich kein Genie oder Gott und wie gesagt in vielen Bereichen untalentiert – wenn es um zwischenmenschliche Beziehungen geht, gehöre ich leider sogar zur Kreisliga. Diese Defizite sind mitunter Ergebnis meiner Geschichte, und ich habe es nie geschafft, sie auszumerzen und loszuwerden. Nichtsdestotrotz habe ich gekämpft und ein ums andere Mal versucht, besser zu werden. Diesem Anspruch bin ich, glaube ich, gerecht geworden: immer alles zu geben. Keine halben Sachen, keine fünfzig Prozent, kein »Hauptsache durchkommen« – wenn es für mich um etwas geht. Entsprechend gilt dies nicht unbedingt für Belangloses: Materiell beziehungsweise finanziell hätten andere aus meinen Möglichkeiten wesentlich mehr herausgeholt, doch mein Interesse hieran war schon immer begrenzt. Ähnlich ergeht es mir bei Begeisterung, Bewunderung, Ehrerbietung oder Achtung: Ich hätte mir eine ganz andere Fangemeinde, zumindest aber erheblich weniger Feinde heranziehen können – aber diesen Anspruch hatte ich nie.

Erkenne ich jedoch einen Nutzen, eine echte Bedeutung, steigen mein Interesse und mein Ehrgeiz ins Unermessliche, nichts ist zu aufwendig oder zu anstrengend, um dieses Ziel zu erreichen. So erging es mir im Job grundsätzlich immer. Keine Kampagne, kein Text, kein Bild fand meine Akzeptanz, wenn es nicht absolut höchsten Ansprüchen, nämlich meinen Erwartungen an mich selbst, genügte. Interessierte mich etwas nicht oder schien es mir belanglos, verlor ich jegliche Lust an der Sache, konnte ich keine Motivation finden. Niemand hat mich gezwungen, Chef der größten Werbeagentur der Welt zu werden, ich hätte in einer kleinen Klitsche in Wien bleiben und meinen Lebtag lang ganz normale Werbung machen können, entspannt, mit viel Freizeit, Freunden, Familie, Fußball, wer weiß. Doch allein, wenn ich mir genau das vorstelle, dreht sich mir der Kopf vor Langeweile. Es musste einfach immer mehr sein, Neues, Hartes.

Kamen solche Herausforderungen, gab es kein Ende, bis alles perfekt war, und das mit Freude, Elan und Vollgas. Dies verlangte ich von mir selbst – aber ebenso von meinen Mitarbeitern. Sie wussten das, mussten es manchmal bitter lernen, und doch hat kaum jemand geheult, denn es ging immer um die Sache, das gemeinsame Ziel. Ich habe nicht nur gefördert, sondern gefordert, und zwar alles. Wem es nicht passte, ging oder war verloren. Die meisten blieben jedoch und hatten Spaß an dem Feuer, das wir gemeinsam legten, an dem Anspruch, den ich stellte – weil das Ergebnis umso besser war. Ich bin überzeugt, dass die meisten über mich sagen: »Dieser Wahnsinnige hat mich geprägt und das Beste aus mir herausgeholt.

WER SUBSTANZ WILL, MUSS WEITER GEHEN ALS ÜBLICH.

Es war nicht immer reiner Spaß, okay, aber richtig gut.« Womöglich würde ich heute verklagt ob meiner Ansichten oder des Drucks, aber wer Substanz will, muss weiter gehen als üblich. Zudem greift hier der zweite Wert meiner Lebensphilosophie: Respekt.

Es gibt für mich nichts und niemanden, der keinen Respekt verdient hat. Meine Mitarbeiter eingeschlossen, ebenso mich selbst. Die Zeiten, in denen ich dies lernte, ließen es genau daran mangeln, doch meine Schlussfolgerung war nie, mich bewusst oder unbewusst zu rächen, ob an Einzelnen oder stellvertretend an der gesamten Welt. Diese Neigung liegt mir allein deshalb nicht, weil ich selten Wut fühlte, wenn ich respektlos behandelt wurde, sondern vielmehr Antrieb, Stimulation, meine Situation zu ändern. Und es dann besser zu machen, Respekt zu zeigen, jedem gegenüber, ob Anfänger oder Profi, Spaßbremse oder Lauthals, Porschefahrer oder Hartz-IV-Empfänger, Einheimischer oder Migrant. Schon diese Kategorien sind ziemlich lächerlich, wenn es um Respekt geht, um den Umgang miteinander. Hier siegt mein Gerechtigkeitssinn, der keine Unterschiede erkennen mag. Zugleich meine ich, dass jede dieser Parteien Hol- und Bringschuld hat, selbst alles geben muss, eben Ansprüche nicht nur an andere, sondern auch an sich selbst stellen soll. Passiert dies nicht, ist es kein Wunder, wenn solche Menschen keine Achtung vor anderen zeigen.

Ich wurde zum Beispiel als Flüchtling – als dunkelhäutiger Junge im hellen Europa – mehr als einmal beschissen behandelt. Doch ich habe geliefert und die Zähne zusammengebissen, bis ich es geschafft hatte. Eigentlich könnte das jeder:

ein wenig Demut zeigen, sich zunächst als Gast höflich einordnen und sich einbringen. Dass das nicht immer reicht, ist mir bewusst, denn selbst dann lassen sich damals wie heute die widerlichsten Reaktionen gegenüber Flüchtlingen oder Ausländern beobachten – doch auch das hat nichts mit Respekt zu tun. Ich habe mir als Flüchtling in Österreich nie etwas zuschulden kommen lassen – und musste lernen, dass das nicht reicht. Ich lernte zudem, dass es mir nichts bringt, verbittert um mich zu schlagen, zu jammern oder Forderungen zu stellen.

Denn ob Erfolge oder Fehler, ob Strategie oder Ausrutscher, es sind unsere, also müssen wir die Konsequenzen tragen. Entsprechend empfinde ich es als falsch, sich bei den einen als Held und den anderen als Opfer hinzustellen. Dumm gelaufen, aufstehen, schütteln und weitermachen – und zwar mit exakt dem Gold, das man selbst geschürft, oder dem Mist, den man selbst gebaut hat. Was einfach klingt, ist es nicht, das gebe ich zu. Aber zum einen hat mich »einfach« noch nie gereizt, zum anderen geht es schlicht um zu viel, als dass es mit zwei Handgriffen erledigt oder mit drei Gedanken getan wäre.

Nehmen wir Gunter Sachs als brillantes Beispiel für Konsequenz in meinem Sinne: Nicht nur hat er sein Selbstverständnis und seine Überzeugungen durchgehend gelebt – er ist auch so gestorben. Die Kritiker von Suizid mögen das anders sehen (und ziemlich sicher nur theoretisch), aber was Sachs getan hat, ist für mich der Inbegriff von unbeirrbarer Kohärenz. Das ist es, was ich meine, wenn ich von Wahrhaftigkeit spreche, das ist es, was mich überzeugt und antreibt: durchziehen, woran man glaubt, um jeden Preis, ohne Schuldzuweisung, ohne Rückzug, ohne Reue.

Steve Jobs ist ein anderes Beispiel für diese Tugend: Er war mit seinen Ideen und Visionen – die oftmals zu innovativ und eigen waren, um direkt verstanden zu werden – ebenso wie mit seiner außergewöhnlichen Unternehmensführung ungemein konsequent. Dafür verehre ich ihn bis heute, selbst wenn er die Kombination von Wahrhaftigkeit und Respekt lange Zeit anders sah als ich. Bei aller Ehrfurcht vor diesem Mann: Er konnte ein respektloses Arschloch sein. Dennoch achte ich ihn für seine Konsequenz, die nur wenige zeigen oder leben, es dafür aber umso weiter bringen, was ihr persönliches Glück betrifft. Es mag das schwierigste Ziel überhaupt sein, schließlich muss man nicht nur seine Stärken, sondern zudem seine Schwächen kennen, sich sich selbst stellen.

Wenn das einfach wäre, würde es jeder machen, ja. Ist es nicht, muss es aber auch nicht. Es reicht schon, sich anzunähern, sich selbst zu beobachten und anzutreiben. Wo wir auf einer fiktiven Skala von konsequenter Haltung oder Wahrhaftigkeit schließlich landen, ist weniger relevant als die Tatsache, dass wir es jeden Tag versuchen. Ich tue es, noch immer und mit voller Überzeugung, dass alles andere mehr Vegetieren als Leben bedeutet.

Zusammengenommen bilden diese Werte für mich ein Koordinatensystem, an dem ich mich stets orientieren kann. Ich muss noch immer den richtigen Weg finden, ihn gar ebnen, ihn in jedem Fall selbst gehen, aber mit diesen Werten weiß ich, dass ich auf dem richtigen Weg bin. Bevor hier ein falsches Bild entsteht: Ich kann auch laut, wild und ungestüm werden, und muss es mir schon sehr lange nicht mehr bieten lassen, respektlos behandelt zu werden. Dennoch gleiche ich meine Handlungen und Sichtweisen mit meinen Werten Anspruch, Respekt und Konsequenz ab und bestimme, ob sie mich zu meinem Glück führen, zu meiner Haltung passen, mich meinem Ziel näher bringen: nämlich mein Leben zu leben. Und mein Buch zu schreiben.

ICH KANN AUCH LAUT, WILD UND UNGESTÜM WERDEN, UND MUSS ES MIR SCHON SEHR LANGE NICHT MEHR BIETEN LASSEN, RESPEKTLOS BEHANDELT ZU WERDEN.

Dieses beinhaltet ein paar Stellen, die vorsorglich geschwärzt sind. In diesen kamen mein Wertesystem und juristische Schlaglöcher zusammen. Beide geboten, meinen Respekt und meinen Anspruch anzuwenden, um meine Geschichte zu erzählen, ohne anderen ihre zu nehmen. So manches geschriebene Wort hat Konsequenzen, die es mir nicht wert sind, gezogen zu werden. Die aber auch nicht nötig sind. Der Unsinn, den ich erlebt habe, erstrahlt selbst in diesem Schwarz und lässt gar Raum für mehr – float like a butterfly, sting like a bee.

Obwohl ich überzeugt davon bin, dass wir alle solch ein Koordinatensystem in uns tragen, sehen wir jeden Tag, dass nicht alle dieses verwenden. Anneliese Wüllner hat es nicht getan und nicht hingehört, als ihr persönliches Radar Warnsignale ertönen ließ. Bei ihr waren die Rufe der Gesellschaft lauter, und das soziale Skript wurde zum vermeintlich sichereren Hafen, schließlich erleichtern Vorgaben unsere Entscheidungen. Zu einem horrenden Preis, wie sie am Ende lernen musste, wie so viele lernen mussten.

Auf eigene Feder

Das ist er also, dieser Unsinn des Lebens. Dennoch, kein Grund zur Schockstarre. Ja, unglückliche Dinge geschehen einem manchmal, und wenn schon. Dann muss man auch damit weiterarbeiten, da ergibt es nämlich ebenso wenig Sinn, zu heulen oder wegzurennen. Besonders, da wir oft lange brauchen, um wirklich beurteilen zu können, ob und wie schlimm es im Grunde war. In meinem Leben ist mir unfassbar viel »passiert«, inklusive meiner ersten Tochter – so viel zu Glück im Ungeschick. Ich habe zudem gehungert, mich fast totgeschuftet, als Nichtsnutz beschimpfen lassen, bin gefeuert worden, habe liebste Menschen verloren. Aber selbst da kämpfte ich mich durch, weil ich immerhin das in der Hand hatte. Freiwillig? Nicht unbedingt. Doch Opfer? Sicher nicht. Ich habe mich selbst nie mit solch einer passiven Rolle behindert, sondern die Konsequenzen getragen, unabhängig davon, wer sie verursacht hat. Denn solch ein falscher Fokus bringt mich nicht weiter, schafft keine Lösung und macht auch keinen Spaß.

Was allerdings Spaß macht, ist eine Metapher, die ich seit geraumer Zeit mit mir trage und die genau abbildet, wie ich nicht nur durch diesen oftmals wirklich unfassbaren Unsinn des Lebens gekommen bin, sondern warum ich das Ganze zudem noch als grandios bezeichne und nichts davon bereue. Sie vereint meine Werte mit meiner Geschichte, stellt das Fundament meiner Haltung, hilft schlicht in allen schwierigen Phasen – und ist dabei so banal und spartanisch, dass sie beinahe so schwerelos wirkt wie das ihr zugrunde liegende Bild selbst. In ihrer einfachsten Form lautet sie wie folgt: Du bist eine kleine Feder im Wind, doch wenn du dir treu bist, landest du immer am richtigen Platz. Sagt der Kindersoldat aus dem Minenfeld. Klingt unsinnig? Wahnwitzig? Irre? Ja, denn das sind alles Synonyme für brillant, betrachtet man mein gesamtes Leben und meine Freude daran.

Mit mehr Details lässt sich dieses Bild womöglich besser nachvollziehen: Wir sind wie Federn, die mehr als weniger machtlos auf Reisen geschickt werden. Wir können nicht bestimmen, welche Umstände uns treiben. Wohin, wie lange, warum – darauf haben wir als Federn keinen Einfluss. Doch wo auch immer wir landen, was auch immer wir vorfinden, ab diesem Moment liegt es an uns, jeden Vorort zur Hölle zum richtigen Ort zu machen, und wenn es nur der richtige Ort ist, um ihn zu verlassen. Selbst dort können wir agieren, nicht nur reagieren, und entscheiden, was wir dort aktiv aus der Situation machen. Es ist reine Illusion zu glauben, wir hätten immer die unbedingte Herrschaft über unser Dasein – wer meint, Kontrolle zu besitzen, sollte zum Arzt gehen. Das Entscheidende jedoch ist, sich davon nicht abhalten zu lassen, sein Leben zu gestalten und unabhängig vom Ort jedes bisschen Einfluss geltend zu machen, den wir haben.

WER MEINT, KONTROLLE ZU BESITZEN, SOLLTE ZUM ARZT GEHEN.

Das ist meiner Erfahrung nach harte Arbeit, die ab und an mit etwas Glück gesegnet wird, das einige Etappen weniger holprig gestaltet oder sogar hervorragend fröhlich. Dazu muss man mit sich selbst im Reinen sein, nur so kann sich das Gefühl einstellen, dass es richtig ist, dass man die richtigen Entscheidungen trifft, nicht mit jeder hadern muss. Ich bin weder religiös noch esoterisch, aber ich kann es drehen und wenden, wie ich will: Etwas Spirituelles sitzt in meiner Sicht auf die Dinge, zumindest sind es nicht ausschließlich Logik oder kalte Ratio. Das ist selten bewusst intendiert, doch es mündet letztlich darin, also soll es so sein und ich sage: Hör auf deinen Bauch, auf deine Instinkte, gib deinen Visionen und Träumen Raum. Denk nicht zu viel – denn eigentlich können wir ohnehin nur nachdenken, also rekapitulieren, mit Blick nach hinten. Das tun wir aber allemal, meist mit Bedauern, selbstkritisch oder gar selbstmitleidig.

Ich bevorzuge eine Art Vordenken, mit dem Herzen, mit Leidenschaft und mit Neugier anstelle fixer Vorgaben, Zwänge und Sorgen. Sicherheit gibt es nicht, Selbstbestimmung schon, da hilft der minutiöseste Plan nichts. Wer den Mount Everest besteigen will, braucht zwar gewiss einen Plan (oder verdammt viel Geld), doch am Ende tut man es nur, wenn man nicht zu viel nachdenkt, alles zerdenkt. Auch die Mondlandung 1969 kann man als unsinnig und lebensgefährlich bezeichnen, keine Frage – und hätten die Amerikaner damals so gedacht, wären sie nie geflogen. Doch John F. Kennedy sagte: »Wir wollen zum Mond fliegen …, weil es schwer ist.« Dank seiner so ehrgeizigen wie enthusiastischen Vision erlebte die ganze Nation einen verbindenden und mitreißenden Moment. Ich selbst musste sehr früh lernen, dass dieser Unsinn des Lebens weder einfach noch kontrollierbar ist – und genau das bezeichne ich als Glück, schließlich säße ich sonst nicht hier. Natürlich passieren Fehler, baut man Mist, versagt, entscheidet sich falsch, doch das ist allemal erfolgreicher und glückbringender als Heulen, Warten, Stillstehen – das wäre Sterben, das kommt aber danach.

HEULEN, WARTEN, STILLSTEHEN – DAS WÄRE STERBEN, DAS KOMMT ABER DANACH.

Solche Aussagen bringen mir immer wieder heftige Kritik ein, und ich werde als arroganter, Mist erzählender Karrieretyp abgeurteilt. Sorry, Leute, aber darauf kann ich keine Rücksicht nehmen. Wäre ja gelacht, würde ich mich davon aufhalten lassen. Es passiert genau das Gegenteil: Kritik wirkt wie eine Triebfeder auf mich. Ich bin es gewohnt, zu kämpfen, gegen den Strom zu schwimmen, Widerstand zu ertragen. All das weckt sogar meine Energie und lässt mich zu Höchstform auflaufen. Nicht der Provokation willen, nicht des Kampfes willen, das ist mir zu wenig, zu trivial. Es geht vielmehr um Freude am wahrhaftigen Dasein.

Ich zögere keine Sekunde, mich gegen eine Mehrheit zu stellen, den harten Weg zu gehen, die unkonventionelle Seite einzunehmen – manchmal sogar mit einem herrlichen Zusatzeffekt: Menschen zu motivieren, ihren ganz eigenen Mut zu finden, sich zu trauen, zu ihren Ideen zu stehen oder sie einmal laut auszusprechen, für etwas zu kämpfen, das ihnen wichtig, in der Breite aber (noch) nicht anerkannt ist. Die Welt ist voll von normalen, durchschnittlichen, zufriedenen Menschen – und das ist völlig okay. Wir sollten nur nicht vergessen, dass diese selten die Welt verändern oder jubelnd danebenstehen, wenn andere es tun. Wer das versteht, wagt es vielleicht eher, unangepasst nach vorn zu schreiten. Wenn ich mit meiner Geschichte und meinen Werten auch nur einem helfe, hat sich dieses Buch bereits gelohnt.

Ich kenne und lebe diese Werte und mein »Federleben« schon sehr lange. Sie sind Teil von mir, und sie sind Teil jeder Etappe meines Lebens, ob in Teheran oder New York, ob ganz oben oder ganz unten, ob als Vater oder als Sohn, in guten wie in schlechten Zeiten. Sie haben mein Leben gestaltet, meinen Werdegang beeinflusst und mir immer wieder geholfen hochzukommen, als ich durch die Welt getrieben wurde und hart aufschlug.

Ein Beispiel für diese Einstellung und ihre Stärke ist meine Ankunft in Wien. Dreizehn Jahre bevor ich Anneliese Wüllner mit ihrem Schicksal kennenlernte und sie in den Tod geleitete, landete ich aus dem Iran fliehend in dieser Stadt, mit nichts als einem kleinen Rucksack auf dem Rücken, vierzehn Geburtstagen im Herzen, vielen hundert Kilometern in den Beinen, tausend Ängsten und Sorgen – und dem Willen, das fucking Beste daraus zu machen.

NEULAND

1983–1988

Wien

**»WIR SIND WIE FEDERN.
ABER WENN WIR UNS TREU SIND,
LANDEN WIR IMMER
AM RICHTIGEN PLATZ.«**

Fremd und verloren

An meine Landung am Flughafen Schwechat habe ich nur noch wenige konkrete Erinnerungen. Was mir allerdings immer als Erstes einfällt, ist die Kälte, die mich damals empfing: Es war November, laut Wetterstatistik waren es wenige Grad über dem Gefrierpunkt, bewölkt mit leichtem Nieselregen. Während ich Stunden zuvor noch in Istanbul in Jeans und Pulli dasaß, pfiff mir bei meiner Ankunft in Wien ein recht eisiger Wind entgegen. Zu Hause in Teheran hatte es zwar sogar mal geschneit, jedoch selten und noch seltener in Verbindung mit Temperaturen am Nullpunkt über mehrere Tage hinweg. Mein kleiner Rucksack beinhaltete entsprechend zwei T-Shirts, zwei Unterhosen, eine lange Hose und meine Zahnbürste. Eine Winterjacke besaß ich nicht, den einzigen Pullover hatte ich bereits angezogen.

Kalt war es und grau, gefühlt war ohnehin alles grau. Zwar habe ich lange in Wien gelebt und diese Stadt lieben gelernt, doch heute ist sie eine ganz andere als vor vierzig Jahren, als die Nähe zum Ostblock noch spürbar und alles so farblos war. Diese Kombination aus Kälte und Trostlosigkeit schien mir bisweilen sogar aus jedem Gesicht entgegenzustrahlen: Alle wirkten unterkühlt, waren kurz angebunden, etwas barsch. In meiner damaligen Situation hätte das kaum jemand anders gedeutet als distanziert, wenn nicht gar feindlich. Willkommen auf Österreichisch? Vielleicht, doch mir blieb keine Zeit für solche Überlegungen, geschweige denn für Beschwerden.

Da stand ich nun allein in diesem fremden Land, geflohen vor einem Regime, das mir spätestens jetzt nach dem Leben trachtete. Im Alter von knapp fünfzehn Jahren und nach dem Krieg war ich weder völlig naiv noch wirklich zurechnungsfähig, zumindest wäre das mein Fazit heute.

Ein bekanntes Gesicht zu erblicken war aber so oder so eine willkommene Abwechslung: Hasan Taheri, ein ferner Bekannter der Familie, hatte sich nach Absprache mit meinen Eltern dazu bereit erklärt, mich in Empfang zu nehmen, in die Stadt zu bringen und mir unter die Arme zu greifen. Er lebte mit seiner Frau bereits seit Langem in Wien und wusste, was zu tun war. Nach einigen Mühen, den Flughafen zu überblicken, fand ich ihn am Ausgang. Ich weiß nicht mehr, was ich erwartet hatte, vielleicht gar nichts nach den letzten Tagen, aber ich erinnere mich gut daran, was ich erhielt: Ein kurzes Hallo, ein schneller Blick von Kopf bis Fuß, schon drehte er sich um und ging Richtung Tür, um mit der Bahn in die Stadt zu gelangen. Ich umklammerte meinen kleinen Rucksack, nickte und folgte ihm.

Während der Fahrt erklärte er mir in knappen Worten, was in den nächsten Tagen zu tun sei und wobei er mich unterstützen werde. Als Erstes standen Amtsgänge auf dem Plan, schließlich war ich nicht nur ein Flüchtling, sondern zudem ein schulpflichtiges Kind, das ohne Papiere weder in die Schule gehen noch diesen Staat bewohnen durfte. Es gäbe klare Vorgehensweisen, diverse Schritte, an die man sich zu halten habe, Regeln, die es zu befolgen gelte, wollte man zum System gehören. Und womöglich ein wenig Unterstützung erhalten.

Ich hörte seinen Ausführungen zu, versuchte, mir die diversen Begriffe zu merken – bislang musste ich Wörter wie »Ausländerbehörde«, »Schulpflicht« oder »Asylverfahren« nicht kennen oder verwenden. Nicht in Farsi und sicher nicht in einer anderen Sprache. Doch jetzt fixierte ich die Laute, wiederholte sie in meinem Kopf, während mein Begleiter weiter auf mich einredete, wie wichtig es sei, das alles schnell hinter mich zu bringen. Morgen früh direkt ins Rathaus, danach zur Schulanmeldung, gegebenenfalls noch zum Goethe-Institut, um einen Platz im Sprachkurs zu ergattern. Sobald wir die ersten Papiere hätten, stand ein weiterer wichtiger Punkt auf der Liste: eine Wohnung finden.

Zunächst musste ich wie alle anderen Flüchtlinge, deren Papiere noch nicht vollständig vorlagen, in einem Flüchtlingsheim untergebracht werden. Um nicht zu flüchten – doch es ergab auch Sinn, ohne Papiere hatten wir in dem Land nichts verloren, zumindest nicht legal. Ich saß also die ersten ein, zwei Wochen in solch einem Heim, ohne dass viel passierte. Mir war zuvor genug passiert, zudem waren wir uns recht sicher, dass meine Papiere folgen würden, zumindest meine Aufenthaltsgenehmigung, und so ließ ich diese Tage mehr oder weniger verstreichen. Die Menschen kamen aus aller Welten Länder, jeder wirkte müde, angespannt, und es gab auch Streitereien, ja, doch insgesamt ließen mich alle in Ruhe. Und ich hielt mich aus allem raus. Bis die Papiere kamen und ich weiterdurfte, selbst wenn ich noch nicht recht wusste, wohin.

Hasan Taheri selbst hatte natürlich eine Wohnung, allerdings keine Ambitionen, mich in seinem Zuhause dauerhaft aufzunehmen. Ich konnte ein paar Tage bleiben, und es dauerte etwa zwei Wochen, um all die genannten offiziellen Termine zu bestehen und mein Aufenthaltsrecht zu erhalten (meine österreichische Staatsangehörigkeit erhielt ich übrigens erst nach fünf Jahren). Doch dann galt es, möglichst bald auf eigenen Beinen zu stehen und diese unter den eigenen Tisch zu strecken, es ließe sich sicher etwas Einfaches finden. Offiziell war es zwar nicht trivial, einen Fünfzehnjährigen allein wohnen zu lassen, doch die Behörden zeigten eine Mischung aus Nachsicht und Gleichgültigkeit, die mir zugutekam.

Und so fanden wir schließlich dieses »Einfache«, das sich kaum besser umschreiben ließ: ein Raum im Keller eines Mehrfamilienhauses in Perchtoldsdorf am Rand des 23. Wiener Bezirks, etwa zwölf Kilometer vom Stadtkern und knapp vier Kilometer von meiner künftigen Schule entfernt. Das Zimmer war eigentlich keines, sondern vielmehr eine ehemalige Abstell- oder Rumpelkammer von nicht mehr als zwölf Quadratmetern. Die Wände waren nicht verputzt, Tageslicht kam lediglich durch einen einfach verglasten Lichtschacht am oberen Teil einer Außenwand. Eine Heizung gab es nicht, nur einen kleinen Radiator, der viel Strom fraß, sich allerdings regelmäßig verabschiedete. Ein Badezimmer hatte diese Kammer natürlich ebenso wenig, doch es gab eine Art Flurtoilette zwei Stockwerke darüber, in der ich mich zudem waschen konnte.

Ein Tisch, unter den ich jetzt meine Beine hätte strecken können, fehlte bis zu meinem Auszug. Außer einem Stuhl gab es weder einen Schrank noch ein Regal, ein Bild oder sonst irgendetwas, das den Raum wohnlich oder freundlich machte – wobei es ohnehin ein schwieriges Unterfangen gewesen wäre, etwas wie Gemütlichkeit zu schaffen. Ein Kühlschrank war ebenso Fehlanzeige, doch beim Einzug fühlte sich der Raum wie einer an, also machte mir das lange Zeit keine großen Sorgen. Hasan Taheri besorgte mir eine alte Matratze und eine Decke zum Schlafen, wünschte mir weiterhin viel Erfolg, mahnte mich zu gehorsamem Benehmen und ging. Ich sah ihn kaum mehr wieder. Sechzehn Tage nach meiner Landung in Schwechat begann damit meine Selbstständigkeit in einer neuen Stadt in einem fremden Land.

Klar wollte niemand so wohnen – niemand sollte so wohnen, offiziell handelte es sich sicher nicht um Wohnraum. Doch für mich war es vor allem eine Lösung, die einzige Lösung, alternativ hätte es die Straße werden können. Die Kosten waren gering, und ich hatte ein Dach über dem Kopf, also war es gut. Damals konnte ich das nicht anders beschreiben, heute möchte ich es genau so resümieren. Was mir blieb, war, an Hasan gerichtet Danke zu sagen, denn dankbar war ich, ohne ihn hätte ich dies so nicht geschafft. Wir hatten kein

ICH HATTE EIN DACH ÜBER DEM KOPF, ALSO WAR ES GUT.

herzliches Verhältnis, er bot mir keine warme Nähe, schuf mir keine zweite Heimat – warum sollte er auch? Ich war nicht sein Sohn, wir waren nicht einmal blutsverwandt. Wer reißt sich schon darum, einen fünfzehnjährigen Fremden aufzunehmen? Und selbst wenn, steht unmissverständlich im Vordergrund, ihm auf die eigenen Beine zu helfen, in dem Alter sollte man schließlich aus der gröbsten kindlichen Naivität heraus sein.

Für mich war das völlig in Ordnung. Mir kamen seinerzeit nicht viele Gedanken an einen herzlichen Empfang oder Schmuseeinheiten mit fremden Menschen. Die zwei Wochen in seiner Wohnung verbrachte ich stumm und meist allein. Ich wollte weder stören, noch hatte ich Lust auf soziale Interaktionen, zudem fehlte mir die Kraft, mich auf »ganz normale Gespräche« einzulassen. Ich hatte ganz andere Überlegungen, die sich um den Verlust meiner alten Heimat drehten, um die Bilder des Krieges und meine neue Isolation. Da passte eine emotionale Nähe zu Hasan Taheri schlecht, ich kannte ihn kaum und wagte es nicht, mich ihm gegenüber zu öffnen.

Was mich am Laufen hielt, mich funktionieren ließ, war ebenjene Distanz und spröde Realität. Zuspruch oder Vertraulichkeit hingegen drohten mich straucheln zu lassen. Doch es kam ein weiterer Aspekt hinzu, der es mir erschwerte, mich ihm emotional verbunden zu fühlen: Hasan Taheri repräsentierte für mich ein Lebenskonzept, das ich damals nur intuitiv ablehnte und zu verlassen beschloss: den einfachen Weg zu gehen. Er war in jungen Jahren mit einem abgeschlossenen Studium nach Österreich gekommen, sodass ihm viele Türen offenstanden. Mit etwas Mühe und Ehrgeiz hätte er in wenigen Jahren richtig Karriere machen können, doch er hatte die erste ihm angebotene Stelle angenommen und war seitdem in dieser Position verharrt. Zugleich blieb er im Kopf ebenso stehen, adaptierte die österreichische Kleinkariertheit zu seiner ohnehin konservativen und traditionellen Lebensweise (er benannte sich sogar in »Hans« um), erschloss für sich aber weder wirklich Neues, noch ließ er jene gewähren, die andere Vorstellungen hatten.

Wäre ich geblieben, wären wir sicher über kurz oder lang aneinandergeraten, und das wollte ich auf keinen Fall. Nicht, weil ich dann in Wien niemanden mehr gekannt hätte, der mir unter die Arme hätte greifen können. Sondern weil ich ihn unabhängig davon sehr respektierte und es bis heute tue. Es ist nicht an mir, sein Leben und seine Einstellungen zu verurteilen: Es waren alles seine Entscheidungen, nicht meine, er hat sie getroffen, und das achte ich. Dennoch hätte ich mir weder diese oktroyieren noch meine eigenen Ideen zerreden lassen – selbst wenn diese erst noch geboren werden mussten. Und so blieb ich allein in meinem neuen Kellerraum, blickte auf die feuchten Wände, die nackte Matratze und das bisschen Geld, das ich damals mein Eigen nennen konnte, und dachte: Okay, weiter geht es.

Ich erlernte die deutsche Sprache innerhalb weniger Wochen. Nach drei Monaten sprach ich fließend und schrieb orthografisch fast fehlerfrei. Mir leuchtete schon damals ein, dass die Sprache ein essenzieller Schlüssel zu einem Leben vor Ort war, und als ich sie schließlich beherrschte, wurde es einfacher, die Welt um mich herum zu verstehen. (Was für mich bis heute regelmäßig im Verborgenen liegt, sind grammatische Feinheiten der geschriebenen Sprache, Kasus und weitere Deklinationsmerkmale bringe ich gern durcheinander. Doch das waren und sind Kleinigkeiten, die nicht relevant an der Verständlichkeit meiner Aussagen rütteln.)

Es wurde jedoch nicht unbedingt heller in der Stadt, weil sich mir die Menschen endlich erschlossen. Denn die Österreicher dachten damals gar nicht daran, meine Fehler zu überhören, geschweige denn mich für meine Bemühungen zu loben. Auf jeden Fehler ein belehrender Blick, fast jedem falschen Wort folgte eine lautstarke Korrektur mit verdrehten

Augen. Das finde ich heute vergnüglich, aber damals war es wahrlich nicht hilfreich. Ich habe in diversen Ländern der Welt gelebt, mehrere Sprachen gelernt und dabei beobachten können, wie groß die kulturellen Unterschiede bei Muttersprachlern sind, wenn es um ihre Sprache geht. Denke ich an die Spanier, die sich vor allem freuen, wenn man sich als Nichtmuttersprachler an ihrer Sprache versucht, wird das sehr deutlich. Doch damals blieb mir in Wien nichts anderes übrig, als mich zu schütteln, gelegentlich selbst die Augen zu verdrehen und weiterzumachen. Ich konnte schließlich kommunizieren, brauchte nur eben oft mehrere Anläufe, um auch wirklich verstanden zu werden.

Das Goethe-Institut trug entscheidend dazu bei. Jeden Tag ging ich nach der Schule zu den Kursen, erhielt dort zusätzliche Bücher und sammelte weiteres Wissen. Obwohl dort mitunter Menschen wie ich saßen – also Flüchtlinge –, kann ich mich an diese kaum erinnern. Denn die meisten Kursteilnehmer waren Studenten aus aller Welt oder Arbeitnehmer, die nach Österreich versetzt wurden oder freiwillig kamen, also stets eine bunte Mischung aus ganz normalen Leuten. Normal im Sinne von »nicht wie ich«, denn sie hatten bereits eine Form von Leben, Familie, Stabilität und Selbstbestimmung. Mal mehr, mal weniger, doch immer anders als ich. Entsprechend begegneten wir uns stets freundlich, tauschten uns jedoch kaum aus oder verbrachten gar unsere Freizeit miteinander. Ich gehörte nicht dazu, war weder Student noch erwachsen, hatte weder ein Berufs- noch ein Karriereziel, ebenso wenig das nötige Kleingeld für Freizeitaktivitäten – und auch keine Freizeit. Wenn wir jedoch miteinander sprachen, war es wesentlich entspannter als die ersten Gespräche mit Einheimischen, weil wir alle lernten, ausprobierten, Fehler machten und uns halfen.

NORMAL IM SINNE VON »NICHT WIE ICH«.

Bei der Schulanmeldung kamen weitere Schwierigkeiten auf mich zu: Ich hatte die letzten zwei Jahre keine Schule besucht. Es stellte sich die Frage, wie ich diese Defizite schnellstmöglich aufholen konnte, wobei die Alternativen auf der Hand lagen: entweder mindestens ein Schuljahr zu »wiederholen«, das ich letztes Jahr im Krieg verloren hatte, und in ebendieser Klasse mit jüngeren Kindern Deutsch zu lernen und Defizite aufzuholen – oder in eine Klasse einsteigen, der ich eigentlich noch nicht gewachsen sein konnte. Und das hieße gleichzeitig, nicht nur im Institut nachmittags Deutsch zu lernen, sondern auch die Klausuren des vorangegangenen Schuljahrs zu bestehen, um zu beweisen, dass ich in der aktuellen Stufe bleiben konnte.

Ich bin mir nicht mehr sicher, wie viel ich damals von diesen Optionen wirklich verstanden oder durchdacht hatte. Gravierender war jedoch, dass ich nach erst wenigen Tagen Aufenthalt in Österreich noch immer neben mir stand und nicht ganz realisierte, was da gerade passierte. Was ich allerdings mehr als verstand, war Folgendes: Du wirst jetzt hierbleiben müssen, du wirst dein Leben selbst und allein bestreiten müssen, du hast nichts und niemanden und keine Ahnung, wohin das alles führt … Dann doch lieber volle Fahrt voraus: Wozu langsam in die Schule einsteigen, wenn ich ohnehin nichts anderes zu tun hatte? Wieso nicht auch im Goethe-Institut Deutsch lernen und parallel für die Vorjahresklausuren, wenn ich allein in meinem Zimmer saß? Ich nehme an, Hasan Taheri sah das ähnlich: Je schneller der Junge mit der Schule fertig wurde, umso besser für alle. Damit standen die Entscheidung und mit ihr die nächsten Jahre meiner schulischen Laufbahn fest.

Schule kannte ich immerhin aus meiner Vergangenheit, mir erschien es durchaus freudvoll, wieder einen Hauch von kindlichem Alltag genießen zu dürfen: mit Gleichaltrigen quatschen, lachen, albern, Fußball spielen, alles, Hauptsache, keine Behörden, Fußmärsche oder Waffen. Weit gefehlt! Viel gelernt, aber weit gefehlt. Bis ich die Chance erhielt, mir Bekanntes zu erleben und ein wenig durchzuatmen, durfte ich zum ersten Mal erfahren, was Fremdenfeindlichkeit und Diskriminierung sind und wie sie sich anfühlen.

Am Morgen meines ersten Schultags wusste ich das noch nicht und war wahrscheinlich zum ersten Mal, seit ich in Österreich war, positiv aufgeregt. Das Schulgebäude kannte ich bereits, dort hatte ich mit Hasan die entsprechenden Termine gehabt. Was ich an dem Tag ebenfalls nicht wusste, war die Entfernung von meinem Zimmer in Perchtoldsdorf aus, nämlich knappe vier Kilometer, Fußweg natürlich. Das mag an Sommernachmittagen amüsant sein, im Winter, mit nur einem Paar Schuhe, das ständig durchnässt war, mit der doppelten Anzahl an Prüfungen und den Deutschkursen am Goethe-Institut, war es weniger erhebend. Am ersten Tag war der erste Gang dank meiner vorfreudigen Aufregung jedoch schnell vergessen. In der Schule wurde ich von der Klassenlehrerin im Flur abgeholt und in den Klassenraum geführt. Da stand ich nun, vorn am Pult, blickte mehr zu Boden als in den Raum, wie es wohl alle neuen Kinder in einer neuen Klasse auf der ganzen Welt tun, und wartete, bis die Lehrerin mich vorstellte: »Liebe Kinder, bitte begrüßt mit mir euren neuen Klassenkameraden Amir. Amir ist vor ein paar Tagen in Wien angekommen und er kann noch nicht so gut Deutsch. Bitte seid freundlich und helft ihm, sich hier einzufinden.«

ACHTUNDZWANZIG MAL DIE LAUTLOSE AUSSAGE: »DU BIST DRECK.«

Als ich dann aufblickte, sah ich in achtundzwanzig Augenpaare. Ich sah achtundzwanzig Mal gespielte Anteilnahme – und achtundzwanzig Mal offene Ablehnung, Hohn und Aversion. Alles andere als die kindliche Leichtigkeit, auf die ich mich gefreut hatte, stattdessen achtundzwanzig Mal die lautlose Aussage: »Du bist Dreck.« Mir fiel erst lange Zeit später auf, dass die Klasse zwar zu achtzig Prozent aus Österreichern bestand, zu zwanzig Prozent jedoch aus anderen Flüchtlingskindern. Erstere kannten also das Konzept, kannten Menschen, die ihre Sprache nicht sprachen oder ihre Heimat verlassen und neu beginnen mussten. Diese wenigen nicht österreichischen Kinder kamen allerdings aus der Tschechoslowakei, aus Ungarn und aus weiteren osteuropäischen Staaten. Das Problem, mein Problem? Sie waren alle hellhäutig und auf den ersten Blick von den anderen nicht zu unterscheiden. Was sie alle gemeinsam hingegen kaum kannten, waren dunkelhäutige, orientalisch aussehende Kinder.

Mohr im Hemd

Wenig verwunderlich landete ich dementsprechend zunächst am Ende der hierarchischen Nahrungskette, wurde gemieden, ignoriert oder abwertend gemustert und gar als »Ölauge« oder »Mufti« beschimpft. Kinder können grausam sein, das ist für niemanden mehr neu. Als ich es jedoch damals am eigenen Leib erfuhr, war es für mich neu. Meine Schulkameraden waren gar nicht absichtlich oder bewusst böse, sondern vielmehr Kinder ihrer Eltern und ihrer Gesellschaft. Österreich war damals und ist heute immer noch etwas borniert und intolerant, wenn es um Fremdes und Neues geht. Das sage ich bei aller Liebe zu diesem Land – und ich liebe Österreich wirklich: die Berge, Wien, die Kaffeekultur, das Essen, die Liebe zur Kunst, selbst die leicht morbide Neigung habe ich stets mehr als genossen. Wer schon mal sonntags auf einem der großen Friedhöfe der Stadt spazieren war, weiß, wovon ich rede. Selbst der Wiener Schmäh ist in meinen Ohren reine Musik und herrlich erfrischend.

Doch das täuscht nicht darüber hinweg, dass das Land seine Schwierigkeiten damit hat, seine Rolle in der Weltgeschichte anzunehmen. Gefühlt stets der kleine Bruder Deutschlands, in dessen Schatten stehend, und immer dessen Opfer, schuldig oder verantwortlich damit sowieso nicht. Solche Minderwertigkeitskomplexe münden gern mal in Xenophobie und Ungleichbehandlung. Vor allem, seit rechtspopulistische Politik spätestens mit Haider wieder hoffähig geworden ist – und sich heute in vielen Ländern der Welt auszubreiten scheint –, zeigt sich die wahre und hässliche Fratze dieser Weltsicht. Ich sah sie an meinem ersten Schultag auf Kindergesichtern, ich erkannte sie bei meinen Nachbarn in Perchtoldsdorf, und ich begegnete ihnen noch viele, viele Male auf der Straße, im Amt, beim Job. Doch schon in der Schule dachte ich mir: »Oh, okay, so läuft das hier also. Verstehe, dann eben so …«

Damals starrte ich zurück, allerdings weder aufmüpfig oder frech noch verängstigt, darum ging es mir nicht. Ich wollte lediglich zeigen, dass ich nicht nur aus ihrem Bild von mir bestehe. Ich hatte zudem andere Probleme als die Kinder, die ich nicht kannte und die mich anstarrten. Also setzte ich mich auf den mir zugewiesenen Platz und versuchte zu verstehen, was alle um mich herum sprachen und taten. In der ersten Schulpause schlenderte ich langsam zum Hof und dort von Ecke zu Ecke. Die anderen kamen in Cliquen aus dem Gebäude und machten mit großen Augen einen ebenso großen Bogen um mich.

Wer jemals Mobbing erlebt hat, weiß, wie sich das anfühlt. Für mich war es aber anders. Nicht schön, nicht gleichgültig, aber etwas, das ich mich zu handhaben gewappnet fühlte. Schon damals schienen mir Herausforderungen ein Lebenselixier zu sein, und ich bin selbst an dieser beschissenen Erfahrung gewachsen. Ich danke den Kindern dafür, dass sie mich so behandelt haben. An diesem ersten Tag sah ich das womöglich anders, aber ich bleibe dabei: Dieser ganze Mist hat mich nur gestählt. Seht mich an: Es mag harte Schule gewesen sein, aber doch die beste der Welt. Viel Lehrgeld, ja, aber ebenso unfassbare Ergebnisse und unendlich viel Kraft, die mitunter dank dieser Schule in mir gewachsen ist. Ich musste Außenseiter sein, um weiterzumachen, um durchzuhalten, um besser zu werden.

ES MAG HARTE SCHULE GEWESEN SEIN, ABER DOCH DIE BESTE DER WELT.

Besser als die meisten war ich vom ersten Schultag an in Mathe und beim Fußball. Während es hierbei nicht allzu schwierig ist, sich damit Freunde zu machen, bestand als potenzieller Mathestreber durchaus die Gefahr, diese direkt wieder zu verspielen. Doch dem war nicht so: Auch wenn ich bis zum Schluss immer wieder diskriminiert wurde, so war stets meine dunkle Hautfarbe der Grund, nie waren es meine Ball- oder eben

Rechenkünste. An beides hatten wir uns gewöhnt: Recht schnell merkten viele Jungs, dass es sinnvoll ist, jemanden zu kennen, der die Mathe-Hausaufgaben gemacht hatte und die zudem richtig waren. Und der einem erklären konnte, wie man gewisse Rechenschritte vollzog. Dies tat ich allemal regelmäßig während des Unterrichts an der Tafel, weil sonst kaum jemand wollte oder konnte – doch auch daraus erntete ich keinen Neid, sondern Nachfragen. Ich dachte ohnehin nicht im Traum daran, mich zu ducken und womöglich absichtlich unwissend oder unfähig zu wirken. Ihr könnt mich nicht leiden? Bitte. Ihr seid etwas Besseres? Na ja, wobei denn genau? Das war sicher keine bewusste Entscheidung mit Pro- und Contra-Liste, aber ich hatte nicht viel – und war nicht bereit, mir das Bisschen nehmen zu lassen.

Jammern, Toben, Weinen hätten mich ohnehin nicht weitergebracht – denn mal ehrlich: Jammern bringt niemanden weiter, auch heute nicht. Schaut euch doch an, wohin wir mit dem neuen Fokus auf Opfer und vermeintliche »Schwäche« gekommen sind. Ich wurde bis zum letzten Tag in Österreich selbst von echten Kumpeln »Mohr im Hemd« genannt. Der Begriff meint eigentlich eine traditionelle Süßspeise und wird heute Kuchen mit Schlag genannt, um den armen Mohren endlich zu entlasten. Mir und allen anderen Nichtösis gegenüber wurde und wird er aber abwertend und rassistisch verwendet, bis heute. Ich ignorierte das meist, und manchmal lachte ich sogar mit. Ich hätte natürlich auch – laut und fordernd – jammern können: »Oh, ich fühle mich in meinen Gefühlen verletzt, uh, ich bin eine Minderheit, das Opfer, ihr dürft nicht so mit mir sprechen.« Ja, kann man machen, aber das ist doch scheiße. Denn was kann man damit erreichen? Welche Atmosphäre hätte ich damals für mich geschaffen, welcher Anspruch wäre daraus erwachsen?

Menschen, die wegen ihrer Herkunft oder anderer Eigenschaften diskriminiert werden, können sich doch nicht damit zufriedengeben, ausschließlich und dauerhaft als Opfer wahrgenommen zu werden. Ja, sie sind Opfer, ja, die anderen verhalten sich falsch, wenn sie sie aufgrund ihrer Herkunft oder Hautfarbe anders behandeln. Dennoch bleibt die Frage: Wohin soll diese Opferrolle führen? Sie ist doch nicht das endgültige Ziel: endlich Opfer, angekommen?! Es muss darum gehen, Gleichberechtigung zu erringen, Freiheiten zu gewinnen, und fürs Gewinnen muss man aufstehen und kämpfen.

Tut man es nicht, denkt man die andere Reaktion, das Jammern in Ohnmacht, konsequent zu Ende, wird recht schnell klar: So entsteht keine Augenhöhe, niemals. Ich will aber zugleich deutlich sagen: Es gibt Opfer, die dürfen, die müssen jammern, schreien und toben, weil ihnen Unfassbares widerfahren ist. Es gibt Opfer, die beerdigt werden müssen, weil Monster morden. Das ist die Zeit zu jammern, mit ganzer Seele. Nicht die Opfer sind schuld, es sind stets die Täter, die mit ihrem Rassismus oder schon ihrer Xenophobie Ungleichheit schaffen, die oft genug noch von Demagogen, Populisten oder anderen Manipulatoren künstlich hochgestachelt wird und die Augenhöhe von Anfang an unmöglich machen. Das gilt es grundsätzlich und überall zu bekämpfen, und das schreiben sich viele Engagierte auf die Fahnen. Doch noch mehr nutzen diese Fahnen vor allem als Schutzschilde und Taschentücher, machen sich damit zugleich unnötig klein – und beschweren sich, dass sie noch immer nicht gleichrangig wahrgenommen werden. Sorry, so wird es nicht gehen.

Die Leute, qua Geburt und ohne eigenes Verdienst Mitglieder der sogenannten Mehrheitsgesellschaft, werden sicher nicht anfangen, irgendjemanden ernst zu nehmen, der jammernd mit dem Finger auf sie zeigt. Natürlich: Dass man nicht gleichberechtigt ist, muss laut und deutlich zum Ausdruck gebracht werden – aber nicht nur mit Worten, sondern mit Taten. Lebt euer Leben, holt euch, was euch zusteht, besteht auf bessere Chancen, erkämpft sie euch! Aber doch bitte nicht, indem ihr so lange klagt, bis euch jemand ein paar Almosen zuwirft. Ich bin in Vorleistung gegangen, ich war dankbar für alles, was ich bekam – und ich habe mich bemüht. Ich war schließlich Gast, mir wäre nicht in den Sinn gekommen, ständig herumzujammern, immer irgendetwas zu fordern oder mich gar danebenzubenehmen. Wäre ich ein »alter weißer Mann«, würde man mich spätestens jetzt Nazi oder AfDler schimpfen. Aber ich sehe das Problem aus mehreren Perspektiven, mitunter als Flüchtling, und ich weiß, wovon ich rede.

Es geht um Anspruch und Respekt auf beiden Seiten. Sie brauchen sich nämlich gegenseitig, und beide können gewinnen, wenn sie gemeinsam und ehrlich nach Lösungen suchen. Wer glaubt, Europa käme ohne Migration aus, irrt gewaltig und ist naiv. Wer denkt, wir als Europäer täten aller Welt einen Gefallen, während wir aufgrund dieser Einwanderung verlieren, liegt falsch. Wo wäre Europa ohne sie, wo die USA ohne Hispanics und Schwarze, wo Österreich ohne Osteuropäer und Balkanbewohner und wo Deutschland ohne die türkischen, italienischen und polnischen Gastarbeiter, um nur die klassischen Beispiele zu nennen. Nichts wäre so, wie es ist, inklusive der weißen Vormachtstellung, hätte es diese »Hilfe« in Form von billigen Arbeitskräften oder Sklaven nicht gegeben.

Was Europa aber tatsächlich verliert, ist seine Identität, weil es es allen recht machen will – und dabei alles vermasselt. Im Ergebnis fühlt sich niemand verstanden, wohl, sicher, und diese Stimmung bildet den perfekten Boden für gespaltene Gruppen. Rechtsradikale, fremdenfeindliche Tendenzen auf der einen Seite und abgegrenzte Kapseln mit eigenen Regeln und Ignoranz auf der anderen. Und auf beiden Unmut mit nostalgischem Blick in die Vergangenheit. Was hierbei falschläuft? Niemand scheint sich die entscheidenden Fragen zu stellen: Welches Leben willst du leben? Wie willst du es leben? Und wo willst du es leben?

Wer sich hierzulande ein Leben aufbauen möchte, muss gewillt sein, sich anzupassen, die hiesigen Gesetze und Regeln zu befolgen, Kultur und Konventionen zu respektieren. Wer sich hier aber einrichtet, als könne er schlicht sein Heimatdorf kopieren und sich entsprechend benehmen, hat nichts verstanden. Und weckt leider diese ebenso dummen wie gefährlichen Drachen, die aus ihren Löchern kommen und tönen, sie hätten es doch schon immer gesagt. Und davon schwafeln, dass die Bio-Einheimischen einfach mehr Kinder produzieren sollten, damit wir keine Fachkräfte aus dem Ausland benötigten. Klingt nach Freiheit in der Hölle.

KLINGT NACH FREIHEIT IN DER HÖLLE.

Doch auch die, die es gut meinen, machen ihre Fehler. Europa will so tolerant sein, Deutschland unbedingt so offen und Österreich bloß nicht fremdenfeindlich, dass Beliebigkeit entsteht, die mit Offenheit nichts zu tun hat – und alles noch schlimmer macht. Wie wollt ihr denn nun leben? Was darf es sein? Nichts falsch machen, niemanden verletzen, immer bei allem tolerant sein? Tja, dann stehen wir da und wissen nicht, wie wir mit propalästinensischen Demonstranten umgehen sollen, wie mit Männern, die der Kanzlerin nicht die Hand geben, weil sie eine Frau ist. Wie mit Querdenkern, die Krankenhauspersonal bedrohen, wie mit Familien, die unser Rechtssystem nicht akzeptieren, wie mit Reichsbürgern, die den Bundestag stürmen? Das ist es, was viele nicht verstehen: Ich meine es ernst, wenn ich sage, Anspruch, Respekt und Konsequenz müssen für alle gelten. Jeder sollte für sich gewisse Regeln befolgen wollen, die Vorteile nutzen, statt genau diese als Verfall zu betrachten. Während unsere Politiker wie Fähnchen im Wind mal jammern, mal um sich schlagen. Das ist in meinen Augen grotesk.

Wir müssen das Selbstbewusstsein entwickeln, zu unseren Werten zu stehen. Europa ist doch nicht nur ein Wirtschaftssystem, es soll ein Wertesystem sein, auf das wir stolz sind. Wollen wir aber wir sein, müssen wir klar sagen, dass gewisse andere Sichtweisen für uns nicht tragbar sind. Das ist keinesfalls diskriminierend, sondern so respektvoll wie die Bitte in thailändischen Tempeln oder griechischen Klöstern, sich ordentlich anzuziehen, Schultern und Knie zu bedecken. Das darf man verlangen, das tut nicht weh. Ganz im Gegenteil schafft es klare Strukturen, minimiert den Nährboden für Unmut und Hass, stärkt die Gemeinschaft und spaltet sie nicht – wenn es denn unsere gemeinsamen Werte sind. Darauf sollten wir uns doch einigen können? Aber es mangelt allerorten an klarer Kommunikation – eine aktuell horrende Herausforderung. Und so rennt die Politik mit erhobenem Zeigefinger herum und sagt jedem: »Du, du, du, das darfst du aber so nicht sagen, bitte lass das!« Weil das schon immer so gut gefruchtet hat?

Es wird wieder Zeit, dass alle, die unterdrückt oder schlecht behandelt werden, sich weniger damit beschäftigen, wer was wie sagt, und alle, die nicht direkt betroffen sind oder keine Ahnung haben, einmal die Luft anhalten und sich bitte schön heraushalten. Im schlimmsten Fall verbieten ein paar Dumme vielen Intelligenten den Mund, weil sie sich in ihren Gefühlen verletzt fühlen – oder gar nur denken, dass irgendjemandes Gefühle verletzt worden sein könnten. Während andere meinen, sich gar anmaßen, sie seien Sophie Scholl. Niemand muss dieses verdammte »N-Wort« benutzen, aber nicht jeder, der es hört, muss sich sofort selbst persönlich auf das Schlimmste verletzt fühlen. Nicht jeder, der Unangemessenes, Unerzogenes, Unerhörtes wahrnimmt, ohne selbst betroffen zu sein, muss gleich auf die Straße oder ins Netz gehen. Und nicht jeder muss andere, die nicht absolut »korrekt« sprechen – wer auch immer diese Korrektheit definieren mag –, an den Pranger stellen. All das macht schwächer, nicht stärker. Wer immerfort und unmittelbar empört reagiert, beugt sich einer neuen Macht, ohne Selbstbestimmung.

Stopp, bitte mal nicht über meine Worte jammern, denn nein, das soll keine Täter-Opfer-Umkehr aufbauen, das ist Realismus, das sind meine Erfahrungen. Ansonsten bleiben die Opfer Opfer, während immer mehr bislang eher unbeteiligte, manchmal ziemlich unreflektierte Menschen zu Tätern werden – erst in ihren Köpfen, dann auf Social Media und in der Presse. Schlechte Beispiele gibt es zuhauf. Und wenn man meint, es geht nicht schlimmer, wird diese Art, mit Diskriminierung umzugehen, zur Mode degradiert, und zwar in allen Schichten und Weltideen. Selbst ein ehemaliger US-Präsident fühlt sich durchgehend als Opfer, genauso wie ein bierzeltseliger Provinzpolitiker, der in seiner Jugend ein hässliches und hasserfülltes Flugblatt verfasst hat – weil sie weder eine Lösung noch Respekt oder Gleichberechtigung suchen, sondern Schutz und Ablenkung in dieser Rolle finden und für sich maximalen Gewinn daraus ziehen wollen. Sie heulen gleichzeitig aus einer Machtposition heraus – und praktizieren damit eine Täter-Opfer-Umkehr par excellence.

Selbst wenn wir alle Gesetze der Welt ändern und damit verbieten, Menschengruppen anders oder falsch zu behandeln, bedeutet das noch immer, dass alle die Arschbacken zusammenkneifen und neu handeln müssen. Ich habe als mittelloses Flüchtlingskind und als CEO einer weltweit agierenden Werbeagentur beide Seiten gesehen, ich sage zu den Opfern: Steht auf, denn auf die anderen könnt ihr lange warten! Die werden sich vielleicht an Gesetze halten, aber das war es meist schon. Dass eine Gesellschaft sich freiwillig und grundlegend ändern wird, ist utopisch. Niemand kann darauf hoffen, dass ein System, das diskriminiert, sich von selbst und unaufgefordert zum Besseren verkehrt. Warum sollte es auch?

Nein, hier müssen wir ganzheitlich denken. Ich sagte bereits, es gibt Hol- und Bringschuld auf beiden Seiten – doch ich bin überzeugt davon, dass die Diskriminierten, die Opfer, die Neuen zumindest zu Beginn mehr Kraft investieren müssen. Die Frage nach Fairness stellt sich hier nicht, sie ist kein Teil dieses Spiels, zumindest habe ich es so erlebt und entsprechend gehandelt. Ich kam und erwartete nichts, ertrug vieles, war für die Möglichkeiten dankbar, während ich die Hindernisse bewältigte, ohne sie zu nah an mich heranzulassen. Das ist kein Nachgeben, das ist keine Schwäche, das ist Selbstbestimmung.

DAS IST KEIN NACHGEBEN, DAS IST KEINE SCHWÄCHE, DAS IST SELBSTBESTIMMUNG.

Rassismus ist so komplex wie daneben, und oft eine pure Machtfrage, also habe ich intuitiv immer versucht, mir mein bisschen Macht und damit meine Handlungsfähigkeit zu erhalten. Dazu gehörte, Ausdrücke wie »Mohr im Hemd« oder »Ölauge« zu ignorieren und gleichzeitig meine Stärken nicht zu verstecken. Ganz im Gegenteil habe ich mich nicht geduckt, ob früher bei Mathe oder später bei Werbekampagnen, sondern mich nach vorn gestellt. Dort bekommt man tatsächlich Dreck ab, aber auch Sichtweite, Perspektiven, gar ein wenig Freiheit und Macht. Und damit kann man arbeiten, zumindest doch wesentlich mehr als mit einer Position im Abseits. Das hilft weder mir noch meiner Sache.

Aber machen wir uns nichts vor: Solche Veränderungen werden noch viele Generationen brauchen, bis wir Diversität als selbstverständlich ansehen, bis wir aufhören, andere zu beurteilen, Wertskalen in unseren Köpfen zu zeichnen und andere Menschen hierarchisch dort zu verorten – je näher an uns selbst, desto besser. Ich erlebe das seit über vierzig Jahren, ich weiß, wovon ich spreche, denn als Ölauge in Österreich zu leben war damals nicht einfach, zehn Jahre später in Deutschland und etwa weitere zehn Jahre später in den USA war mein Leben ebenso wenig frei von Diskriminierung. Und wenn ich die AfD in Deutschland, die FPÖ in Österreich oder Vox in Spanien sehe, weiß ich, dass wir noch einen sehr langen Weg vor uns haben, bis wir unserer Rolle als weltoffene, tolerante, vorurteilsfreie Menschen oder, wie es so schön heißt, als »Krone der Schöpfung« näherkommen.

Viele dieser Einsichten hatte ich damals als Teenager in Österreich sicher noch nicht so durchdacht, doch eines war mir klar: Ich bekam eine zweite Chance. Ich war fast tot, und ich durfte hier ein zweites Mal beginnen. Dass ich dafür einiges in Kauf nehmen musste, dass nicht alles Zuckerschlecken war, dass ich mich anpassen musste, habe ich lange gar nicht erst hinterfragt. Sondern es angepackt.

Und so dauerte es nur wenige Tage, bis die Jungs und ich anfingen, aufeinander zuzugehen. Nach zaghaften Anfängen der Begutachtung aus der Entfernung, der gerümpften Nasen und dummen Sprüche lachte ich mal zufällig, aber zugleich mit dem einen über etwas, sprach mal mit einem anderen über etwas Belangloses, begeisterte dann wieder den nächsten beim Fußballspielen. Wir konnten seinerzeit nicht in den Pausen auf dem Hof spielen, dort gab es weder genug Platz noch Bälle, oder es war schlicht verboten. Viele gingen nach der Schule zum Bolzplatz, doch dafür hatte ich keine Zeit, Goethe-Institut, Ämter und Jobs sei Dank. Was mir lange ausschließlich blieb, war der Sportunterricht, und da war Fußball natürlich ein Klassiker – und ich sofort Feuer und Flamme. Keine Frage, dass ich alles gab, mit großer Freude jede Minute auf dem Feld nutzte und wenig Hemmung zeigte, mich mit den anderen auseinanderzusetzen. Ohne Kommunikation kann man nicht gut Fußball spielen, die Jungs wussten das und ließen sich die Chance zu gewinnen nicht nehmen – selbst mit dem Ölauge.

Was sie zudem bekamen, war aber kein Nutztier, sondern Führung: Im Alter von fünfzehn oder sechzehn Jahren waren die meisten Kinder lautstark, frech, oft auch überheblich und arg selbstsicher. Regelmäßig den Boss heraushängen zu lassen war dementsprechend nicht ungewöhnlich. Doch wenn es darum ging, wirklich Verantwortung zu übernehmen – und zwar für sich und andere ebenso wie für Entscheidungen, die schiefgehen konnten –, wurde es still. Für mich stand diese Rolle ohnehin seit meiner Ankunft in Wien auf der Tagesordnung, und sie lag mir, zumal ich schon in Teheran als achtjähriger Fußballbegeisterter dazu neigte, die anderen anzutreiben, mitzuziehen und anzuführen. Damit wurde ich im Sportunterricht und besonders bei den Schulturnieren zum entscheidenden Player, den niemand mehr ignorieren konnte oder wollte.

Durch diese Kombination aus Mathe und Sport schaffte ich es, mir für die nächsten vier Jahre bis zur Matura einen Platz in der Klassengemeinschaft zu sichern. Zwar blieb ich bis zum letzten Schultag der Außenseiter, jedoch das konnte ich den anderen nicht vollständig anlasten: Ich war ja wirklich anders! Während die Kinder nach der Schule mit ihren Rädern heimradelten, dort bekocht wurden, mit Eltern oder Geschwistern – wie sagt man? Sprachen, lebten, lachten, zum Nachmittagsprogramm zu Sportverein und Musikschule gingen oder vor dem Fernseher saßen, ging ich zur Arbeit und danach in meine eigene Kellerwohnung.

Bei meiner Ankunft in Wien hatte ich etwas Geld von meinen Eltern dabei, etwas mehr erhielt ich von ihnen über Hasan. Doch nichts davon ermöglichte kurzfristig ein ausreichendes Auskommen, geschweige denn Sicherheit über einen längeren Zeitraum. Die Ämter waren damals mehr oder weniger desinteressiert, doch mir stand immerhin etwas Flüchtlingshilfe zu, die ich anfangs in Anspruch nahm – um recht schnell festzustellen, dass es genauso wenig reichte. Mir blieb also nichts anderes übrig, als neben Schule und Goethe-Institut nach Jobs zu suchen und alles anzunehmen, was mir angeboten wurde. Alles.

Das Schneeschaufeln bei Nachbarn ließ sich einfach zwischenschieben, machte wenig Aufwand, ließ sich in Wohnungsnähe umsetzen, führte zugleich zu neuen Anfragen und bot gutes Bargeld. Da das jedoch nur bedingt planbar war, lernte ich schnell, mich bei bestimmten städtischen Arbeitgebern und allen möglichen Schnellrestaurants für Hilfsjobs anzubieten. Das war mehr oder weniger ein ewiges Durchmogeln mit vielen Sprüngen und Wechseln: Straßen reinigen, Postsendungen paketieren, öffentliche Toiletten putzen, Geschirr waschen. Wann immer es ging – was gleichbedeutend damit war, nicht mit meinen Schulzeiten zu kollidieren, andere Bedürfnisse wie Schlaf oder Freizeit spielten keine Rolle. Damit dauerten meine Tage ein paar Monate nach meiner Ankunft regelmäßig siebzehn oder mehr Stunden, weil die Jobs oft bis in die Nacht dauerten – und ich um sechs Uhr wieder aufstehen musste. Solche Tage kenne ich heute auch aus meinem Werberleben, sie waren absolut normal für mich, allerdings freiwillig, unter anderen Bedingungen und verbunden mit Leidenschaft (und Entlohnung). Als Teenie hingegen war es unsäglich anstrengender, diesen Rhythmus zu halten.

Dabei empfand ich die Umstände weniger misslich, als man annehmen könnte. Wann immer ich von meinem Job in den Toiletten am Westbahnhof erzähle, sind Menschen mitfühlend, sogar erschüttert, können sich das nicht vorstellen, sind angewidert. Anders gesagt: alle zu fein für so etwas und unendlich weit weg von solchen Realitäten. Nur aufs Klo gehen, das tun sie alle. Alt oder krank werden wir ebenfalls alle – und ekeln uns doch vor den Aufgaben der Alters- oder Krankenpflege. Unter unserer Würde? Zu trivial? Zu wertlos? Daran darf jeder dann denken, wenn er in seinen Windeln darauf wartet, dass die osteuropäische, südamerikanische oder afrikanische Arbeitskraft endlich kommt und hilft. Na ja, oder bald der Roboter, wer weiß.

Mir machte das Putzen der Bahnhofstoiletten wenig aus, mir blieb weder Zeit noch Kraft, Abscheu oder Angst zu empfinden. Ich weiß schon, dass das erschreckend klingt und wohl auch ist, nachts am Bahnhof einer Großstadt zu arbeiten.

Aber ich kannte ja nichts anderes, als durchzukommen, ich kannte keine andere Perspektive, wusste nicht, wie es ist, zu etwas Nein sagen zu können. Mein Leben war gefährlich, aber für mich normal, und ich brauchte schlicht das Geld. Zudem war Angst ein Konzept, das ich seit meinem Militärdienst im Minenfeld abgelegt hatte. Diese Art von Kontrollverlust konnte ich mir dort nicht leisten und hatte dann verlernt, solche Unannehmlichkeiten auf mich zu nehmen.

MEIN LEBEN WAR GEFÄHRLICH, ABER FÜR MICH NORMAL.

Zudem war die Distanz ziemlich gering zwischen meinem Leben und dem, was ich bei meiner Arbeit sah: Wenn du täglich heiß duschst, morgens mit schöner Aussicht einen Kaffee trinkst, deinen Job magst, abends mit Freunden essen gehst und zwischendurch deinen nächsten Urlaub planst, ist der gedankliche Weg zu Obdachlosen und Junkies am Bahnhof unendlich. Ich hingegen hatte außerhalb der Schule lange kein großartig anderes Leben als die schon länger als ich bei der Stadt prekär Beschäftigten oder die Menschen am Bahnhof. Erstere durften wie ich bei der Stadtreinigung aushelfen, waren häufig Ausländer (und meist bunt), arm und dem despektierlichen Umgang der festen Mitarbeiter mehr oder weniger ausgeliefert. Diese fühlten sich klar überlegen, befanden sich gesellschaftlich aber in einer Sandwich-Position und ließen lediglich ihre Verbitterung an uns aus, was uns oft egal war. Die Obdachlosen hingegen ließen uns in Ruhe, waren mit sich selbst beschäftigt und selten in der Stimmung, sich oder uns das Leben noch schwerer zu machen. Ab und an kam man gar ins Gespräch, selbst wenn es nur wenige Worte waren. Doch sie führten dazu, dass ich einige meiner ersten Weihnachtsfeste mit ihnen verbrachte.

Und so zog es mich an den Feiertagen, während meine Klassenkameraden in wohliger und exklusiver Familienrunde im Warmen saßen, zu den anderen, die ebenso allein waren wie ich. Mein Bezug zu diesen (und allen anderen) christlichen Feiertagen war zwar gleich null, doch sie ließen sich nicht ignorieren – allein weil sie Freizeit bescherten, mit der ich nicht viel anzufangen wusste. Also hockte ich mit den Obdachlosen zusammen, oft schweigend, aber gemeinsam. Feste feiern, wie sie kamen. Nach den ersten Jahren verbrachte ich schließlich nur noch den frühen Abend dort und ging dann mit meinen Schulfreunden etwas trinken. Damit brach eine Zeit an, in der ich meine eigenen, selbst gesteckten Grenzen testete, hinterfragte, überschritt.

Zunächst aber verdiente ich – etwa ein halbes Jahr nach meiner Ankunft – mein erstes eigenes Geld! Davon kaufte ich als Erstes Essen, dann Essen und bis zum Schluss fast ausschließlich – Essen. Es war nicht viel Geld, obwohl ich viel, oft und bis nach dem Abi in diesen Aushilfsjobs arbeitete. Aber das bedeutete nicht, dass ich mir etwas leisten konnte, was über den Grundbedarf hinausging. Gut, es gab nicht viele Jugendliche, die für ihr Existenzminimum arbeiten mussten: Sie sparten für Spielkonsolen, Computer, Handys, Hobbysachen und Sportartikel, alles andere bekamen sie von ihrem Zuhause.

Bei mir verlor das Geld sich in essenziellen Dingen, Miete, Strom, Essen. Extrawurst zum Beispiel. Was liebte ich diese Wurst – und tue es immer noch. Wer sie nicht kennt: Diese österreichische Brühwurst aus Rind- und Schweinefleisch ist wie Fleischwurst, und zwar auch auf qualitativer Ebene. Ich kaufte immer die billigste, bis heute. Wann immer ich in Österreich bin oder von dort Besuch bekomme, muss es die gute, alte Extrawurst sein. Und wie früher esse ich sie am liebsten mit alten Brötchen und einer Cola. Das ist mittlerweile wirklich die Ausnahme, zugegeben. Doch es bleibt ein verrücktes Phänomen, denn seinerzeit aß ich das nicht nur gern oder regelmäßig oder bevorzugt. Ich aß über knapp vier Jahre nichts anderes, tagein, tagaus Extrawurst mit alten

Das Grundnahrungsmittel meiner ersten Jahre in Wien.

Semmeln. Das hätte eigentlich zu ernsthaften gesundheitlichen Schäden führen müssen.

Zu meiner Verteidigung kann ich sagen, dass es in meiner Kellerwohnung ohne Kühlschrank nun mal eine von nur sehr wenigen Möglichkeiten war, vor allem mit dem Budget. Also ging ich fast jeden Tag in den Discounter, um mir meine Ration Wurst und Cola zu holen, beim Bäcker gab es die alten Brötchen vom Vortag, die sich zudem länger hielten. Später gönnte ich mir alle paar Wochen Spaghetti mit Ketchup, die ich bei den Nachbarn kochte. Zudem erhielten wir in der Schule Milch und manchmal Obst. Ich weiß, ich könnte, ich müsste diese Diät hassen und meiden vom ersten Tag, an dem ich mir anderes leisten konnte. Dies ist nicht der Fall, was Psychologen interpretieren mögen. Ich begnüge mich damit, dass ich es genieße, kein Snob oder gar Foodie geworden zu sein, der nur noch das Feinste vom Feinsten essen mag, weil er mal hungern musste. Ganz im Gegenteil habe ich diesen Teil meiner Geschichte nicht verdrängt und esse laut Freunden wie ein Kind, bin hierbei einfach gestrickt, genügsam und erfreue mich an den einfachsten Dingen schlechthin.

Turnschuhe mit Ansage

Mein Salär ging in der Tat fast komplett für meine Lebensunterhaltskosten drauf: Wohnung und Essen, ab und an etwas für die Schule. Kleidung bezog ich entweder aus der Altkleidersammlung oder von der Flüchtlingshilfe – und es wäre mir die ersten Jahre egal gewesen, hätte ich nicht so gefroren und ständig nasse Füße gehabt. Die Jacken waren nie dick genug, nie wasserdicht, nie wirklich wärmend und die Schuhe zudem meist unbequem. Aber gut, mir war anfangs alles recht, ich hatte weder Kraft noch Zeit oder Lust zu jammern. Doch bald begann ich, die anderen Kinder bezüglich ihrer Kleidung zu betrachten. Schau an, es gab Labels, die phasenweise angesagt waren, von vielen getragen wurden, cool wirkten. Überhaupt wirkten, also nicht nur Stoff zwecks Bekleidung waren, sondern Mode, Stil und Erscheinung ausmachten.

Wenn ich unterwegs war, fing ich an, Blicke in die Schaufenster zu werfen und T-Shirts, Hosen, Jacken wiederzuerkennen, die meine Kumpel trugen. Die Preise waren für mich absolut unerschwinglich, es schien mir immer schlicht bescheuert, so viel Geld dafür auszugeben. Fast immer, denn Sneakers brannten sich in mein Hirn. Dabei ging es nicht um Neid, den ich auf die Sachen der anderen empfand, es ging viel mehr um mich und mein Ankommen. Die Marken waren eher nebensächlich, womöglich, weil sie für mich noch viele, viele Jahre unerschwinglich blieben. Doch Sneakers als Schuhform, das war etwas, das mich nicht mehr losließ. Ich war beinahe besessen davon, mir damit einen Platz an der Peergroup-Sonne zu sichern, endlich wirklich dazuzugehören, zum Establishment zu gehören, wahrhaftig cool zu sein. Genauer gesagt »normal«. Nicht nur für die anderen, sondern für mich ganz allein.

Also begann ich zu sparen – was so kindisch-romantisch klingt, wie es war: Das bisschen Geld so aufzuteilen und nicht alles auszugeben, dass etwas übrig blieb, grenzte an sich schon an Zauberei. Und doch wurde es Schilling für Schilling mehr, Woche für Woche, über Monate, bis die nötige Summe beisammen war. Diese Aufregung, diese Leistung, dieses Geld! Wochen vorher begann ich, mir die Nase am Schaufenster von Humanic, einer Billigschuh-Kette, plattzudrücken, bis ich ein Paar Sneakers fand, das mir recht gut gefiel. Weiß, schlicht, aber doch den Markenschuhen der Mitschüler nicht unähnlich. Als ich sie dann endlich in den Händen hielt, waren sie die besten und schönsten Schuhe der Welt. Und so unfassbar wertvoll für mich, schließlich steckte ich verdammt viel Lohn, also Arbeit, Schweiß und Blut hinein. Sie sind bis heute mein größter Besitz, anders kann ich es nicht sagen, denn sie signalisierten mir: »Du bist jetzt angekommen!« Ich trug sie jahrelang, bis sie auseinanderfielen, und ich besitze sie noch immer, sie liegen irgendwo im Keller. Ich lache seit Jahren darüber, dass ich sie irgendwann mal einrahmen lasse, und ich glaube, ich werde es wirklich tun.

Mit diesem neuen Accessoire änderte sich bei Weitem nicht alles, aber allein mein Gefühl, mir diesen Wunsch erfüllt zu haben, ließ mich etwas wachsen. Und womöglich an Neues denken. Denn ich war, falls es bis hierhin so geklungen haben mag, nicht auf einer Jungenschule: Meine Klassen bestanden zwar immer zur Hälfte aus Mädchen, aber es waren vornehmlich die Jungs, mit denen ich zusammen war, abhing, lernte, sprach. Mir lag die damalige grundsätzliche Distanz zwischen pubertierenden Großmäulern, die über alles schwiegen, was sie bedrückte, freute oder stresste. Doch ganz ohne Nähe blieb meine Schulzeit nicht, denn bei aller Disziplin und Kontrolle, die ich selbst über mein Leben haben musste und wollte: Mich zu verlieben barg eine andere Qualität, gegen die auch ich nur schwerlich ankam.

Und wozu auch? Ich hatte zwar absolut keine Übung in solchen Gefühlsdingen und erwartete davon nicht allzu viel, doch meine fehlende Angst galt fast allem: Leben und Tod, Einsamkeit und Liebe, was sollte also passieren? Zudem hatte ich es eben wie wir alle nicht in der Hand, konnte nicht entscheiden, mich nicht zu verlieben. Und so blieb mein Blick immer öfter an einer Nachbarin hängen, die ich fast täglich sah. Sie war mit fünfzehn zwei Jahre jünger als ich, doch dies war ziemlich nebensächlich gegen alle anderen Unterschiede: Sie hatte einen blonden Wuschelkopf, war recht groß, warmherzig und weiß. Ihre Eltern beäugten mich anfangs argwöhnisch und zeigten mir deutlich, dass ich mich auf verbotenem Terrain bewegte. Nach einigen Wochen jedoch begannen sie, mich zumindest zu tolerieren, und gönnten uns etwas Zweisamkeit, in der wir Händchen hielten, uns küssten, miteinander kuschelten – meist jedoch einfach beieinandersaßen. Ich wartete zu Beginn dieser Liaison, wann immer es mir möglich war, an der Bushaltestelle auf sie, wenn sie von der Schule kam, warf nachts Steinchen an ihr Fenster, um einen Blick und ein Lächeln zu erhaschen. Das alles schien mir wohl aufregend genug für das erste Mal.

MEINE FEHLENDE ANGST GALT FAST ALLEM: LEBEN UND TOD, EINSAMKEIT UND LIEBE.

Diese Zeit war einerseits faszinierend für mich, auf der anderen Seite anstrengend. Im Nachhinein würde ich meinen, es war ein ganz normaler Crush, eine kindische Schwärmerei, die immerhin beidseitig bestand. Doch damals war eben nichts normal für mich, schon gar nicht Nähe. Da stand ich mit dem Bedürfnis nach Zuneigung und dem Gefühl, zugleich nehmen und geben zu wollen, Zärtlichkeit, Wärme, Sicherheit, ohne zu wissen, was das alles wirklich ist und wie man das zustande bringt. Körperlicher Kontakt wirkte seltsam auf mich, ich war verkrampft und ungeschickt. Das ist immerhin etwas, das wohl viele aus ihrer ersten Jugendliebelei kennen. In mir weckte dies allerdings auch schlummernde Dämonen, für die ich keinen Raum kannte und wollte: seit Jahren keine Umarmung, keine offenen Emotionen, keine Liebe, kein Vertrauen. Das war schlimm – sich damit auseinanderzusetzen erschien mir jedoch schlimmer.

Entsprechend blieb ich etwas wortkarg, schob es auf das klassische Verhalten von heranwachsenden Jungen, die nun mal nicht über Gefühle reden, und genoss stattdessen die guten Zeiten, in denen wir einfach Spaß hatten und uns wohlfühlten. Nach einem knappen Jahr verlief das Ganze im Sand, immerhin ohne Streit und Schmerz. Wir kennen uns bis heute, selbst wenn wir uns kaum sehen, und ich möchte diese Phase nicht missen: Sie war nicht weltbewegend, brachte mir aber – neben den ersten Learnings in Sachen Romantik – einen Hauch Normalität, die ich sonst so selten spürte.

Tatsächlich gelang es mir noch ein paar Mal mehr, diese Normalität zu okkupieren. Dabei rede ich nicht von Sicherheiten, Plänen oder Träumen, aber von kleinen Episoden eines Alltags. Eine Beziehung zu einem Mädchen war ein guter Schritt, ebenso wie nachmittägliche Treffen mit Klassenkameraden oder ein abendliches Biertrinken. In den ersten Jahren wurde ich kaum zu Schulfreunden nach Hause eingeladen – zum einen, weil ich noch keine Freunde hatte, denen das eingefallen wäre, zum anderen, weil mir Zeit und Lust fehlten, mir so ein österreichisches Familienleben anzutun, inklusive skeptisch dreinblickender Eltern. (Ich gehe davon aus, dass dies auf Gegenseitigkeit beruhte.) Nach den ersten Jahren hingegen wären solche Besuche zwar durchaus möglich gewesen, unsere Gewohnheiten hatten sich jedoch geändert: Nun hatten die familienverwöhnten Jungs selbst keine Lust mehr auf Kinderzimmer und Beobachtung.

Stattdessen verbrachten wir viel freie Zeit wahlweise draußen oder, wenn es unser Budget zuließ, in Kneipen. So weit, so gewöhnlich, was für mich irgendwie großartig war. Natürlich konnte ich mir nicht mehrmals die Woche einen Kneipenbesuch leisten, aber ich war schon nach wenig Alkohol ohnehin recht schnell betrunken, und wir glühten gern mit billigem Fusel aus dem Supermarkt vor, sodass ein Bier in der Bar durchaus genügte. Zudem war das nicht unser ausschließliches Vergnügen, es ließ sich auch mit einer Cola durch die Stadt ziehen oder im Park herumsitzen – für mich war alles gleichermaßen neu und aufregend. Das führte dazu, dass meine selbst gezogenen disziplinarischen und strukturellen Grenzen ins Wanken gerieten.

Diese Grenzen waren bis dahin unantastbar gewesen. Sie bildeten das bisschen Netz und Boden, die ich mir mit ihnen zwar selbst aufgebaut hatte, die aber nichtsdestotrotz ein Gefühl von externen Mächten mit sich brachten: Sie gehörten befolgt, sonst … Sonst, nun ja, passierte erst mal nichts. Außer, dass ich Gefahr lief, mich an nichts mehr zu halten, halten zu müssen – und endgültig abzustürzen. Während meiner ersten Nacht in der Kellerwohnung – in der ich keine Sekunde ein Auge zutat – grübelte ich darüber, wie das alles zu schaffen sei: Deutsch lernen, aktuelle Schulklasse meistern, alte Schulklasse wiederholen, Geld verdienen, nicht verhungern, nicht zu viel nachdenken, nicht verzweifeln.

Was soll ein traumatisierter Fünfzehnjähriger sich als hochkomplexe Lösung schon einfallen lassen, außer: machen, immer weitermachen. Und so war ich derjenige, der mich jeden Morgen aus dem Bett riss, auch nach drei, vier Stunden Schlaf, in Eiseskälte und mit Hunger im Bauch. Der über dem Lernpensum wachte, Wind und Wetter ignorierte, die Kontrolle bewahrte. Heute nenne ich es »ODO«: Ordnung, Disziplin, Organisation. Dieses selbst erbaute System ist seit Langem ausgereift und hat schon so manches Wunder bewirkt, auch damals: Es war so unausgereift wie ich –

WAS SOLL EIN TRAUMATISIERTER FÜNFZEHNJÄHRIGER SICH ALS HOCHKOMPLEXE LÖSUNG SCHON EINFALLEN LASSEN, AUSSER: MACHEN, IMMER WEITERMACHEN.

doch es reichte für mein Überleben. Ich hätte anderweitig keine Chance gehabt, es gab nur diesen einen Versuch für mich, kein Plan B stand parat. Vielleicht kurzzeitig Drogen und Absturz, aber das nenne ich nicht »Plan«.

Disziplinierte Faulheit

Die ersten drei Monate in meiner Kellerwohnung schlief ich kaum. Die Bilder der letzten beiden Jahre pressten sich in den Vordergrund, warteten nur auf die Stille und Einsamkeit dieser Nächte. Diese Erinnerungen waren und sind bis heute der reine Horror. Die Sorgen der Anfangszeit in Wien kämpften damals parallel um Raum, doch auch sie brachten nur Schreckensmomente. Somit starrte ich meist stundenlang die Decke an, zitterte, ließ die Bilder an meinem inneren Auge vorbeirasen und tat so, als sei mir das egal. Doch ob schlaflos oder Albträume ist wie Pest oder Cholera. Die Jobs und die damit einhergehenden kurzen Nächte brachten ein wenig Erlösung, kein Wunder: Irgendwann konnte ich nicht mehr wach bleiben, dafür hatten die Albträume ihren Toröffner Schlaf wieder.

Das ließ mit etwas mehr Boden unter den Füßen nach ein paar Monaten nach, doch etwa ein Jahr vor der Matura stand ich mir schließlich als Endgegner selbst im Weg. Diverse Jahre der Pubertät, der Phase potenzieller Rebellionen, hatte ich gesittet und geregelt hinter mich gebracht, dabei müssen die wildesten Filme in meinem Kopf abgefahren sein: Meine Historie hatte vieles ausgebremst, meine Hormone aber sicher nicht. Doch es half nichts, ich selbst wusste dank der letzten Jahre ja kaum, was das alles überhaupt bedeuten sollte, welche Auswirkungen es hatte, welche ich längst spürte und mich wunderte, was da passierte. Als sich die hormonellen Spielereien des Körpers Bahn brachen, suchte ich regelmäßig Wände, gegen die ich rennen, Autoritäten, gegen die ich rebellieren konnte. Doch ich fand keine außer mich selbst. Und meinen täglichen Kampf um Extrawurst und Co. Damit drohte mein ODO-System Risse zu bekommen.

MEINE HISTORIE HATTE VIELES AUSGEBREMST, MEINE HORMONE ABER SICHER NICHT.

Ich begann, die Schule zu schwänzen und stattdessen mit Kumpeln durch die Stadt zu lungern oder einfach im Unterricht zu schlafen. Nachdem ich so hart geschuftet hatte, um alle Herausforderungen in der Schule zu meistern, fiel mir schließlich auf, wie viel Mist ich lernen sollte: Mist, der mir nie nützlich sein würde, den ich nie würde gebrauchen können. Meine Ansprüche an mich selbst hatten sich nicht reduziert, aber diejenigen an die Lehrinhalte ebenso wenig – und es war verdammt viel dabei, das ich nicht lernen wollte. Also verlor ich den Antrieb, ließ mich gehen und die Schule schleifen. Damit war ich nicht allein, und so kam eine Zeit, in der wir viel tranken, viel alberten und wenig zustande brachten.

Dazu gehörte unter anderem, beim nachmittäglichen »Lernen« im sturmfreien Haus eines Klassenkameraden den Whisky der Eltern leer zu trinken. Ein anderer Absturz mit ähnlich viel Alkohol passierte in einer Kneipe: Mein Zustand schwankte zwischen Gleichgültigkeit und Meuterei, als eine Kellnerin ihre Geldbörse kurz auf der Theke liegen ließ. Mit einem Satz war ich dort – und auf der Straße. Nach ein paar Metern sprang ich in eine Telefonzelle, holte das Geld heraus – es befand sich die halbe Tageseinnahme darin – und wollte die Börse so ablegen, dass die Frau sie zurückerhalten konnte. Das Geld war nun meins – warum auch nicht, als ob hier irgendetwas gerecht wäre.

Noch während ich das Geld in meine Hose zu stopfen versuchte, merkte ich mein Unwohlsein. Ich konnte keinen frohen Gedanken in Verbindung mit dem Geld benennen, hatte keinen Plan, was ich damit anstellen sollte. Womöglich bewog genau das mich dazu, das Geld wieder in das große Portemonnaie zu stecken und zurück zur Kneipe zu gehen. Dort überreichte ich es der panischen Kellnerin und entschuldigte mich. Sie war wahnsinnig erleichtert, machte kurz Anstalten, mich zu verdreschen, und schmiss mich schließlich einfach aus dem Lokal.

Ich fürchte, das war es schon mit meiner Aufmüpfigkeit. Meine Freunde brachten zeitweilig Gras ins Spiel, aber mein erster und letzter Versuch riefen bei mir eine derart depressive Stimmung hervor, dass ich es dabei bewenden ließ. Mein Hirn drückte sicher noch wesentlich öfter pubertäre Reset-, Alarm- oder andere rote Knöpfe, doch hatte mir niemand erklärt, was da passierte, dass ich mich auf der Suche nach mir selbst befand, dass das furchtbar anstrengend war, dass Rebellieren guttat. Und weil auch niemand da war, den ich für all meine Launen beschuldigen konnte, gingen sie schließlich nicht sang- und klanglos, aber doch ohne großes Publikum vorbei. Viel wichtiger ist: Pünktlich zur Matura hatte ich die Kurve bekommen.

In den meisten Fächern quälte ich mich so eben durch. In Mathe war ich noch immer der Zweitbeste, das fiel mir nicht schwer, allerdings wurde es gerade in diesem Fach kurz brenzlig: Während der Aufsichtslehrer in der vierstündigen Prüfung entspannt Zeitung las, war ich nach weniger als einer Stunde fertig – und hörte kurz darauf ein erstes auffällig unauffälliges Hüsteln neben mir. Ich blickte rüber und sah panisch flehende Augen. Nach zwei weiteren Stunden war meine Arbeit von Tisch zu Tisch durch den gesamten Raum gewandert. Der aufsichtführende Lehrer bekam nichts mit, allerdings diskutierten Tage später unsere Lehrer die Frage, warum wohl bei dieser Prüfung fast alle in der Klasse nur einen, dafür allerdings exakt denselben Fehler gemacht hatten. Wir hatten mehr Glück als Verstand und kamen damit durch. Das war ein kurzer Schreckmoment, aber die Wochen und Monate davor waren es ebenso. Ich hatte diese seltsame Zeit mit mir und gegen mich gekämpft und rebelliert, hatte Langweile und Kater abwechselnd genossen und verachtet, mein ODO gehasst und angefleht, mir erhalten zu bleiben. Und ich hatte gewonnen, war mir treu geblieben und meinem System.

Schließlich war es so weit: Mein Abschluss war nicht berauschend, aber er reichte. Die Matura war geschafft, die

Schule abgeschlossen, die Zukunft lag vor uns. Oder wir vor ihr, je nachdem, wie mutig man sich fühlte oder wie klar die Pläne bereits ausgearbeitet waren. Ich hatte erst mal keine, doch ich kann nicht sagen, dass mir das große Sorge bereitete. Ich war mir sicher, dass ich auch das, was jetzt käme, irgendwie meistern würde. Die letzten Jahre waren ein so wahnsinniges Desaster, da machte ich mir nichts vor: Ja, ich hatte es geschafft, zu überleben. Und ich bleibe dabei, dass dieses Elend die beste Schule für mich war. Aber es ändert nichts daran, dass es das reinste Elend war. Die Kellerwohnung, der Hunger, die schlaflosen Nächte, die Erinnerungen an den Krieg, die Toten, die Flucht. Das stundenlange Weinen, die Fremdenfeindlichkeit, die Ausgrenzung, meine Rolle als Erziehungsberechtigter für mich selbst, meine Ablehnung gegenüber Nähe. Diesen Höllenritt wünsche ich niemandem. Selbst wenn es für mich im Nachhinein der Weg zum Glück wurde, habe ich große Narben davongetragen, die bis heute sichtbar bleiben und die ich nie mehr loswerde.

DIESEN HÖLLENRITT WÜNSCHE ICH NIEMANDEM.

Der Höllenritt hat Löcher in mein Leben gerissen, hat mich meine Muttersprache, meine Heimat, meine Familie aus Herz und Seele tilgen lassen. Natürlich liebe ich meine Eltern noch immer, habe sie immer geliebt, aber doch so verkümmert, wie jemand seine Eltern lieben kann, die er mit dreizehn Jahren mehr oder weniger verloren hat. Die er nicht heulend und jammernd anflehen wollte, ihn heimzuholen, weil dies nicht möglich war. Jemand, der stattdessen auf Abstand ging, sagte, alles sei halb so wild, kriege man irgendwie hin, werde schon werden – ich muss dann mal weiter.

Ich entzog mich jeglichen Gefühlen inklusive Mitleid, sie hätten mich nur ausgebremst, und genau das konnte ich nicht gebrauchen. Ich brauchte Ordnung, Disziplin, Organisation, ich schuf sie mir. Und ließ dafür den Iran hinter mir –

weil es damals die einzig logische und mögliche Konsequenz war. Unabhängig von den politischen Dimensionen, die ich zwar hautnah zu spüren bekam, aber nicht vollkommen durchdringen konnte, war ich fertig mit diesem Land, Schluss, aus. Keine persischen Freunde, keine persische Sprache, Musik, Essen, was auch immer. Punkt. Ich musste die Albträume des Kriegs ertragen, die Trennung von meiner Familie, dieses neue Leben. Dagegen konnte ich nichts tun. Aber ich konnte meine Loyalität und meine Liebe dem Land nehmen, das mich in diese Lage gebracht hatte.

Klingt womöglich superstark, war es aber nicht. Denn diese Entscheidung traf ich weder so rational noch so bewusst, wie es sich heute anhört. Kindischer Trotz, großer Schmerz und neuronale Mechanismen spielten wahrscheinlich ebenso große Rollen wie mein Wunsch, meinen Peiniger nicht mehr zu missen. So oder so dauerte es wenige Wochen, bis ich meine Muttersprache Farsi kaum mehr sprechen wollte und konnte, bis ich verneinte, wie gut persisches Essen roch und schmeckte, bis die Erinnerungen an Teheran schwanden. Die Iraner an sich – um auch mal verbal meiner Abneigung freien Lauf zu lassen – halten es mit den Kontakten zu ihrem Heimatland genau umgekehrt: Außerhalb des Irans finden sie schnell Anschluss an ihre Landsleute, tun sich zusammen, schotten sich ab, bleiben untereinander. Damit wäre ich damals nicht durchgekommen, aber wollte es auch überhaupt nicht. Bis heute habe ich keine persischen Freunde. Und mit Ausnahme meiner Eltern, Geschwister und ein paar ferner Verwandter pflege ich keinen Kontakt zu Iranern. Nur die Erinnerungen an meine Kindheit habe ich behalten.

WURZELN

1968–1980

Teheran

»WARUM BIN ICH ICH?«

Familienausflug ans Meer

Augen auf – und sofort schlug mein Herz höher: Urlaub! Heute geht es los, heute fahren wir ans Meer. Dass das Kaspische Meer keines ist, war mir weder bekannt noch wichtig, denn es war riesig, salzig und vor allem verbunden mit unfassbarem Spaß. Zwei Wochen im Jahr waren wir in meiner jüngsten Kindheit dort im Urlaub und mit nichts anderem beschäftigt als mit Sonne, Sand und Meer. Wir, das waren meine Eltern, mein ein Jahr jüngerer Bruder und ich. Wir besaßen dort ein wunderschönes Haus, das mich manchmal an meines auf Ibiza, wo ich heute wohne, erinnert. Auch das feucht-tropische Klima war ähnlich, die Atmosphäre entspannt. Es war den ganzen Tag hell und heiß, sodass mein Bruder und ich praktisch nur in Badehosen draußen waren, im Meer, im Sand, auf dem Fahrrad oder beim Fußball, bis zur Schlafenszeit. Wir Jungs waren extrem unterschiedlich, doch damals hockten wir dauernd zusammen, bauten Burgen, tobten im Wasser oder an Land – taten alles, was Kinder eben so tun, tun sollten.

Alle anderen Kinder, die zur nahen oder entfernten Familie gehörten, waren selten mit uns im Urlaub am Meer, und meine kleine Schwester kam erst 1982 zur Welt, kurz bevor meine Kindheit ihr Ende nahm. Im Alltag in Teheran, zu Hause, waren wir wesentlich mehr Mitglieder. Warum wir diese Ferien regelmäßig zu viert verbrachten, weiß ich nicht mehr so genau, dafür gab es keinen konkreten Grund, zudem kamen immer wieder auch Cousins, Cousinen und ihre Eltern ans Meer. Vielleicht waren es schlicht unterschiedliche Vorlieben für die Urlaubsgestaltung, vielleicht zeitliche Engpässe. Vielleicht lag es aber auch an ebenjener Großfamilie, deren Teil wir waren und von der wir kleine Auszeiten genossen – auch wenn ich mich nie an Streitereien oder auch nur Misshelligkeiten erinnern kann.

In Teheran lebten wir mit meinen Großeltern mütterlicherseits sowie zweien der drei Brüder meiner Mutter und

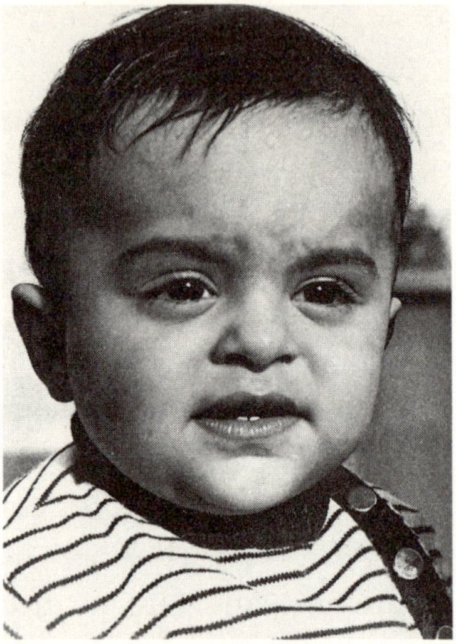

Eines der wenigen Kinderbilder, die es von mir noch gibt.

ihren Familien alle gemeinsam, gewissermaßen auf einem großen Gehöft im Norden Teherans: Die Häuser – jedes für sich frei stehend und in sich abgeschlossen – waren über einen großen Garten miteinander verbunden, sie umschlossen ihn und den darin befindlichen Swimmingpool. Damit hatten sie diese Atmosphäre eines großen Komplexes, der eine Großfamilie beherbergte – und den wir Kinder mehr als liebten. Er bot uns wirklich alles, was wir uns von einem Zuhause nur wünschen konnten.

Folglich zählten diese Urlaube am Meer auf jeden Fall zu den Highlights meiner Kindheit, aber sie hoben sich nicht groß ab vom Rest meines Lebens. Damals schien mir alles herrlich, ein guter Tag reihte sich an den nächsten. Es war beinahe egal, ob Montag oder Samstag, ob Frühling oder Winter – na gut, wenn es kalt war, wurde ich zurückhaltender. Kälte und Schnee liegen mir nicht, das war bereits vor Wien so. Es gibt ein Foto von mir als Vierjährigen, auf dem meine Eltern mich zum Skifahren animieren wollten und auf einen Berg schleppten. In Skikleidung, Mütze, Brille und Schal schaue ich allerdings so unfassbar griesgrämig in die Kamera, dass es wohl auch deswegen ihr erster und letzter Versuch war, mir diesen Sport und diese Witterung näherzubringen. Nein, da waren das Meer oder Teheran im Sommer wesentlich eher mein Ding.

Kurzum: Meine Kindheit war eine Zeit, die ich als glücklichste meines Lebens bezeichne, und das nicht nur, weil vieles, was folgte, alles andere als glücklich war. Sondern weil ich absolut, nach allen internationalen Standards, rational und objektiv eine grandiose Kindheit hatte. Eine, die sich jedes Kind auf der ganzen Welt nur wünschen kann. Gut, das Ende war etwas abrupt und der zweite Teil einfach scheiße, aber bis ich dreizehn Jahre alt wurde, hätte ich mir nichts wünschen können, um mein Leben zu verbessern. Mir wäre schlicht nichts eingefallen. Selbst mit dem heutigen Blick als Erwachsener und Vater kommen kaum Aspekte auf, die ich damals rosarot überzog und in der Erinnerung schöner machte, als sie waren.

MEINE KINDHEIT WAR EINE ZEIT, DIE ICH ALS GLÜCKLICHSTE MEINES LEBENS BEZEICHNE.

Meine Eltern waren großartig, liberal, offen, progressiv, westlich orientiert. Und zugleich eben ganz eigenständige Menschen. Menschen mit ihren Problemen und Vorstellungen. So leidet meine Mutter, seit ich denken kann, an Depressionen, die nicht nur ihr schreckliche Zeiten bescheren. Direkt nach meiner Geburt verfiel sie in einen dieser Schübe, was dazu führte, dass sie keine Empathie für mich (oder sich) aufbringen konnte. Das ist für Kinder folgenschwer, wie ich Jahrzehnte später lernen musste. Damit nicht genug, kam ich mit der Nabelschnur um den Hals gewickelt auf die Welt. Wie sich das auf mich auswirkte, weiß ich nicht, dafür gab es zu viele andere Katastrophen in meinem Leben. Vielleicht war die gefährliche Situation während der Geburt förderlich für meinen Kampfgeist, die Depressionen meiner Mutter hingegen waren sicher nicht zuträglich für mein Konzept von bedingungsloser Liebe und Nähe.

Während ich nicht nur im Urlaub ständig aktiv war, musste mein Bruder im Alltag viel zu oft krankheitsbedingt im Bett bleiben. Immer wieder rafften ihn diverse Leiden darnieder, immer wieder fühlte er sich nicht gut, hatte keine Kraft, keinen Antrieb. Wir waren in dieser Hinsicht sehr unterschiedlich, aber eigentlich auch in allen anderen Dingen, ob Neugier oder Kraft, Lebensfreude oder Disziplin. Ich liebte und liebe meinen Bruder, daran änderte unsere Unterschiedlichkeit nichts, aber wahre Verbündete waren wir nie, konnten wir so gar nicht werden. Ich weiß bis heute nicht, ob das für ihn problematisch war. Für mich war es das nicht, denn ich hatte schon einen Verbündeten – oder besser gesagt eine Verbündete: meine Oma.

Meine Großmutter mütterlicherseits war meine Heldin, mein Idol, meine beste Freundin und mein liebstes Familienmitglied. Sie war mein Ein und Alles. Wenn es meiner Mutter nicht gut ging und sie keine Kraft, kein Gefühl für mich hatte, war ich bei Oma. Wenn ich nicht gerade draußen Fußball spielte oder die Schule besuchte, war ich bei Oma. Wir spielten zusammen, hörten Radio oder Musik, lasen viel, quatschten lange, während sie das Essen zubereitete oder den Haushalt machte. Gab es Zeugnisse, rannte ich als Erstes zu ihr, um ihr meines stolz zu präsentieren. Wir lagen in heißen Sommernächten gemeinsam auf der Terrasse, blickten in die Sterne, kicherten. Sie war einfach wunderbar. Ohne dass sie uns Kinder ausschließlich verwöhnte und als »nette Oma« von mir oder sonst jemandem wahrgenommen oder behandelt wurde: Sie war eine echte Respektsperson. Und hatte dabei das größte Herz der Welt!

MEINE GROSSMUTTER MÜTTERLICHERSEITS WAR MEINE HELDIN, MEIN IDOL, MEINE BESTE FREUNDIN UND MEIN LIEBSTES FAMILIENMITGLIED.

Sie erschien mir absolut rein, redete nie schlecht über andere, stand immer allen bei, war stets zur Stelle, wenn jemand sie brauchte. Das mögen arme Kinder aus unserem Viertel gewesen sein, alte Menschen, die niemanden mehr hatten, Kranke, die Hilfe benötigten. Solche Leute gingen in ihrem Haus häufig ein und aus, und das konnten wir uns leisten: Nicht nur finanziell, sondern auch sozial waren wir belastbar genug, hatten von ihr gelernt, nicht nur an uns zu denken, dankbar zu sein, zu teilen. Dass wir privilegiert waren, es verdammt gut hatten, ließ sie uns immer wieder spüren, ohne uns ein schlechtes Gewissen zu machen. Wir sollten uns daran erfreuen, denn es war überhaupt nicht selbstverständlich. Das war an sich ein kleines Kunststück, doch zudem hatte sie die Gabe, uns immer zu vermitteln, dass sie Zeit und Raum für jeden Einzelnen hatte. Niemand kam zu kurz, niemand wurde abgewiesen. Na ja, und schließlich war Oma auch – einfach Oma. Doch während viele der anderen Kinder bei uns bald nicht mehr das Bedürfnis hatten, stundenlang bei ihr zu sitzen und ihr zuzuhören oder Fragen zu stellen, blieb ich bis zum Schluss.

Oma war recht groß, zumindest für eine alte Dame mit großem Herzen, die sich um die ganze Großfamilie kümmert, wie man sie sich sonst so vorstellt. Auch das passte zu ihrer großen Persönlichkeit, zu ihrem Licht, das sie ausstrahlte, wann immer sie einen Raum betrat. Sie hatte früh Kinder bekommen und musste nie arbeiten, hatte dafür aber alles für den Haushalt gelernt, was es brauchte, um sehr viele Leute satt und glücklich zu machen. Die Ehe mit meinem Opa hielt bis zu dessen Tod, der nicht nur für mich viel zu früh eintraf: Als ich zehn Jahre alt war, starb er im großelterlichen Schlafzimmer. Meine Oma schaffte es gerade so – und so grob, wie ich sie bis dahin nie erlebt hatte –, mich aus dem Zimmer zu komplimentieren, bevor er tatsächlich seinen letzten Atemzug tat. Sie wollte auf keinen Fall, dass ich in meinem Alter dem Tod so nahekam. Doch für mich war es die erste Begegnung mit ihm,

DAS ERSTE MAL TUT WEH.

ich spürte ihn kommen, schleichen, meinen Opa mitnehmen. Es war auf eine Art traumatisch, ich saß auf den Treppen vor dem Haus und weinte lange. Das erste Mal tut weh. Mir war damals nicht klar, dass die nächsten Male immer noch schmerzen würden, und zwar ganz anders.

Dabei hatte ich keine allzu enge Beziehung zu Opa. Er war Spediteur und recht wohlhabend, für iranische Verhältnisse allemal. Somit kam meine Mutter aus sehr gutem Hause, ihre Brüder waren Architekten, Ärzte, Anwälte, und sie selbst wurde Krankenschwester. Opa war viel unterwegs und mehr Geschäftsmann als Familienmensch. Woran ich mich jedoch bestens erinnern kann, sind die Stunden, die er Schach spielend mit mir verbrachte. Als ich etwa sechs Jahre alt war, lehrte er mich das Spiel, geduldig, konzentriert, aber auch fasziniert – all das hat er mir mitgegeben. Ich habe seitdem nicht aufgehört, Schach zu spielen, es bringt Ruhe in meine Gedanken, in meinen Körper. Allzu oft in meinem Leben waren das die einzigen Momente, in denen ich zwar auf Hochtouren war, aber weder beruflich noch sonst wie angespannt. Es ist für mich wohl eine Art Meditation, zudem verbindet es mich mit meinem Opa und der damaligen Zeit.

Verbindungen zu meinen Großeltern väterlicherseits gab es kaum. Sie wohnten nicht direkt bei uns, und obwohl wir uns gegenseitig besuchten und liebten, blieben mir kaum Erinnerungen an sie, auch weil sie recht früh in meinem Leben verstarben. Der Opa war im Großhandel tätig und zweiundzwanzig Jahre alt, als er meine Großmutter irgendwann in den Dreißigern heiratete, die damals neun Jahre alt war. Sie bekamen neun Kinder, die sich im Laufe der Zeit bis in die USA verstreuten. Mein Vater gehörte nicht zu diesem Teil der Geschwister, denn er konnte sich trotz (vielleicht aber auch wegen) seiner vielen Auslandsreisen nie vorstellen, sein Heimatland zu verlassen. Dazu war er zu verbunden mit dem Land und den Leuten. Und mit unserer Großfamilie, sogar mit dem

Vater meiner Mutter, der – war er mal zu Hause – seinen Kindern oder Schwagern gegenüber aufbrausend werden konnte. Nie jedoch der Oma gegenüber, diese rote Linie überschritt selbst er nicht. Wir waren eine offene, gebildete, stolze Familie, weder Dynastie noch geduckt und meinem Opa blind unterworfen. Wenn, dann eher willentlich und freudig meine Oma preisend.

Ich kann mir vorstellen, dass jedes Kind eine ähnliche Vorstellung oder Erinnerung hat – doch ich bin mir recht sicher, dass ich der Lieblingsenkel meiner Oma war. Uns verband etwas ganz Besonderes: vielleicht die Stärke, vielleicht der (bei mir noch nicht geweckte) Kampfeswille, vielleicht einfach das Gefühl, ein klein wenig anders zu sein als die anderen. So oder so, kein anderes Kind verbrachte so viele Stunden mit meiner Oma wie ich, schließlich zog sie mich groß, während meine Eltern ganztags arbeiteten. Oder meine Mutter durch ihre Krankheit daran gehindert wurde, uns zu erziehen, mit uns zu spielen, uns zu lieben. Wenn sie es allerdings konnte, war sie grandios: warmherzig wie ihre eigene Mutter, immer gerecht und fleißig. Als Krankenschwester war sie jedoch auch recht stark eingebunden, ihr Beruf schien ihr Freude zu bringen, selbst wenn er sie erschöpfte. Da sie mich schon mit einundzwanzig Jahren und meinen Bruder mit dreiundzwanzig bekam, blieb ihr ohnehin nicht viel Zeit für Rast und Ruhe, geschweige denn für Übermut.

Mein Vater war ein herrlicher Freund, so würde ich ihn bezeichnen, seit frühen Jahren. Er traf zwar die Entscheidungen in unserer Familie, aber er war nie autoritär, selbst im positivsten Sinne nicht. Er war witzig, ein Lebemann, lässig. Er war derjenige, der mich Ende Oktober 1974 als Sechsjährigen nachts aus dem Bett holte, um mich am »Rumble in the Jungle« teilhaben zu lassen. Es war mein erster Kampf Muhammad Alis, es war brutal, es war verwirrend. Ali lieferte damals schon eine großartige Show ab, war aber noch nicht der, der mich durch mein Leben begleiten sollte, der so wichtig wurde. Dennoch war dieser Kampf mit das Beste, was mir je passiert ist, Boxen ist schließlich die Urform des Aufstehens, immer wieder aufstehen. Diese Passion, dieser Mut, dieser Wille von Ali trug mich durch meine ersten Jahre in Wien und machte mich zum Fan. Das begriff ich damals sicher nicht, und mein Vater war ebenso wenig darauf aus, mich für die Zukunft zu stählen. Er war schlicht begeistert und wollte mich daran teilhaben lassen, unabhängig davon, ob dieser Sport für Sechsjährige geeignet ist oder nicht. Freunde teilen solche Momente.

Jenseits des Familienlebens baute er als ITler in der iranischen Statistikbehörde an Supercomputern. Eigentlich faszinierend, spannend, jemand, der an der Zukunft bastelte. Aber in meinen Augen auch immer etwas weich, vielleicht auch etwas antriebslos. Ein Kumpel eben, während ein Bruder meiner Mutter sich für mich zum ersten Vorbild erhob, selbst wenn ich nicht allzu viel mit ihm zu tun hatte: Der Architekt strahlte Kraft aus, wirkte immer cool und hatte einen starken Charakter, mit dem er mir wesentlich mehr imponierte als mein Vater mit seiner Art. Daran hat sich bis heute nichts geändert. Aber das ist womöglich völlig irrelevant, denn viele Kinder haben andere Idole als ihre Eltern.

Ich liebe meinen Vater ebenso wie meine Mutter, sie sind wunderbare Menschen, die mir wunderbare Eltern waren. Sie waren nur nicht die absoluten oder einzigen Helden meiner Kindheit, was weder verwerflich noch problematisch ist oder war. Womöglich war ich viel zu selbstständig, um meine Eltern so zu sehen. Wer regelmäßig seine Eltern weckt, anstelle sich wecken zu lassen, hat vielleicht andere Konzepte.

Eine ganz normale Schulzeit

Diese Selbstständigkeit, die ich in vielen hierauf folgenden Jahren zu meinem ODO-Konzept mit Ordnung, Disziplin und Organisation perfektionierte und das mich durch meine Anfänge in Wien rettete, begann spätestens mit meinem ersten Besuch im Kindergarten: Ich stand vor allen anderen auf und machte mich bereit für den Tag. Ganz ohne Wecker oder Eltern, die mich sanft aus dem kindlichen Schlaf holten, war ich lange vor der Zeit wach – und es gefiel mir. Ich ging ins Bad, zog meine Klamotten an, die ich mir tags zuvor herausgelegt hatte, lief in die Küche, machte Frühstück, prüfte meinen gepackten Rucksack, um nichts zu vergessen. Und wartete, bis die anderen endlich aufstanden und ich schließlich losmusste. Wenn es mir morgens zu lange dauerte, weckte ich irgendwann doch meine Eltern: »Ich bin schon so weit, können wir jetzt gehen?« Ich hätte stattdessen auch mein Zimmer aufräumen können, wäre es nicht immer in makellosem Zustand gewesen. Ich habe dort gespielt, getobt und gewütet, aber danach immer aufgeräumt, vor dem Zubettgehen.

Das klingt etwas pedantisch, und für einen Dreijährigen war es das wohl auch. Aber immerhin war ich nicht psychotisch, wenn etwas schiefging, ich aus diversen Gründen zu spät kam oder etwas nicht in Reih und Glied war. Ich mochte es gern diszipliniert und ordentlich, damals schon. Um das zu erreichen, blieb es nicht aus, dass ich schnell gut organisiert und früh selbstständig und selbstverantwortlich wurde. Ich war und blieb Kind, damit hier nicht der Eindruck entsteht, ich sei ein Mini-Monk gewesen. Zum Beweis: Als ich den Kindergarten besuchte, gab es eine Phase, in der ich zwar noch immer früher als alle anderen aufstand, beim Warten aber wieder so müde wurde, dass

ICH MOCHTE ES GERN DISZIPLINIERT UND ORDENTLICH, DAMALS SCHON.

ich regelmäßig auf der Toilette einschlief. Dort fand mich meine Mutter, weckte mich, half mir beim Anziehen – und lachte über meine Verwirrung.

Ansonsten aber war ich laut Aussagen aller wirklich ein unproblematisches Kind. Meine Eltern mussten sich nie beschweren, hatten nie Mehraufwand, brauchten sich nicht sorgen, dass der Junge etwas anstellte. Auch in der Schule nicht, denn dort gefiel es mir ebenso wie im Kindergarten. Dabei war die erste Schule eine Privatschule, in der ich nicht nur eine Uniform tragen, sondern wohin ich täglich insgesamt über drei Stunden mit dem Bus hin- und zurückfahren musste. Während die Uniform mir im schlimmsten Fall gleichgültig war, im besten aber zugutekam, da sie die Auswahl abends gar vereinfachte und außerdem zusätzliche Struktur schaffte, litten wir alle unter der verlorenen Zeit im Bus – die umso schwerer wog, als wir ohnehin ganztags in der Schule saßen. Zudem kamen die Kinder aus allen Ecken Teherans, sodass wir in dem Hauch an Freizeit, der uns blieb, keinen Kontakt zu den meisten Mitschülern hatten, weil wir weit verstreut in unterschiedlichen Stadtteilen lebten. So stürmte ich nach meinen Hausaufgaben zu meinen Cousins und den Kids aus dem Viertel auf die Straße, um wenigstens noch eine Stunde oder zwei Fußball zu spielen.

Bevor ich zu meiner Liebe zum Fußball komme: Dieses Stürmen kostete mich so manches Stück Haut und meine Eltern und meine Oma so manchen Nerv. Ich war ein unproblematisches Kind, ja, und zudem so gut wie nie krank, das übrigens bis heute nicht. Aber ich war als Kind oft etwas arg flott unterwegs, wann immer mich etwas drängte. Das mag eben die vergeudete Zeit im Bus gewesen sein, ein gutes Zeugnis, das mir frisch überreicht wurde, oder schlicht Durst an einem heißen Sommertag. Schon achtete ich nicht auf meine Füße und überschlug mich – oder übersah ein Auto.

Auf den damaligen Autobahnen rund um Teheran gab es in regelmäßigen Abständen Wasserhähne, allerdings zwischen den Spuren, also auf dem mittleren Grünstreifen. Als ich elfjährig mal wieder mit meinem kleinen Motocross-Motorrad unterwegs war – das war damals weder illegal noch selten, es waren kleine 50er-Maschinen – und nur eben schnell einen Schluck Wasser trinken wollte, wurde ich beim Überqueren der Fahrbahn von einem Auto erfasst. Bei meiner Größe damals bedeutete dies konkret: an Gesicht und Schultern erwischt. Ich flog durch die Luft, landete, schüttelte mich und fuhr heim. Erst beim Anblick meiner entsetzt dreinschauenden Mutter wurde mir klar, was vorgefallen war. Ich war blutüberströmt und musste im Krankenhaus am Kinn genäht werden – allerdings erst, nachdem meine Mutter in Ohnmacht gefallen und wieder zu sich gekommen war. Krankenschwester hin oder her, das eigene Kind in Zombie-Aufmachung schockt jede Mutter. Als ich zwei Jahre zuvor mit meinem guten Zeugnis heimeilte und mir dabei einen großen Cut knapp oberhalb des linken Auges zuzog, befand sie sich glücklicherweise auf der Arbeit. Ich war ohnehin auf dem Weg zur Oma und diese offenbar etwas gelassener, was blutende Kinder betraf. So ging das regelmäßig, und ebenso regelmäßig hatte ich mehr Glück als Verstand, lernte nur leider nicht dazu und hatte folglich immer wieder unangenehme Begegnungen mit harten Oberflächen.

Meine bewusste und unkaputtbare Leidenschaft für den Fußball begann im gleichen Jahr wie meine Schulzeit, was jedoch eher Zufall war: Die Weltmeisterschaft 1974 in Deutschland begeisterte mich mit sechs Jahren dermaßen, dass ich zum größten Fan wurde – nicht nur von Fußball, sondern seinerzeit besonders von deutschem Fußball. Ich war der Einzige, doch es dürfte niemanden mehr wundern, dass mich das nicht im Geringsten störte. Im Iran war Fußball grundsätzlich ein Mainstream-Sport, die

ICH WAR DER EINZIGE, DOCH ES DÜRFTE NIEMANDEN MEHR WUNDERN, DASS MICH DAS NICHT IM GERINGSTEN STÖRTE.

Nationalelf spielte im weltweiten Vergleich zwar relativ schlecht, aber wir hatten diverse Ligen und vor allem viel Herzblut. Bei internationalen Meisterschaften jedoch liebten die einen die Italiener für ihre Verteidigungskünste, die anderen die Franzosen für ihre Raffinesse, natürlich stand Brasiliens wunderschöner, ästhetischer »Tanz« hoch im Kurs.

All das hatte die deutsche Elf nicht zu bieten, das sah selbst ich mit meinen unerfahrenen Augen. Doch sie hatten etwas anders, und zwar einen unbändigen Kampfeswillen, der schier nicht zu brechen war. 89. Minute und Rückstand von drei Toren? Interessierte die Deutschen nicht – oder spornte sie umso mehr an. Kämpfen bis zur letzten Minute, bis zur 95., wenn es sein musste, einfach immer weitermachen. Diese Art von Fußball war damals einzigartig. Heute existiert sie nicht mehr, weder bei der deutschen Nationalmannschaft noch sonst wo. Dieser Biss ist bei uns eigentlich nirgends mehr zu finden, ob im Sport, in der Wirtschaft oder in der Gesellschaft: Wir sind zu satt, denke ich, haben alles erreicht, sind mit anderem beschäftigt, aber nicht mehr mit Kämpfen, Wollen, Dürsten.

Damals jedoch stand ich zwar als Deutschlandfan allein auf weiter Flur, dafür aber 1974 auf der Seite der Sieger. Mein Vater schmunzelte, da hatte sein Sohn ein Näschen gezeigt, meine Freunde nannten es eher Glück – doch alle hatten sie zuvor gelacht: »Die hässlichen Deutschen mit ihrem hässlichen Fußballspiel?! Niemals können die gewinnen, du Dummkopf!« Mir blieb hängen, dass es sich lohnt, für etwas zu kämpfen, wenn man es wirklich will, selbst wenn man zunächst kein Talent mitbringt. Sorry, Deutschland, die Mannschaft 1974 war ja großartig, das bestreite ich nicht, aber eben nicht ihres Talents willen.

Noch heute sind Netzer, Breitner, Beckenbauer, Grabowski und ihre Kollegen meine Helden, und auch die folgenden Generationen 1982 und 1986 waren definitiv heldenhaft für mich. 1990 änderte sich allerdings etwas an meiner Meinung zur Nationalmannschaft: Sie kämpfte in dem Jahr nicht nur bis zum Sieg im Finale, sie spielte auch richtig guten, ach, den besten Fußball. Das war neu, nicht weniger entzückend, aber doch neu. 2014 war die Mannschaft übrigens ebenfalls nicht so schlecht, doch in keinem Jahr spielte Glück so eine riesige Rolle wie damals: Das Finale hätte 0 zu 3 enden müssen. Das dem nicht so war, grenzt an ein Wunder, bis heute. Oder eben an meine These: Wille und Einstellung können alles kompensieren. Zehn Jahre später sind diese Tugenden hinfällig geworden, dieser Teil der deutschen Mentalität ist auf der Strecke geblieben.

> **WILLE UND EINSTELLUNG KÖNNEN ALLES KOMPENSIEREN.**

Das Land und seine Stärken habe ich seitdem dennoch nie aufgehört zu bewundern. Kanalisiert hat sich das durch den Fußball – und an dieser Stelle sollte niemand vergessen, dass ich damals ein wunderbar behütetes Mittelstandskind war, meine Worte klingen womöglich philosophischer, als ich damals sein konnte. Aber mit Alter und Wissen bestätigte sich meine Sichtweise: Die Deutschen haben sich – nach dem unfassbaren Elend, das sie und ihre Eltern verursacht haben – gefügt und dennoch gekämpft, haben aus Schutt Neues geschaffen und dabei ihre Scham ertragen. Vieles war nicht perfekt, aber doch mit starkem Willen vonstattengegangen – und mit großen Vorteilen, so ehrlich muss man sein: Ohne Marshallplan, Wiedervereinigung, Währungsunion und Globalisierung gäbe es Deutschland nicht so, wie wir es heute kennen. Das war wichtiger Rückenwind, ohne den das Land wohl nicht hochgekommen wäre. Und heute? Heute gibt es Gegenwind – und alle sind entsetzt, gelähmt, betroffen. Zu viel Druck gilt als Versagensgrund, auch bei den letzten internationalen Fußballturnieren. Really? Druck bei Weltmeisterschaften? In einem kompetitiven Sport? Verrückt! Es scheint nicht neu zu sein, dass man plötzlich stockt, wird man sich seiner Kräfte oder Fähigkeiten bewusst. Es scheint aber auch fast immer behindernd – und wieder einmal zu Jammerei zu führen.

Für mich war das nie ein Hindernis, aber es gab andere. Nicht beim Fußball, wohlgemerkt: Ob Schule, stundenlange Busfahrten oder vierzig Grad im Schatten – Fußball spielen konnte ich immer und tat das auch. Wir hatten nur einen Plastikball, wir hatten kein echtes Spielfeld, sodass es meist schlicht die Straße war, doch wir hatten Schuhe und unbändige Lust. In den Sommerferien tat ich ungelogen bis zu zwölf Stunden am Tag nichts anderes. Meine Eltern, meine Oma waren regelmäßig entgeistert und mussten mich zwingen, eine Pause zu machen, zu essen und zu trinken. Wäre nicht abends die Dunkelheit über die Straßen Teherans hereingebrochen, ich hätte wohl nie aufgehört. Die anderen Kinder mussten mitziehen, selbst wenn sie nach ein paar Stunden nicht mehr unbedingt nur an Fußball dachten: Mein Elan und mein Kampfgeist rissen sie alle mit. Und wer doch ging, wurde ersetzt, es fehlte selten an fähigen Auswechselspielern. Nein, beim Fußball hatte ich nie Bedenken. Anders als in der Schule.

Sie machte mir wie später in Wien Spaß, und ich war meist ein guter Schüler – jedoch nur bis zu einem gewissen Punkt: Nach einiger Zeit schlichen sich Bedenken ein, wie viel Mehrwert mir all diese Inhalte wohl böten, die ich da lernen sollte. Mathe, Physik, Sport – check! Aber Kunst? Handwerken? Geschichte? War das nicht doch willkürlich, subjektiv, manipulativ? Als der Islam ab 1979 plötzlich alles inklusive Religions- und Geschichtsunterricht vereinnahmen und unser Leben bestimmen sollte, klingelten ohnehin alle Sinn- und Alarmglocken. Und ich verlor sogar den Spaß an Mathe.

Es war wohl der erste kleine Bruch in meinem Leben, der mich kurz aus dem Gleichgewicht brachte und mich darauf hinwies, dass nichts gegeben oder normal war. Mein Nachhilfelehrer schaffte es, mir Mathe wieder näherzubringen, kurz bevor es nicht mehr nötig war. Doch was er ebenfalls schaffte, war, mir ein Gefühl von Sicherheit zu geben. Dies tat er nicht nur mit seiner ruhigen Art, seinen Erläuterungen und Aufmunterungen, ihm gelang dies auch – mit Pfirsichen. Er schnitt zu jeder Stunde einen auf und aß ihn, nachdem er mir etwas erklärt hatte und während ich rechnete. Egal, wo ich bin auf der Welt, wenn ich Pfirsiche rieche, denke ich an ihn und dieses Gefühl, dass alles gut sein könnte. Diese Phase des verlorenen Ehrgeizes war nur kurz, doch bevor ich mich versah, nahm alles ohnehin einen ganz anderen Lauf.

Das tollste Land der Welt

Besonders nach der Revolution 1979 wurde der Geschichtsunterricht zur Islam-Propaganda, die ich zwar nicht ganz verstand, die mich und meine Freunde aber auf jeden Fall langweilte. Schon bevor der Gottesstaat ausgerufen wurde, wurde das Persische Reich unendlich zäh durchgekaut, doch mit der Theokratie kam eine völlig neue »Qualität« von Gehirnvernebelung auf uns zu. Meine Familie lebte nie besonders religiös, aber wir wurden zudem ohnehin eher toleriert, da wir zur altpersischen Religionsgruppe der Zarathustrier gehörten, auch Parsismus genannt. Vor tausend Jahren eine Weltreligion, verlief sich ihre Macht zu kleinen Gemeinden weltweit, unter anderem in Teheran. Vom Islam wurde und wird sie immerhin als kulturelles Erbe toleriert, und soweit ich mich erinnere, lebten wir es dementsprechend: nebenbei und ohne Einschränkungen im Alltag – wie wohl die meisten Christen es in Europa mit ihrer Religion tun. Als Ajatollah Chomeini jedoch seine Islamische Republik so großzügig einführte, um uns von der Monarchie zu befreien, befreite er uns von diversen Rechten und Freiheiten gleich mit.

Meine Mutter trug plötzlich Kopftuch. Mein Vater musste seine Arbeit in der Statistikbehörde aufgrund der Staatsnähe und der angespannten internationalen Beziehungen aufgeben. Meine Privatschule war zu US-nah und wurde kurzerhand geschlossen. Ich hatte zwar zuvor ohnehin zu einer staatlichen Mittelschule gewechselt, doch auch dort wurden meine Lehrer nervöser, die Inhalte immer märchenhafter. Das war für mich verwirrend – vor allem, weil fast alle kurze Zeit zuvor überglücklich waren, dass Chomeini zurückkam, um den Schah abzusetzen. Meine Mutter stand – damals noch ohne Kopftuch – vor dem Fernseher und weinte, als der Mann aus dem Exil aus dem Flugzeug stieg. Gut, meine Mutter war nah am Wasser gebaut und weinte schnell, auch über gute Nachrichten. Aber sie war damals nicht allein, alle waren euphorisch, alle dachten, sie seien endlich frei. Befreit von der Diktatur, auf dem Weg zur Demokratie, zur Liberalisierung. Ja, die Mullahs sollten zwar an der Macht sitzen, aber die würden sich schon zurückhalten, sie waren schließlich keine Politiker, wollten sie sicher gar nicht sein. Damit war es schon um uns geschehen, alles ging schnell und gehörig nach hinten los – und das Land katapultierte sich mehr oder weniger freiwillig und selbstständig achthundert Jahre in die Vergangenheit.

Der angestrebte Gottesstaat brachte schnell den Tod, als die neuen Machthaber die alte Riege aus der Politik exekutierten und die amerikanische Botschaft besetzten. Selbst der eigenen Leute, die sich zu liberal zeigten, wurde sich kurzerhand entledigt, die Revolutionsgarden zeigten ihre gesamte Stärke und Gewaltbereitschaft. Zunächst mag es Vorteile gegeben haben, die vielen mittellosen Bauern konnten von ihrer Arbeit plötzlich leben und das Prekariat verlassen, und ja, autokratische Systeme sind grundsätzlich nicht die Wunschvorstellung eines Volks. Aber diese Vorteile waren im Vergleich zu allem anderen keine – wir Kinder freuten uns vor dem Wechsel, dass die Schule regelmäßig ausfiel, so viel dazu.

DER ANGESTREBTE GOTTESSTAAT BRACHTE SCHNELL DEN TOD.

Meine Familie war weder während der Revolution und der Demonstrationen noch nach der Machtübernahme politisch aktiv, keiner politischen oder oppositionellen Szene angehörig, ich bekam also etwas aus TV und Radio mit, nicht aber aus erster oder gar rebellischer Hand. Doch unsere Lebensweise war liberal, mein Vater aufgrund seines Jobs oft im Ausland. Plötzlich aber waren die USA der Erzfeind, alles Amerikanische wurde geschasst, von Musik über Kleidung bis zur Technik. Nur die Autos, mochten sie noch so amerikanisch daherkommen, durften wir weiterhin fahren, bis sie zusammenbrachen – diese Mobilität ließ sich das Land nicht nehmen. Ansonsten wurde es stiller, dunkler, eintöniger. Für mich als Zehnjährigem allerdings extrem langsam: Was bekommt man schon mit, wenn man die meiste Zeit Fußball spielt, in der Schule mit seinen Freunden tobt und lernt, seine ganze Familie fröhlich am Pool beisammenhat? Wir hatten bislang immer amerikanische und europäische Fernsehsender schauen können, in unsere Kinos kamen die US-Blockbuster schneller als nach Europa. Das war dann natürlich nicht mehr möglich, aber für mich nicht schlimm. Dass mir später für die Sache und für Jahre der Tod entgegentritt, hätte ich mir nicht erdenken können. Kein Talent dafür, aber auch keinen Willen.

Was heute dort passiert, ist die Fortsetzung. Außerhalb des Landes beziehungsweise in Europa kriegen wir so wenig mit, manche denken, die letzten dreißig Jahre sei alles prima gelaufen, bis 2022 plötzlich eine Frau wagte, ihr Kopftuch abzulegen. Nein, die Iraner sind seit der Revolution zwiegespalten – Iran war ein unfassbar fortschrittliches Land, Teheran eine Weltstadt. Diesen Wandel haben viele nicht verkraftet oder hingenommen, aber wir alle wissen, wie es laufen kann. Man arrangiert sich, muss sich arrangieren, die Angst siegt, dann der Gleichmut. Und schon sind wieder zehn oder zwanzig Jahre um, bestimmte Kleidungsteile und das Wegschauen zum Alltag geworden.

Ich war seit über vierzig Jahren nicht mehr im Iran – ich denke nicht, dass ich ohne Handschellen auch nur aus dem Flughafen käme –, ich mag nicht urteilen über die Menschen und warum sie so handeln oder nicht handeln, wie sie es tun. Wenn ich vor zwanzig Jahren mit meinen Eltern sprach, geriet ich jedoch regelmäßig außer mich,

ICH DENKE NICHT, DASS ICH OHNE HANDSCHELLEN AUCH NUR AUS DEM FLUGHAFEN KÄME.

machte ihnen Vorwürfe. In mir saß noch die Wut darüber, dass ich mein Zuhause hatte verlassen müssen. Weil meine Eltern nicht gehandelt hatten, nicht verstanden hatten, was da passierte, mich, sich, alles diesem Regime überließen. Es war eine unfaire Bitterkeit, die mich dann überkam, während die Eltern schweigend am anderen Ende der Leitung saßen, meine Mutter weinend.

Das ist mit den Jahren und wahrscheinlich auch mit dem Abstand besser geworden, meine Eltern sind alt, sie müssen das nicht mehr hören. Religionen haben in den letzten paar tausend Jahren immer Gewalt, Tod und Spaltung gebracht, wer widersprechen will, werfe den ersten Stein. Ihr eigentliches Ziel mag Orientierung gewesen sein, Trost, Zusammengehörigkeit, schön und gut, früher gab es ja auch wenig anderes dafür als sie, aber mit der Macht sollte das Ende folgen. Ja, viele könnten etwas ändern, aber dieses Gespräch muss ich mit meinen Eltern nicht mehr führen, muss ihnen nicht wehtun, sie beschuldigen. Doch selbst diese Einsicht – oder mein Alter – ändert nichts daran, dass für mich ganz persönlich dieser Knick in der Geschichte alles verändert hat: Ich hatte mal ein Zuhause, hatte mal ein Gefühl von Heimat. Natürlich aus einer etwas naiven, eben Kindersicht. Doch ich war sicher, geborgen.

Als wir Achtjährigen in der Schule gefragt wurden, welches für uns das tollste Land der Welt sei, nannten meine Mitschüler alle möglichen Länder, die sie aus Film und Fernsehen, aus Reisen oder von Erzählungen kannten. Ich war der Einzige, der antwortete: Iran. Selbst die Lehrerin schien perplex, diese Antwort war ihr neu. Natürlich war das die kindliche Naivität, kein Kind der Welt kann solch abstrakte Denkgerüste wie Nationalstolz wirklich verstehen. Es war aber auch das Glück, das Menschenrecht, als Kind diese Naivität leben zu dürfen, aktiv erleben zu können.

Vier Jahre später machten meine Eltern mit uns Kindern eine zweiwöchige Europareise. Wir flogen nach Österreich, Italien und Frankreich, besuchten Verwandte, machten Städtetouren, waren am Meer, auf Capri. Wir probierten all das neue Essen, hörten all die Sprachen, sahen all die Kulturen, Sitten, Gewohnheiten. Ich war begeistert, alles im Urlaub ist für Kinder super. Mit Blick auf meine Lebensgeschichte könnte man meinen, damit sei der Grundstein für meinen Werdegang gelegt worden: damals Blut geleckt, dann den Traum in die Realität umgesetzt und die Welt gesehen. Aber das stimmt nicht, es war eher umgekehrt: Diese Reise tat meiner Liebe zum Iran keinen Abbruch, nichts hatte sich geändert. Ich war wohl ein kleiner Nationalist, glücklich, in diesem Land aufzuwachsen, stolz, ein Iraner zu sein. Die schönste Heimat der Welt zu haben.

Dieser Teil von mir wurde mir nicht nur ausgetrieben. Er wurde unwiederbringlich aus mir herausgerissen. Mein Konzept von Heimat – ist nicht existent. Oder besteht seit meiner Flucht nur in seiner Kehrseite: Es wird nicht mehr gespeist von Vaterland, Mutter Erde, Familie, Zuhause, sondern von mir allein, unabhängig von Ort oder Zeit. Ich habe keine Heimat, wie andere sie kennen. Dieses Konzept war zum einen in mir lange nicht vorhanden, zum anderen in meiner Realität so nicht abrufbar. Also änderte ich das Konzept.

Für mich ist Heimat nur noch das Gefühl, mit den richtigen Leuten zusammen zu sein, mich wohlzufühlen. Wo und für wie lange, ist nebensächlich. Meine Wurzeln sind der Iran, dieses Land im Untergang ist ein realer Ort, den ich nicht loswerden kann. Und auch gar nicht will, denn er hat mich zu dem gemacht, der ich heute bin, mit vielen anderen Orten, Menschen und Geschehnissen. Aber er ist nicht meine Heimat. Das habe ich rückblickend schnell verstanden. Und ich habe seit meiner Flucht weder eine neue Heimat gesucht noch gefunden.

Ohne Heimat zu sein macht mich stärker, weil unabhängiger. Ich muss nirgends leben oder sterben, nirgends kämpfen, nirgendwo loyal sein, keinem Ort nachtrauern. Zelte abzubrechen kostet mich genauso viel Kraft und Zeit auf wortwörtlicher wie auf metaphorischer Ebene. Ich liebe Ibiza, sehr lange schon, aber ich würde nicht mit der Wimper zucken und diese Insel verlassen, wenn etwas in meinem Leben dies erfordern würde, sei es ein Kind, ein Job, ein Wunsch, eine Laune. Zugleich bin ich überall Flüchtling, und das ist nichts Wünschenswertes, das ist selbst mir bewusst. Doch ich bleibe dabei: Das lässt sich paraphrasieren als eine enorme Anpassungsfähigkeit, die mich überall zu Hause sein lässt, in mir.

ICH MUSS NIRGENDS LEBEN ODER STERBEN, NIRGENDS KÄMPFEN, NIRGENDWO LOYAL SEIN, KEINEM ORT NACHTRAUERN.

Vor der Abfahrt in den Urlaub war ich, wie zu jener Zeit üblich – genauer gesagt, als ich fünf Jahre alt war und noch Familie hatte –, als Erster wach, hatte als Erster gepackt, mein Bett gemacht, den Tisch gedeckt und saß nun da, wartend, bis die anderen endlich aufstanden. Solch ein Urlaub war zu cool, um ihn mit Verspätung anzutreten! Entsprechend groß war meine Freude, als schließlich alle versorgt, gepackt und aufbruchbereit waren. Die Fahrt in unserem Pontiac – einem weißen Coupé, den ich sehr liebte – dauerte etwa drei Stunden, das Meer war keine zweihundert Kilometer entfernt, was uns Kindern damals lang vorkam. Wir hörten Musik oder spielten Automarken erkennen, ein Spiel, bei dem ich regelmäßig gewann, seit ich drei war, wie meine Mutter zu berichten nicht müde wird. Mit Blick auf meine Werberkarriere, in der ich mich dreißig Jahre lang mit Autos beschäftigte, ist das entweder verstörend oder bezeichnend. Da ich mich selbst jedoch nicht an diese meine Fähigkeit erinnern kann, ist mir beides recht, geschadet hat sie offensichtlich nicht.

Dafür kann ich mich aber an eine andere Situation erinnern, die mich heute noch schmunzeln lässt: Auf einer dieser Fahrten, während mein Bruder schlief und meine Eltern leise miteinander redeten, während ich einfach nur aus dem Fenster schaute, kam in mir eine Frage auf. Diese irritierte mich kurz und beschäftigte mich lange – zumindest so lange, wie ein Fünfjähriger sich mit einem Gedanken beschäftigen konnte. Ich fragte mich, warum ich ich war. Warum war ich eigentlich nicht jemand anderes? Oder jemand, der schon da ist, mein Bruder zum Beispiel. Ich stellte mir vor, wie es wohl wäre, er zu sein. Nein, das schien mir irgendwie unmöglich. Doch die Frage blieb: »Warum bin ich ich?«

Ich glaube, das war der erste bewusste Gedanke, den ich in meinem Leben hatte. Zumindest der erste wertvolle, an den ich mich noch immer erinnern kann. Ich hatte damals keine Antwort auf diese Frage und habe sie auch heute nicht. Wer eine für sich hat, möge sich melden, ich glaube allerdings nicht, dass es viele sein werden, wahrscheinlich irgendwelche Nobelpreisträger. Aus meiner heutigen Perspektive gefällt mir die Vorstellung, dass es die erste Manifestation meiner Lebenseinstellung war, meiner Zukunft, meiner Art, meine Zukunft zu gestalten. Ich war ich, scheinbar ließ sich damals schon nicht daran rütteln.

Ich wollte niemand anderes sein, und ich will es heute nicht, ich bin, wer ich bin. Kein Vergleich mit anderen, keine Bewegung weg von mir, um jemandem zu gefallen, keine Bewegung weg von mir, weil ich jemand anderes sein wollte oder will. Diesen Neid kannte und kenne ich bis heute nicht. Dieses Spiel des Vergleichs hingegen kenne ich, ich bin ungemein kompetitiv, daran gibt es keinen Zweifel. Aber eben nicht, weil ich andere fertigmachen will, weil ich über ihnen stehen will. Auf Ibiza bin ich umgeben von Milliardären, aber so viele sind arme Seelen, die sich mit ihrem Geld mentale Krücken bauen, deren einziger Sinn es ist, nach außen sichtbar zu sein. Kann man machen, vor allem, wenn man Krücken braucht. Ich aber habe scheinbar im Alter von fünf Jahren das erste Mal erkannt, dass mein Weg ein anderer sein wird. Ich hatte keine

Antwort auf das Warum, aber offensichtlich eine Ahnung davon, dass es so ist. Und bleiben wird. Als ich diese Seite an mir entdeckte (oder weckte), gab es ja keine Mitspieler, mit denen ich mich maß.

Auch in all den Jahren, die folgten, war die einzige Motivation mein Gerechtigkeitssinn: Ich wollte es für mich schaffen und allen anderen zeigen: Wenn selbst ich es schaffe, schafft es jeder. Das meine ich ernst, und das ist gerecht – und zwar in beide Richtungen: Weder ergibt es Sinn zu jammern, weil man unfair behandelt wird, noch stolz zu sein, weil man am richtigen Ort zur richtigen Zeit die richtigen Leute kannte oder die richtige Hautfarbe hatte oder das richtige Kleingeld. Die drei entscheidenden Fragen wurden in beiden Fällen nicht gestellt, geschweige denn beantwortet. Nicht, dass ich mir mit vier Jahren ebendiese stellte, herrje, ich war ein Kind, das im Auto in den Urlaub fuhr und einen smarten Gedanken hatte, mehr nicht. Und doch blieb mir diese Szene im Gedächtnis haften, sie ist einer dieser Punkte in meiner Geschichte, die im Nachhinein Sinn ergeben. Wie mein Weg nach Ibiza: Er war nicht absehbar, nicht logisch oder zwangsläufig. Verbindet man jedoch die Punkte der letzten fünfundfünfzig Jahre, so lässt sich eine gewisse Konsequenz ablesen.

WENN SELBST ICH ES SCHAFFE, SCHAFFT ES JEDER.

BRÜCKEN

2020–2024

Ibiza

**»LEBE JEDEN TAG,
ALS SEI ER DEIN ERSTER.«**

Lebemann

Wenn ich heute auf meiner Finca sitzend in den Garten blicke, kann ich mir oft ein Schmunzeln nicht verkneifen. Es ist einfach zu verrückt, dass ich hier bin. Nach alldem, was geschehen ist, ob gewollt oder nicht, ob aktiv getan oder passiv überlebt, ist es wieder der Unsinn des Lebens. Diesmal allerdings ist es ein herrlicher Unsinn, auf Ibiza zu stranden ist wohl eines der besten Abenteuer, die mir passiert sind. Selbst wenn ich kurz vorher nicht unbedingt hätte sagen können, wohin es mich treiben wird: Es sind eben genau diese gewissen Punkte, die ich vor über fünfzehn Jahren bereits markiert habe, fixiert, und sie 2020 schließlich verbunden.

Meine zweite Frau und ich begannen in den Zweitausenderjahren, auf Ibiza Urlaub zu machen. Zuvor waren wir meist in Griechenland, doch irgendetwas trieb uns schließlich auf die Insel und dort in ein kleines Dorf in der Mitte des Eilands. Ich erinnere mich sehr gut daran, wie wir dort im Café saßen und die Kinder beobachteten: Sie fühlten sich unfassbar wohl, spielten entspannt, sahen glücklich aus. Das war für mich der Auslöser: Hier wollte ich etwas aufbauen! So begann unsere Suche nach einem geeigneten Grundstück, das unbedingt in der Nähe dieses Dorfs liegen sollte. Damit stand ich seinerzeit – und wahrscheinlich auch heute noch – recht allein auf weiter Flur: Alle wollten ans Meer oder auf einen der vielen Hügel der Insel. Warum? Um das Meer zu sehen. Wow, das Meer! Auf einer kleinen Insel! Wenn ich das Meer sehen möchte, fahre ich hin. Das sind für mich zehn Minuten Fahrzeit. Was ich aber mit dieser kurzen Fahrzeit nicht in Kauf nehmen muss, sind Wind, Salz und Depressionen.

Wer mit den Ibizenkern spricht und ihnen wirklich zuhört, versteht, dass Fotokulissen nicht zwangsläufig ideale Wohnorte sind. Das Meer gibt und nimmt, ebenso wie die Hügel. Im Sommer ist es herrlich, aber im Winter wird man dort oben wahnsinnig, so einsam kann es werden. Das ganze Jahr hindurch wiederum nagt das Meersalz am Gemäuer, lässt die Steine korrodieren. Und der Wind ist überall. Wenn man über eine Insel wie Ibiza wandert, stößt man deshalb immer wieder auf alte, sehr alte Mauerreste, die Wind, Höhe und Meer nur bedingt und aus der Ferne kennen: Sie sind die Reste von alten Fincas, die vor Hunderten von Jahren Familien mit ihren Tieren und Feldern beherbergten und ihnen beste Dienste erwiesen.

Eine dieser Fincas entdeckten wir 2010. Es waren nur noch wenige Mauerstücke übrig, die kaum einen halben Meter aus der Erde emporragten, etwa fünfzehn Minuten Fußweg entfernt vom Dorf. Doch sie zeigten uns, wie das kleine Haupthaus, die Stallungen und das gesamte Grundstück früher ausgesehen hatten. »Zeigten« ist vielleicht etwas zu viel gesagt, sie ließen das alles eher erahnen. Meine Frau schlug damals die Hände über dem Kopf zusammen, war verzweifelt: »Bist du völlig wahnsinnig geworden? Du willst eine Ruine kaufen? Warum?« Doch ich wollte, unbedingt. Die Finca hatte da schon ihre Schwingungen an mich weitergegeben. Wie gesagt, kein Heimatgefühl, nie und nirgends, aber hier glaubte ich, mich richtig wohlfühlen zu können.

> **»BIST DU VÖLLIG WAHNSINNIG GEWORDEN? DU WILLST EINE RUINE KAUFEN?«**

Doch es sind nicht nur das Dorf und die Finca, auch die Insel hat einen ganz besonderen Vibe, der mich seit der ersten Reise dorthin nicht mehr losließ, die womöglich bereits meine Kinder intuitiv genossen, als sie dort so unbeschwert waren. Es ist ein Lebensgefühl, das schon seit Langem kreative Menschen aus aller Welt nach Ibiza lockt, ob in den Sechzigerjahren die Hippies mit ihren Ideen oder all die noch unbekannten Künstler, die damals in Kneipen mit ihren Bildern zahlten. Ich meine damit nicht das, was all die Reichen und Schönen dort zu spüren glauben – oder vielleicht doch, genau das. Der Unterschied ist bloß, dass gewisse Leute nach einiger Zeit von der Insel wieder ausgespuckt werden. Denn sie sucht sich ihre Leute aus, nicht umgekehrt. Ja, es kommen immer wieder neue, die merken, dass hier etwas Spezielles in der Atmosphäre liegt, aber sie können es nicht greifen, wissen es nicht zu schätzen, und sind zu sehr mit sich selbst beschäftigt. Oder mit ihren Nachbarn, die – wehe – ein größeres Haus, mehr Land oder ein dickeres Auto haben. So wird man zwar weder hier noch sonst wo auf der Welt glücklich, aber auf Ibiza kann man dann nicht bleiben. Ich kann, und ich will, zumindest bis jetzt.

Damals allerdings wollte ich die Finca zunächst als Ferienhaus wiederaufbauen, zudem begeistert und begleitet mich Architektur ohnehin seit vielen Jahren. Gebäude, Wohnräume so zu gestalten, dass Menschen sich wohlfühlen, heimisch, macht mir große Freude. Mein erstes Projekt dieser Art war ein Apartment in Berlin, das ich 2003 erstand und mit der Architektin und Dozentin Ulrike Mansfeld bis ins kleinste Detail zu einem kleinen Schatz renovierte und wandelte. Damals kamen meine erste Frau und ich gerade aus Hamburg in die Stadt, und ich verdiente sogar zum ersten Mal etwas mehr Geld. Das reichte bei Weitem nicht für dieses Wohnungsprojekt, aber es reichte für den entsprechenden Kredit. Vor allem aber hat es sich gelohnt und war eine fantastische Erfahrung. Ich hatte und habe zwar keine Ahnung von Architektur, aber Kreativität und Design reizten mich in fast allen Formen, sodass die Zusammenarbeit mit den Experten enorm viel Spaß machte, ganz zu schweigen von dem Resultat.

Auf Ibiza war die Aufgabe etwas heikler, denn wir wollten unbedingt die Basis erhalten und eine eindeutig ibizenkische Finca bauen, die auf den alten Mauern die alten Weisheiten der Baukünste integrierte. Das Mauerwerk war kaum mehr erhalten, das Wissen darum aber schon. In Marokko fanden wir schließlich Baumeister, die noch wussten, wie man die Steine auf diese unvergleichliche Art aufeinandersetzt und so die alte Struktur wiederherstellt. Ich war in den sechs Jahren, die der Bau dauerte, zwar nicht so häufig vor Ort, wie ich es mir gewünscht hätte, aber jedes Mal, wenn ich kam, waren die Fortschritte atemberaubend und deuteten an, welch Ort dies werden würde, ein kleines Paradies für uns alle in den Sommern 2016 bis 2020. Bis Corona kam, und ich blieb.

Es gibt bekanntermaßen die verrücktesten Zufälle, dieser war einer von den besten: Nicht nur war dieses Haus fertig und ein Traum, nicht nur hatte ich gerade alle beruflichen Verpflichtungen aufgegeben – plötzlich schrie auch noch die ganze Welt nach einem Zufluchtsort in der Natur. So mancher Kollege war sich sicher, ich hätte das doch alles gewusst, so gut würde es sich für mich fügen. Es dauerte keine drei Wochen, bis ich mich entschied, dauerhaft auf der Insel zu bleiben und Corona hier auszusitzen. Sie bot alles, was man damals brauchte, und noch so viel mehr.

Jetzt können wir alle wieder um die Welt jetten, auf Partys gehen, uns in Massen frei bewegen. Und das nutze ich auch – aber nur punktuell. Wenn ich Lust auf lauten Trubel und viele Menschen habe, bin ich in wenigen Stunden in Barcelona. Was erneut ein Kunststück ist, denn in meinen Augen ist Barcelona die schönste Stadt der Welt. Und doch denke ich nicht an einen Umzug dorthin nach, denn es ist noch immer zauberhaft, auf Ibiza zu wohnen – ich sehe keinen Grund, das zu ändern. Gleichzeitig weiß ich, dass ich keine große emotionale Bindung zu diesem Heim habe, die habe ich zu Besitz oder materiellen Gütern ohnehin nicht. Im Zweifel sind sie Ballast, der mich schwächt, aufhält. Wenn ich weiterwill, werde ich keine Minute zögern, die Finca zu verkaufen. Doch aktuell lockt mich nichts, diesen Lebensraum aufzugeben. Meine Kinder sind fast alle erwachsen und lieben es, mich hier zu besuchen, meine Karriere beziehungsweise die Pause von ihr bedarf sowieso keiner Großstadt. Und ich bin ja auch ruhiger geworden …

Das wird das Alter sein, sagen alle. Dann wird man gelassener, sagen sie. Und ich stimme zu. Meine jetzige Beziehung hat sich auf der Insel und mit der Ruhe, aber auch mit der Zeit, die ich jetzt habe, völlig anders entwickelt als alle anderen zuvor. Lara und ich kennen uns aus beruflichen Gründen schon länger und lernten uns kurz vor der Pandemie lieben, sodass wir mit dem Lockdown kurzerhand beschlossen, die Finca zu unserem neuen gemeinsamen Domizil zu machen. Wie ich kennt und schätzt Lara Barcelona, doch sie liebt die Ruhe und Weite von Ibiza fast noch mehr als ich.

Heute genieße ich diese Zweisamkeit und Gelassenheit, sie bieten Mehrwert, ich überdenke, was ich warum will, erhalte ein Korrektiv, eine andere Perspektive. Solche Aussagen wären mir früher nicht in den Sinn gekommen, Beziehungen waren wirklich noch nie meine besten Shows. Ich war in meinen Ehen kaum vor Ort, wenn doch, am Schreibtisch oder am Telefon, vor allem aber immer unterwegs, immer auf Draht. Weil ich ständig nach Bestätigung suchte, noch mehr Aufmerksamkeit, noch mehr Zuspruch, Beachtung. Völliger Schwachsinn, totale Zeitverschwendung, aber das kann ich erst jetzt sagen, erst jetzt verstehen. Wie meine Jahre zwischen Beziehungen als Playboy und Single hat das alles damals einfach Spaß gemacht: keine Verantwortung, keine Reue, keine Kompromisse, nie ruhen, nie rekapitulieren, immer mit Vollgas weiter. Unsinn, und Leben.

BEZIEHUNGEN WAREN WIRKLICH NOCH NIE MEINE BESTEN SHOWS.

Ja, ich bin ruhiger geworden, aber nicht ruhig. Wer heute mit mir essen geht, weiß, wie laut es zugehen kann, wie schnell ich aufbrause, leidenschaftlich diskutiere, mit Menschen völlig anderer Meinung debattiere. Das geht nicht leise, gesetzt, dabei muss es regelmäßig krachen. Das liegt mir, das bin ich – und doch hat sich meine Lautstärke etwas reduziert, meine Ausbrüche sind weniger geworden. Mir gefällt es. Ich bin mir meiner Ansichten sicher, meiner selbst sowieso, mein Alter fügt in Kombination mit meinen Erfahrungen seit einiger Zeit noch einen Schuss Contenance hinzu.

Vielleicht klingt es so, wenn man ein Lebemann ist. Mir gefällt die Idee, allerdings ist daran nichts dekadent: Ich trinke keinen Champagner, gehe nicht ständig fein essen, besitze kein Boot oder Flieger. Mein Auto war sechzehn Jahre alt und ist kürzlich auseinandergefallen. Mein Haus bietet wunderbar Platz für zwei, denn es hat knappe hundert Quadratmeter. Ja, ich habe Geld, habe Raum für alle meine Kinder, diese Art von Sicherheit, die Geld geben kann, nehme ich gern mit. Was mich aber zum Lebemann macht, sind ganz andere Eigenschaften und Werte, nämlich solche, die man sich mit Geld einfach nicht kaufen kann. Kein Chichi, keine Rolex, kein Ferrari, denn das sind nicht die Dinge, die mir in meiner Kellerwohnung gefehlt haben, die an meinem Leben damals etwas verbessert hätten. Mein uralter VW Tuareg fiel 2023 praktisch vor meinen Augen auseinander, bis dahin fuhr und fuhr und fuhr ich ihn. Ich bin immun gegen solche Schikanen, die dafür gemacht sind, immer mehr haben zu wollen, immer unfreier zu werden. Meine Art von Lebemann heißt: sorgenfrei, bei mir selbst, unabhängig. Das kann ich nicht sein, wenn ich an die Blicke anderer gebunden bin oder die neuesten Accessoires brauche. Diesen Stress kenne ich nicht, nur den echten, den Überlebensstress. Wenn du diesen kennst und hinter dir gelassen hast, kannst du leben. Wahrlich leben.

Der Begriff des Lebemanns ist zugegebenermaßen anders konnotiert, doch es gibt unfassbar reiche Menschen, die dieses entscheidende Quäntchen mehr in die Bedeutung eingepflanzt haben. Mein Vorbild hierbei ist Gunter Sachs, jedoch nicht wegen seiner Partyexzesse, Frauengeschichten oder Privatflugzeuge. Wie er in New York Krankenwagen als Taxi nutzte, um schneller an ein Ziel zu gelangen, finde ich amüsant und seinen Reichtum unangreifbar. Was mich jedoch wirklich an ihm fesselt, ist seine Konsequenz: Er wurde als Industriellenerbe geboren, arbeitete aber immer, ruhte sich nie auf etwas aus. Er war nicht nur Lebemann, der sein Leben unendlich genoss, sondern auch ein Playboy, wie es ihn nur in den Sechziger- und Siebzigerjahren gegeben hat, und er lebte diese Facette trotz Kritik von allen Seiten bis zum letzten Quäntchen aus, ohne je die Rolle des Gentlemans zu verlassen. Er war Fotograf, Kunstliebhaber und -sammler, Filmemacher, Unternehmer und vervielfachte sein Erbe mit seinen Ideen und ihren Umsetzungen. Ein Bonvivant, der seinesgleichen sucht – und der seinen Weg eben bis zum Schluss selbst bestimmte und lebte, mit einem feinen, aufrichtigen Wertesystem.

Und das hat nichts mit Geld zu tun, fast nichts zumindest. Gunter Sachs genoss seinen Reichtum, das stimmt schon. Doch er war hauptsächlich Mittel zum Zweck: Geld ist da, um ausgegeben zu werden, nicht um seine Machtgier zu befriedigen oder sich sonst wie überlegen zu fühlen. Sondern um schnell von A nach B zu kommen, ausgiebig zu feiern, Kunst zu Hause zu genießen oder seine Ideen zu realisieren. Ich bin weniger flamboyant, weniger wohlhabend und weniger lustorientiert, da mag ich mich doch von ihm unterscheiden, aber bewundernswert und nachahmungswürdig ist sein Umgang mit jeder Form von Reichtum dennoch.

Mich begleitet dieser Mann seit fast zwanzig Jahren, mich fasziniert seine Stärke, sein Wille, stringent sein Ding zu machen. Seine Lebensphilosophie erinnert mich stark an meine: Anspruch, Respekt, Konsequenz. Das hat Karma, und das ist es, was schließlich zählt. Das ist es, was so vielen fehlt, die nach Ruhm und Ansehen lechzen, ohne dafür die richtigen

KARMA IS MY BITCH.

Eigenschaften mitzubringen, das richtige Wertesystem. Doch genau das macht mich so entspannt und zufrieden, während meine missgünstigen Kontrahenten die Rechnung kriegen, Karma is my bitch. Ich war noch nie auf Rache aus, denn ich muss mich überhaupt nicht darum scheren, was aus Widersachern wird, darum kümmern sie sich selbst – oder ihr Karma. Diese Bestimmung schlägt irgendwann zu, das habe ich mein Leben lang gesehen und kann deshalb so gut schlafen, selbst wenn mir Menschen Steine in den Weg legen, sich wie Monster benehmen, aus reiner Gier, Neid oder Hass handeln. Die Rechnung folgt, allerdings von wesentlich höherer Stelle als meiner.

Leben, leben lassen und sterben – das werde ich definitiv hier. Seit ich das erste Mal auf diesem Grundstück auf Ibiza stand, hatte ich dieses intensive Gefühl, an dem Ort zu sein, an dem ich meinen letzten Atemzug tun werde. Das war kein erschreckender Moment, ganz im Gegenteil. Es war beruhigend, und ein Grund mehr, die Finca zu kaufen. Ich kann nicht sagen, wo ich in zwei, zwölf oder zwanzig Jahren sein werde. Dafür habe ich zu viel erlebt, zu viele Federn gesehen. Ich weiß, ich werde dabei zurechtkommen, ich werde meinen Weg gehen, werde aus jedem Ort, jeder Situation erneut etwas machen. Aber es scheint, dass ich zum gegebenen Zeitpunkt wieder auf Ibiza strande, und das ist ein erhebendes Gefühl.

König

Bis dahin jedoch steht das Leben im Vordergrund. Diese Aussage passt doppelt gut, denn während der Corona-Pandemie war ich nicht nur auf Ibiza, mir schien zudem, dass viele Menschen in dieser Zeit verlernten, was Leben eigentlich bedeutet. Das sollte für uns als, sagen wir mal, soziale Säugetiere, doch grundsätzlich »nicht sterben« heißen, und das in einer Gemeinschaft, also unter anderen Menschen, die ebenfalls nicht sterben. Klingt logisch und eigentlich einfach, war es nur damals für viele nicht. Die Prioritäten hatten sich verschoben, und eine völlig neuartige Definition von Freiheit nahm plötzlich einen solch aberwitzigen Stellenwert ein, dass wir uns selbst fast und andere ganz sicher vergaßen.

In Spanien herrschte besonders in den ersten Wellen der Pandemie immer wieder Ausnahmezustand. Wir hatten mitunter die härtesten Einschränkungen im öffentlichen Leben und in der Wirtschaft. Im ersten Lockdown durften wir drei Monate praktisch kaum die eigenen vier Wände verlassen. Dazu bedurfte es schon enorm triftiger und ebenso weniger Gründe: Arbeit in einem hochrelevanten Bereich, Lebensmittel einkaufen, zum Arzt gehen, kurz mit dem eigenen Hund Gassi gehen. Ich zögerte damals, wie eben erwähnt, nicht lange, denn meine »vier Wände« beinhalten hier eben unendlich viel mehr als mein Heim in Barcelona oder sonst wo. Mich innerhalb meines Gartens bewegen zu können reichte mir bereits. Doch auch auf der Insel mussten wir uns daran gewöhnen, dass die Polizei mit Maschinengewehren an jeder Straßenkreuzung stand, jedes Auto checkte und jeden Grund für die Fahrt erläutert haben wollte.

Eigentlich waren nur dringende Arztbesuche und eben Einkaufen möglich, was man im Zweifelsfall der Polizei gegenüber auf der Rückfahrt mit dem Kassenbon belegen musste. Dieser totale Stopp der Bewegungsfreiheit, diese Zäsur unseres

Alltags waren natürlich ein Albtraum, besonders für Kinder und Jugendliche. Doch meiner Meinung nach kamen zwei Aspekte in dieser Zeit besonders ans Licht: Der eine war unsere Dummheit und der zweite – gewissermaßen auch, nämlich die fehlende Konsequenz. Bei beiden konsternierten mich der mangelnde Anspruch, die verlorene Menschlichkeit. In den demokratischsten Ländern der Welt schlechthin drehte sich plötzlich alles um eine neue Freiheit in einem so minimalistischen Sinn, wie sie wohl vorher kaum zu ersinnen gewesen wäre. Oder doch: während der Spanischen Grippe knappe hundert Jahre zuvor. Wäre das alles nicht so traurig, könnte man lachen, so grotesk zeichnet sich das Bild.

Menschen fühlten sich in ihrer Freiheit eingeschränkt. Okay, korrekt, das wurden sie auch, wie gesagt, die spanischen Lockdowns waren mit die härtesten, die langen Home-Schooling-Phasen weltweit brachten sicher langwierige Herausforderungen für Kinder und Eltern, die vielen Sterbenden, die niemanden an ihrer Seite haben durften, schmerzten uns alle. Aber während all dieser Zeiten, in all diesen Situationen bewegten wir uns auf unbekanntem Terrain: Dieses Virus war neu, sein Ausmaß und seine Gefahr unbekannt, wir hatten weder Medikamente noch Impfstoffe. Oder anders: Es ging um Leben und Tod. Ist es dann nicht erst mal in Ordnung, eingeschränkt zu werden? Was bringt mir denn die Freiheit, nachts feiern zu gehen, täglich einzukaufen oder ohne eine Maske herumzulaufen, während Menschen sterben? Kann man das überhaupt Freiheit nennen? Fehlt hier nicht das wesentliche, nämlich soziale Fundament? Wenn mir alle anderen und ihre Leben so gleichgültig sind, muss das Gefühl für angemessene Freiheit wohl ebenso defekt sein wie Empathie.

Der zweite Aspekt, der mich schockierte, waren die fehlenden Schlussfolgerungen. Die Welt hatte für fast drei Jahre eine völlig neue Geschwindigkeit gezeigt, Corona war eine Zäsur ohnegleichen, doch es passierte danach – nichts. Wir hatten richtig hart gebremst, konnten sehen, dass weder das angeblich so dringende Wachstum noch der obligatorische Fortschritt unverzichtbar sind, wie wir immer dachten oder uns eingebläut wird. Dass plötzlich kleine Dinge Freude bereiten können, dass Freude an sich auch etwas wert ist, dass nicht nur Gewinnmaximierung, Quantität und mehr, mehr, mehr erstrebenswert sind. Wir hätten uns besinnen können, denn wir haben doch gemerkt, dass diese Art von Wandel nicht nur möglich, sondern gut sein kann. Aber kaum war das Schlimmste vorbei, begann alles von vorn, als gäbe es kein Morgen mehr. Das lässt sich besser kaum formulieren: Wir dachten kurz, es gäbe womöglich kein Morgen mehr – und es hat uns in keiner Weise verändert. Oder doch, wir sind noch achtsamer uns selbst gegenüber geworden, sind egoistischer und jammeriger. Wenn das nicht zum völligen Unsinn des Lebens gehört …

WIR DACHTEN KURZ, ES GÄBE WOMÖGLICH KEIN MORGEN MEHR – UND ES HAT UNS IN KEINER WEISE VERÄNDERT.

Hätte ich die Macht gehabt, wäre ich damals Politiker gewesen, ehrlich, ich hätte es ganz ähnlich gemacht, da fehlt mir der Übermut. Denn neben den nationalen Unterschieden aufgrund von Mentalitäten, Gewohnheiten und Optionen blieb für alle: Wir hatten keine Ahnung, was passieren würde, das war neu. Wenn unsere Reaktionen als zu vorsichtig in die Geschichtsbücher eingehen sollten, mag ich darin kein Problem erkennen. Doch es ist wie mit den vielen Nationaltrainern auf den Sofas dieser Welt: Von dort aus ist es immer einfach. Ach, es geht uns zu gut, wir sind zu satt, dekadent, arrogant geworden, haben den Biss verloren und den Mut, in Gemeinschaft zu denken und zu handeln. Während sich viele königlich das Gemächt schaukelten, riefen sie gleichzeitig nach mehr Autokratie, nach einer harten Hand, nach echter Führung, was auch immer das bedeuten mag, ihnen etwas vorzuschreiben scheinbar nicht. Diese Idiotie ging ich nicht mit, weder wollte ich mich gegen die neuen Beschränkungen auflehnen – sie waren für mich völlig nachvollziehbar – noch mich zum Herrscher aufspielen, der alles besser weiß.

Nichtsdestotrotz musste ich mir überlegen, wie ich meine Tage nun so verbringen sollte. Für mich war mein Job fast dreißig Jahre lang alles, was mich ausmachte. Er erfüllte mein Leben, stand fast immer im Mittelpunkt, ließ mich jeden Morgen um vier Uhr aufstehen, mich durchhalten, weitermachen, lachen. Ich habe vier Kinder von drei Frauen, sie alle stehen natürlich an vorderster Stelle, ich liebe sie abgöttisch, und wenn irgendetwas auf dieser Welt mir Angst machen kann, dann die Gefahr um ihr Wohlbefinden. Aber ich mache mir auch nicht viel vor (und ihnen ebenso wenig): Mein Leben war die längste Zeit auf den Job ausgerichtet. Mich im Alter von fünfzig Jahren dafür zu entscheiden, diese Leidenschaft und Inspiration aufzugeben, barg entsprechend Gefahren. Die offiziellen Statistiken fehlen hierzu, aber ich schätze die Wahrscheinlichkeit mittel-hoch ein, in solch einer Situation Alkoholiker, Idiot oder ein toter Mann zu werden.

ICH SCHÄTZE DIE WAHRSCHEINLICHKEIT MITTEL-HOCH EIN, IN SOLCH EINER SITUATION ALKOHOLIKER, IDIOT ODER EIN TOTER MANN ZU WERDEN.

Ich zum Glück nicht. Und das lag sicher auch daran, dass ich meinen Ausstieg von langer Hand vorbereitet hatte. Für viele Menschen im angebrachten oder vorgegebenen Rentenalter – sprich mindestens fünfundsechzig Jahre – ist dieses zwar absehbar, dafür jedoch ein oftmals schlecht zu ertragender Wendepunkt. Das ist meist der Fall, wenn sie es nicht freiwillig tun, wenn sie vom System ausgespuckt werden, ohne danach gefragt, geschweige denn darum gebeten zu haben. Sind sie gleichwohl smart genug, beginnen sie Jahre vorher, die ersten Weichen zu stellen. Auch ich setzte mich früh mit den Konsequenzen auseinander, wog sie ab, prüfte Varianten. Nichts passierte von einem Tag auf den anderen, nur dass es sich so gut fügte, war wohl auch Schicksal oder Zufall. Doch tatsächlich ließ sich nicht verleugnen, dass dieses Loch trotz aller Vorkehrungen mehr oder weniger plötzlich vor mir lag.

Schluss, aus. Von einem Moment auf den anderen. Gerade noch wurde ich hundertmal am Tag angerufen, erhielt zig Mails und Nachrichten, wurde ständig um Rat gefragt, musste Entscheidungen treffen, standen permanent Leute vor meinem Büro, die etwas von mir wollten oder mir etwas vorschlugen. Ich war auf meinem beruflichen Höhepunkt, hatte eine Position, Macht, ein Corner-Office. Was ich nicht hatte, war eine Work-Life-Balance. Die Idee mag es bereits seit dem Ende der Achtzigerjahre geben, doch mir ist der Begriff bis heute nur theoretisch bekannt. Ich brauchte keine Work-Life-Balance, schon gar nicht per Gesetz – ich hatte die perfekte Balance: Work is Life, fertig. Mein Puls wurde von meiner Arbeit angetrieben, ich kannte und ich wollte es nicht anders. In solch einem Moment abzuwinken ist schon Wahnsinn. Und damit genau das Richtige für mich.

Ein weiterer Grund, warum ich heute glücklich, entspannt und ohne Zuckungen am Auge dasitzen kann, sind all die Projekte, die mich theoretisch und praktisch schon lange begleiten – und für die ich jetzt endlich mehr Zeit finde. Als ich Januar 2020 die letzte Runde durch die Agentur C14Torce drehte, dachte ich ans Reisen: Orte, die ich trotz gigantischer Flugmeilenzahl noch nicht gesehen hatte, Orte, die meine Lieben seit Längerem reizten, oder alte Lieblingsorte, die ich schon lange nicht mehr besucht hatte. Tatsächlich machte Corona mir hier einen dicken Strich durch die Rechnung.

Dennoch stellte sich keine Langweile ein, denn ich hatte diverse Eisen im Feuer – neben dem Beratungsgeschäft, das ich für einige ehemalige Kunden weiter tätigte. Das war nicht allzu aufwendig, aber mir gelang eine nette Übergangsphase von hundert auf – weniger eben. Meine Leidenschaft für Architektur konnte ich bereits in mehreren Projekten in Berlin, Barcelona, New York und hier auf Ibiza ausleben. Angefangen habe ich, wie schon erwähnt, 2003 in Berlin, 2020 schuf ich für diese Arbeiten das Label BuresQ, unter dem ich mit anderen kreativen Köpfen ein neues Konzept von Wohnen und Architektur realisiere. Es geht uns um Lebensraum, dessen Design und Stil nicht aus dem Gebäude heraus kreiert wird, sondern durch die Person, für die diese Räume gemacht werden. Wir drehen die Idee um, starten bei den Menschen und ihrer Vorstellung von Zuhause, Lifestyle, Qualität und gehen dann erst an den Raum, um die richtigen Schwingungen zu kreieren.

Angewandte Kreativität macht mir unheimlich viel Spaß, auch auf dieser Ebene. Mich beeindruckt, wie anders und ungewöhnlich man Räume sehen und gestalten kann. Wie kreative Augen und Köpfe etwas Neues schaffen können, welch innovative Wohnerlebnisse aus Kombinationen mit notwendigerweise sehr kompaktem Jacht- oder Autodesign aufkommen. Ich genieße es, Experten wie Architekten, Innenarchitekten und Raumdesignern zu erzählen, was ich spüre, was ich suche, was bereits in den Wänden steckt, was wir ihnen einhauchen möchten. Und wie sie es schließlich mit mir umsetzen.

Im ersten Corona-Jahr schlossen wir das letzte Projekt ab, wann ein neues auftaucht, wissen wir nicht. Wir halten die Augen immer offen nach geeigneten Objekten, doch es muss vieles stimmen, das Gefühl muss passen. Da der Umgestaltungsprozess so persönlich und emotional abläuft, wird das wohl nicht in Mailand oder Tokio passieren, denn diese Orte kenne ich nicht oder nicht gut genug. Dort kann ich die Schwingungen nicht lesen, ihre Vorgaben, ihren Stil nicht spüren und entsprechend nicht in Räumen auffangen und in Szene setzen.

Es werden Orte, die mir bereits die Tür geöffnet haben, die ich lesen kann und wo wir wieder etwas realisieren werden, das sich ideal in seine Umgebung einfügt und gleichzeitig Teil der Bewohner wird. Dies hängt von zahlreichen Faktoren ab, nicht jedoch von Geld: BuresQ muss keine Gewinne einfahren, kein Geld bringen, meine Motivation ist weniger unternehmerisch geprägt, vielmehr steht die Umsetzung einer meiner Leidenschaften im Vordergrund. Wenn sie erfolgreich wird und wir vielen Menschen ihren idealen Raum schaffen, bin ich nicht beleidigt, wenn Gewinn folgt, aber das ist Nebensache.

Eine weitere Liebe von mir umfasst die einzigartigen Produkte aus Katalonien, die ich in einer eigenen Marke in höchster Qualität vertreiben möchte. Denn Öl, Wein, Oliven und weitere Delikatessen aus der Region gehören auf der ganzen Welt gegessen, sie sind einfach die besten. Doch ich muss gestehen, am meisten gefällt mir an diesem Projekt der Name. Als mir mit ein paar Gleichgesinnten die Idee 2017 kam, bestand ich darauf, ihn direkt als Marke schützen zu lassen: El Rei de Catalunya, der König von Katalonien.

Mir ist absolut unbegreiflich, wie es möglich ist, diesen Namen zu erwerben und kommerziell zu nutzen. Das fand ich so amüsant, allein dafür lohnt sich diese Aktion schon. Wir haben spannende Winzer gefunden, die Weine ausgesucht, ebenso die weiteren Produkte, die Vertriebswege, das Design. Wein und Olivenöl sind im Handel. Ich lerne gerade unglaublich viel und probiere mich in neuen Bereichen aus. Wenn es funktioniert, umso besser, funktioniert es nicht, hatte ich meinen Spaß – und war erneut König von Katalonien. So nannte ich mich bereits 2016, als die Agentur in Barcelona die Unabhängigkeitsbestrebungen schmerzhaft zu spüren bekam, weil die Leute auf die Straße gingen, anstatt ins Büro zu kom-

LEUTE, ICH ERNENNE MICH HIERMIT ZUM KÖNIG VON KATALONIEN.

men. Kurz bevor die Sache schließlich vom Tisch war, holte ich alle zusammen und sagte: »Leute, ich ernenne mich hiermit zum König von Katalonien – damit ist der Spuk vorbei, ihr könnt wieder arbeiten.«

Lehrling

Diese Unternehmungen bereichern mein Leben, lassen mich lernen, mich jung und unbedarft fühlen, wecken täglich meine Neugierde, zu experimentieren, etwas zu tun, was ich in der Form noch nicht getan habe, auch wenn ich mein Wissen und meine Erfahrungen des Markenaufbaus einbringe. Besonders beim Aufbau einer weiteren neuen Trademark mit Namen Ibiza o nada liegt es nahe, wobei meine Liebe zu dieser Insel mindestens genauso wichtig ist, wenn wir alle erdenklichen Produkte und Accessoires mit dieser so wahren Aussage auf den Markt bringen. Aber Lehrling zu sein ist schließlich nicht nur gleichzusetzen mit Abhängigkeiten, Ausbeutung und Unzufriedenheit, mir erlaubt es, mich auszuprobieren, ohne Vorurteile, Sorgen oder Fesseln an Projekte heranzutreten. Und das tue ich seit einigen Jahren mit großer Leidenschaft und Freude. Endlich wieder naiv sein, etwas zum ersten Mal machen, ist befreiend und bereichernd. Neben Architektur, Vertrieb von katalanischen Produkten und der Ibiza-Trademark befinden sich aktuell weitere Vorhaben im Aufbau: Maniacs dreht sich um Streaming-Content mit Substanz, und ein weiteres Projekt, das 2024 an den Start geht, umfasst Kreation, Kunst, Fashion – und satirische Gesellschaftskritik. Es ist eine Chance auf einen gesellschaftlichen Aufschrei, den ich mir nicht entgehen lassen will – Shitstorms können so herrlich erfrischend sein.

SHITSTORMS KÖNNEN SO HERRLICH ERFRISCHEND SEIN.

Ich spüre hierbei keinen externen Druck, der einen besonders dann voranbringt, wenn man sich erst noch beweisen muss, wenn man sich nicht sicher ist, ob man es überhaupt schaffen wird. Diesen Druck brauche ich nicht von außen, ich mache ihn mir selbst, das war schon immer so. Der Anspruch an mich hat sich seit Jahrzehnten nicht reduziert. Er hat mir sicherlich auch geholfen, meine neue Rolle als Rentner mit fünfzig Jahren zu meistern: Ich stehe nicht mehr um vier Uhr morgens auf, aber doch um sechs Uhr. Ich lasse mich nicht gehen, verliere mich nicht oder zerfließe im großen Meer der langen vierundzwanzig Stunden eines Tages, sondern habe stets diesen inneren Antrieb, der mich immer wieder aufstehen, weiterdenken, vorangehen lässt.

Es gibt jedoch noch einen letzten Grund, warum ich mein plötzliches und so junges »Rentnerdasein« so gut verkrafte: Die Werbebranche, meine Werbebranche, hat sich zerstört. Sie hat sich selbst an den Abgrund gebracht, ist sehenden Auges gesprungen – und tut seitdem so, als sei nichts passiert. Jedem, der darauf hinweist, dass sie tot dort liegt, wird Neid, Unfähigkeit oder Nestbeschmutzung vorgeworfen, und mit »jedem« meine ich maximal eine Handvoll Menschen, die dies wagen, mich eingeschlossen und vorangehend. Das ging mir so unfassbar auf die Nerven, dass ich beschloss, den ganzen Mist hinter mir zu lassen. Ja, ich kriege gern Gegenwind, ja, ich brauche Reibung, Kontroversen und Kontrahenten. Aber ewig und allein auf weiter Flur für etwas und vor allem für jemanden zu kämpfen, der es weder zu schätzen weiß noch mitzieht, bringt selbst mir irgendwann keinen Genuss oder Mehrwert mehr. Die Marketingszene hat sich selbst ins Abseits gestellt, ihre Kinder gefressen, sie wieder ausgespuckt – und erneut vertilgt.

ICH BRAUCHE REIBUNG, KONTROVERSEN UND KONTRAHENTEN.

Es ist absolut lächerlich, was aus Werbung, was aus uns »Kreativen« geworden ist. Wir waren mal ein entscheidender Teil von Wirtschaft und Gesellschaft, und wir hatten eine Verantwortung unseren Kunden und ihren Käufern gegenüber, mit der wir entsprechend umgegangen sind, sie ernst nahmen. Produktkommunikation war gedacht als Kunst, ein Angebot in einem Markt erfolgreich zu machen. Unsere Arbeit hat dabei etwas geschaffen, etwas bewegt. Wir haben über die vermarkteten Produkte auf kreative Art beeinflusst, was die Menschen kauften, was sie wollten, was sie benötigten, wie sie lebten. Wir haben Geschichten erzählt, die alle kannten, die viele liebten. Und schließlich mit dem Produkt verbanden. Das ist an sich schon Kunst, und das war es, was ich von der Pike auf gelernt habe, was mich daran so fasziniert hat.

Knappe dreißig Jahre später verkaufen wir Werbung als Ware, als billige Dienstleistung, die schon jetzt von KI übernommen werden kann und wird, und zwar so mittelmäßig wie das, was Menschen in dieser Branche ohnehin seit Längerem produzieren. Von Herz und Leidenschaft keine Spur mehr, stattdessen viel Selbstbeweihräucherung in Form von Auszeichnungen, die man sich einfach kaufen kann, mit Kampagnen, die ansonsten nie das wahre Licht der Welt erblicken, weil die Kunden sie nicht haben wollten. Sie sind für die Tonne gemacht, um auf dem Umweg über Cannes noch schnell einen Kuss am Hintern zu ergattern. Zur Verteidigung muss ich dem ganzen System, sprich unserer Wirtschaft, ein grundsätzliches Problem attestieren, und zwar die schlechten Produkte, die beworben werden sollen: Werbung machen für den vierzigtausendsten Joghurt. Seid ihr völlig verrückt? Womit denn? Dieser eine Joghurt unterscheidet sich in keiner Weise von all den anderen davor. Und wenn doch, ist es die Verpackung oder der Preis. Dafür braucht man kein Marketing, wie ich es meine, dafür kann man Broschüren drucken oder Influencer beauftragen, das in die Handykamera zu kreischen. Was vollständig verloren gegangen ist, ist die Substanz, die die Branche früher lebte – das heißt, seit Bill Bernbach in den Sechzigern Werbung revolutionierte und zu dem machte, was ich in ihr sah. Noch immer sehe, bis heute.

Nach dem Zweiten Weltkrieg war Werbung zunächst nichts anderes als ein dröges Mittel zur Steigerung der Verkaufszahlen, mit Betonung auf dröge, da notwendig: Einkaufen und Produktauswahl änderten sich gewaltig, als Supermärkte die kleinen Läden immer mehr verdrängten. Die Menschen konnten nun Verkäufer oder Ladenbesitzer (oder »Tante Emma«) nicht mehr nach einem Waschmittel oder der Kopfschmerztablette fragen, sie sollten selbst zu den Regalen gehen und auswählen. Doch nicht nur das war neu: Die Regale waren zudem mit einer Vielzahl von Produkten bestückt, es gab nun fast alles, und das in unzähligen Varianten und von zig Herstellern. Die boomende Wirtschaft wurde damit Fluch und Segen für die Kunden. Was tun? Wie wählen?

Um die Entscheidung zu erleichtern, versuchten die Unternehmen, mit Produktinformationen auf sich aufmerksam zu machen und sich von der Konkurrenz zu unterscheiden. Die Marketingleute sollten nur das abbilden, was sie von den Firmen an Informationen erhielten und gegebenenfalls noch gegen die Konkurrenz wettern. Das einzige Ziel: Verkaufszahlen steigern. Es war sozusagen Werbung in Handschellen, denn Kreativität war verpönt – es galt schlichtweg als gefährlich, mit ihr zu spielen, etwas Neues zu gestalten, Menschen aufhorchen zu lassen, vielleicht sogar zu irritieren. Also wurden langweilige Details genannt, kleinste Unterschiede hervorgehoben, abweichende Preise betont. Bei allen Produkten und Herstellern mehr oder weniger auf die gleiche trockene Art und Weise. Je mehr Anzeigen in Zeitungen und Magazinen geschaltet wurden, desto mehr konnte man auf Verkaufserfolge hoffen, das war das Spiel. Klingt nach heutigen Social Media? Verrückt.

KLINGT NACH HEUTIGEN SOCIAL MEDIA? VERRÜCKT.

Als VW als deutscher Autokonzern 1959 den amerikanischen Markt mit seinem kleinen Käfer erobern wollte, schickte der Konzern Carl Hahn, damals Leiter der Verkaufsförderung, in die Vereinigten Staaten, genauer gesagt nach New York. Er sollte eine Werbeagentur finden, die dabei behilflich sein konnte. Nach etlichen Pitches war Hahn jedoch alles andere als zufrieden: Jede Agentur zeigte ihm die immer gleichen Abbildungen von scheinbar glücklichen Menschen in schöner Kulisse, die von einem Produkt begeistert wirkten. Er kannte diese Bilder bereits mit Zahnpasta, Waschmittel oder Zigaretten, jetzt wurden diese eben durch den VW Käfer ersetzt. Es mag einer der glücklichsten Zufälle und smartesten Entscheidungen gewesen sein, doch Carl Hahn hatte – für viele unerklärlicherweise – neben den großen und bekannten Agenturen auch eine kleine, unbekannte aus Manhattan zum Pitch geladen. DDB – benannt nach den drei Geschäftsführern Doyle, Dane und Bernbach – hatte bislang Kampagnen für kleine lokale Unternehmen geliefert, doch Bill Bernbach sah die Chance für seine Agentur und begann damit die kreative Revolution der Werbung.

Die große Herausforderung für den VW Käfer bestand seinerzeit einerseits darin, in einem Markt Fuß zu fassen, der auf große Wagen setzte, die es nicht nur in ausreichenden Mengen gab, sondern zudem noch hausgemacht waren, also von amerikanischen Firmen hergestellt. Andererseits war der Zweite Weltkrieg zwar vorbei, doch ganz vergessen noch lange nicht, und die Bilder von Hitler, in einem Käfer sitzend, waren damals mehr als präsent. Es ging also um wesentlich mehr als um ein beliebiges Produkt, das sich einreihen konnte in die Masse des wirtschaftlichen Aufschwungs. Bill Bernbach sah in alledem weniger ein Problem als eine Chance und seine Agentur DDB als prädestiniert, eine innovative Lösung zu finden. Das mag man ironisch, tragisch oder perfekt empfinden, denn nicht nur Bernbach war jüdisch, auch seine Agentur, die meisten Mitarbeiter waren es und die Kunden häufig genug ebenfalls. Er fackelte nicht lange, nannte seine Kampagne intern »How to sell a Nazi car to Jewish Manhattan« und befand, dass es an der Zeit sei, einen Weg zu gehen, der Aufgabe und Verantwortung von Werbeagenturen neu definieren sollte.

Er besann sich darauf, dass es zum einen nicht nur darum ging, Menschen als Portemonnaies wahrzunehmen, die man mit immer gleichen Fantasiebildern öffnete. Zum anderen wagte er den Schritt, sie mit Interessantem, ja Lustigem zu locken, also den Vertrieb kreativ zu formen. Die Anzeigen sahen nicht mehr aus wie Anzeigen, sondern wie ein redaktioneller Beitrag in einer Zeitschrift. Die Tonalität sagte nicht mehr: »Bitte kaufen Sie dieses Produkt.« Vielmehr hieß es beispielsweise »think small« oder »it's ugly, but it gets you there«. Und schließlich sah er ein, dass Marketing nicht nur ein wenig Design – ob lustig oder schön – für die Vertriebler ist, sondern dass Werbung dazu fähig ist, Probleme der Kunden zu lösen. Die Lösung für VW hätte in seinen Augen sicher nicht darin bestanden, zufriedene Menschen vor das kleine Auto zu stellen und zu rufen: »Kauft!« Denn damit wären die genannten Probleme ja gar nicht angegangen worden. Stattdessen erkannte DDB, dass dieser Käfer ganz besondere Eigenheiten aufwies, die zunächst von allen als nachteilig für Kunden und Verkaufszahlen aufgefasst wurden, die man jedoch nutzen konnte, um Interesse zu wecken, die Menschen dazu zu bewegen, noch einmal hinzuschauen, einen Aha-Effekt zu erleben.

Das Ergebnis war jedenfalls unbestritten eine der besten Kampagnen der Welt, wenn nicht die beste. Fast zehn Jahre lang zauberte die Agentur witzige, amüsante, ironische Plakate und Anzeigen, die den Käfer mal krass auf die Schippe nahmen und als hässlich bezeichneten, mal die vermeintlichen Nachteile in neue Kontexte setzten, sodass sie plötzlich sinnstiftend wurden. Ohne Kreativität, ohne originelle und neue Muster, Kanten, Schöpfungen wäre das so niemals gelungen.

Ohne den Mut der beiden Männer Hahn und Bernbach hätte diese kreative Revolution nicht stattfinden können, glückliche Wendungen hin oder her. Hätte Hahn sich auf sichere, bekannte Wege begeben – was ja nicht gleichzusetzen ist mit falschen oder schlechten –, hätte Bernbach ebenfalls die

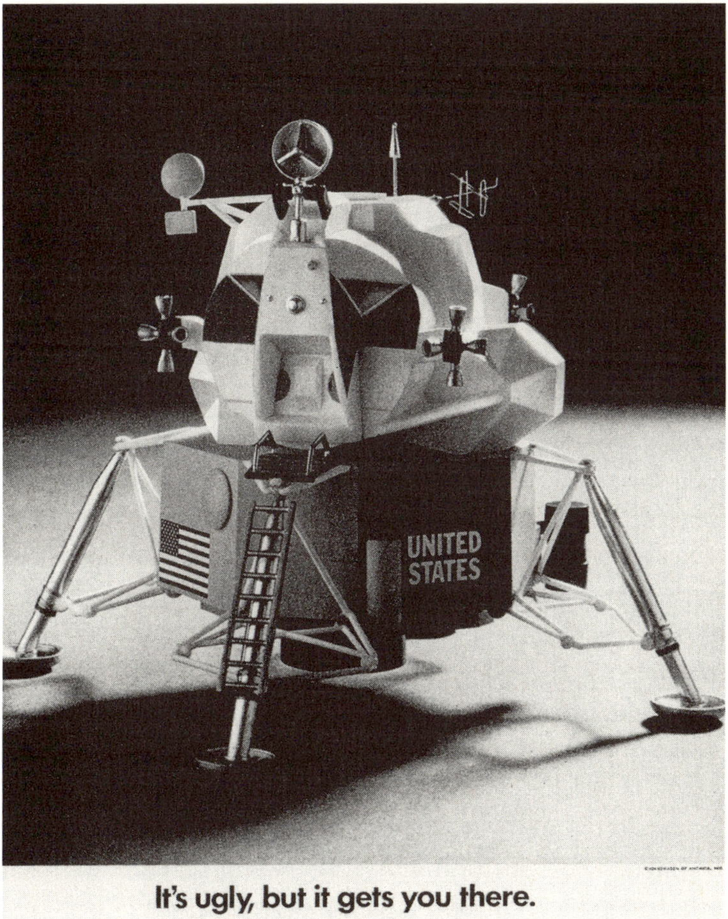

Ein frühes Meisterwerk kreativer Werbung:
Bill Bernbachs Kampagne für VW 1969.

immer gleiche Karte gezogen. Wer weiß, wo VW heute stünde. Sicher aber ist, dass Werbung nicht so geistreich, schöpferisch, innovativ, smart und lösungsorientiert geworden wäre, wie wir sie kannten. Kannten wohlgemerkt, denn heute sind wir gewissermaßen wieder genau an dieser unkreativen, langweiligen Stelle, an der die Werbewelt vor etwa fünfundsiebzig Jahren schon mal war.

Deswegen dachte ich in den letzten Jahren regelmäßig, dass ich wiederkommen müsste – zurückkehren in die Werbebranche, um eine erneute Revolution anzustoßen. Das denke ich heute noch. Es würde mein letzter Tanz, mein »Last Dance«, wie seinerzeit der von Michael Jordan, bei dem ich meiner negativen Energie auf diese Entwicklung, auf diese Verweigerung der Realität freien Lauf lassen könnte. Es scheint sich sonst niemand zu finden, der vorangehen mag. Es gibt zwar einige andere, die ebenso wie ich wissen, wie es um die Marketingindustrie steht, doch schon vor Jahren wagten sie sich nicht mit mir an die Öffentlichkeit. Womöglich war ihre Zeit noch nicht reif, womöglich musste es erst so weit kommen wie jetzt: Unsummen für Social Media, ohne zu wissen, was passiert, Unsummen für Kampagnen, die Preise gewinnen, aber nie veröffentlicht werden, Unsummen für Kampagnen, die veröffentlicht werden, aber völlig substanzlos sind, Unsummen für Produkte, die einfach scheiße sind. Ja, jemand sollte wirklich klar Schiff machen. Denn das war Werbung mal: ein herrliches Flaggschiff. Es war und ist noch immer meine geliebte Branche. Aber bin ich wirklich derjenige, der sie retten kann oder will?

Werbung ist kreative Problemlösung und kann auch bei brisanten und relevanten Themen Verantwortung übernehmen, doch sie funktioniert nur, wenn sich alle Parteien mit dem echten Problem auseinandersetzen. Wenn etwa bei der Energiewende Politik und E-Auto-Hersteller wie Idioten mit den Händen vor den Augen herumrennen und sagen, wir werden nur noch Elektroautos bauen, vergessen sie, dass die restliche Welt nicht voller Idioten ist. Wir wollen nämlich Antworten hören: Woher soll diese Energie denn kommen? Woher die Infrastruktur? Die Technik, die Rohstoffe? Woher das Geld für all das? Und wohin mit all

WENN NIEMAND EINE LÖSUNG SUCHEN MAG, KANN DER BESTE WERBER DER WELT ALLEIN NICHTS AUSRICHTEN.

den Millionen Verbrennern, die 2040 noch immer auf den Straßen sein werden? Alles, was hier ertönt, ist substanzlos, in der Hoffnung, niemand merkt es, alles anders, aber doch wie immer. Fest steht: CO_2-frei leben ist das Ziel, wir müssen die Welt retten, da gehen wir alle gern mit. Aber irgendjemand muss sich endlich damit auseinandersetzen, wie das umgesetzt werden soll. Wenn niemand eine Lösung suchen mag, kann der beste Werber der Welt allein nichts ausrichten.

Ich bin auf dem Höhepunkt meines Erfolgs gegangen. Ich habe danach die Freuden des Lernens wiederentdeckt, die Neugier auf Neues – und dabei zwar keine Minute meine Liebe zur Werbung verloren, womöglich aber neue Interessen gefunden und gleichzeitig meine Idee für meinen »Last Dance« nicht aufgegeben. Was auch immer passieren wird, zunächst ist es an der Zeit, von meiner Leidenschaft des Werbens zu erzählen, schließlich habe ich den Hauptteil meines Lebens und meiner Kraft in diese Branche gesteckt.

KONSEQUENZ

1991–1997

Wien

»I'M AN UNGUIDED MISSILE.«

Buchhaltung mit Mission

Als ich 1991 meinen ersten Job annahm, wusste ich von alldem leidlich wenig, oder anders: Ich hatte absolut keine Ahnung. Mir war Werbung bis dahin selten unter die Augen gekommen, noch seltener hatte ich sie bewusst wahrgenommen, es waren irgendwelche Bilder und Texte, um irgendetwas zu verkaufen, was ich mir bis dato weder leisten konnte noch wollte. Die besagten Sneakers, die ich mir in Wien 1986 gönnte, wurden nie beworben, oder ich wusste davon nichts. Mein Weg in die Werbebranche war alles andere als gerade oder zielgerichtet. Ich entdeckte sie vielmehr durch Zufall – in Wien.

Dahin war ich nach meinem Studium zurückgekehrt, um meiner ersten großen Liebe Dagmar näher zu sein. Wir hatten uns bei meinen Besuchen in Wien kennengelernt, die ich nach meiner Matura und meinem Aufbruch nach Frankreich regelmäßig unternahm, da ich dort noch immer Freunde hatte und gern in der Stadt war. Mir standen nach dem Studium in Frankreich und dessen Abbruch nicht allzu viele Optionen offen, dafür aber wartete meine Freundin in Österreich, sodass mir diese Entscheidung relativ leichtfiel – und sie war in keinerlei Hinsicht verkehrt. Zwar trennten Dagmar und ich uns innerhalb von fünf Jahren zwei Mal, zuletzt nicht im Guten, doch ich möchte diese Zeit nicht missen. Die Beziehung tat mir gut, Dagmar und ich hatten viele glückliche Momente miteinander. Dass wir nicht so glücklich auseinandergingen, liegt in der Natur der Sache: Trennungen sind im wahren Leben selten schön. Wir lernen hier nicht wirklich dazu, mögen Beziehungen und Ex-Partner schließlich nicht miteinander vergleichen und lassen so die Learnings meist ungenutzt liegen.

Davon abgesehen war es für mich unumgänglich, mir schnellstmöglich einen Job zu suchen. Ich musste meinen Alltag bestreiten können – und zudem schlicht ein normales Leben als Erwachsener beginnen, was auch immer das heißen sollte. Also bewarb ich mich kurzerhand bei ein paar Agenturen und Firmen für diverse Stellen, die auf mich dank des Studiums nicht völlig fremd oder nichtssagend wirkten. BWL und Buchhaltung waren mir dort gelehrt worden, auch Marketing war mir untergekommen, wenn auch nur rudimentär, und so traf es sich zunächst wunderbar, als mir ein Grafikdesignstudio auf meine Bewerbung antwortete. Eine Stelle als Buchhalter war vakant und ich als Einsteiger ohne praktische Erfahrungen willig und billig. Mir war das alles recht, ich hatte keine Ahnung, was diese Agentur dort hauptsächlich trieb oder was ich als Buchhalter zu tun hatte. Für den Anfang sah das gut aus, das reichte mir, Pläne über einen großen Zeitraum hatten sich schließlich bislang nicht gerechnet.

Das Studio entwickelte Printdesign für Poster, Flyer und vieles mehr, produzierte und bearbeitete Grafiken, Bilder, Fotos aller Art für diverse gewerbliche und private Auftraggeber, darunter auch Werbeagenturen. Mir fiel das anfangs jedoch nicht auf, da ich mit den Bilanzen beschäftigt war und zunächst absolut kein Interesse an diesem Bereich hatte. Also bearbeitete ich Eingangs- und Ausgangsrechnungen, prüfte Ausgaben und Einnahmen, dokumentierte alle Bewegungen, erstellte Finanzberichte. Was hier langweilig klingt – war es auch. Dieser Job brachte mir weder Freude, noch hatte ich Ambitionen, dort ewig zu bleiben: Buchhaltung ist genauso monoton und lahm, wie man es sich vorstellt. Für mich war es stellenweise wirklich ein kleiner Albtraum, in dem ich nicht allzu lange verharren wollte.

Zunächst aber hatte ich nach wenigen Monaten die Handgriffe meines Jobs verstanden und verinnerlicht. Wie bei diversen Abschnitten meines Lebens glaubte auch hier niemand, dass ich das packen würde. Ordnung und System in diese Buchhaltung zu bringen, allein, ohne Erfahrung und ohne etablierte Strukturen, wie sollte der kleine, unerfahrene

Typ das anstellen? Und wie bei diversen Abschnitten meines Lebens – schaffte ich es. Wieder mobilisierte und konzentrierte ich all meine Fähigkeiten, Stärken und Kräfte, fuchste mich rein und biss die Zähne zusammen, bis ich nicht nur verstand, was zu tun war, sondern es auch tat. Denn es ging weder um besonderes Talent noch um spezielles Wissen, sondern um den Willen und die Disziplin, aus nichts etwas zu schaffen. Ich lernte, mit dem benötigten Computerprogramm Lotus 1-2-3 umzugehen – damals gab es weder Excel noch elaboriertere Finanzprogramme, das ist heute unvorstellbar –, implementierte schließlich ein ordentlich strukturiertes System, das die Buchhaltung effizient und transparent machte. Und ich begann, meiner Umgebung mehr Aufmerksamkeit zu schenken.

Mein Büro befand sich im Keller des Gebäudes, was meine Arbeit zunächst noch kontrastärmer gestaltete. Die Wände meiner Kammer waren jedoch teilweise verglast und erlaubten mir Sichtkontakt zu den anderen Räumen. Dort tummelten sich die Grafiker, Zeichner, Kreativen, die die eigentlichen Jobs des Designstudios machten. Ich verstand anfänglich nicht allzu viel von dem, was sie taten, weil ich von Kreativität nicht viel verstand. Als Erstes fiel mir jedoch auf, dass sie recht viel Spaß hatten: Sie lachten regelmäßig und quatschten ohnehin viel – zumindest kam es mir, der so still, allein und trostlos mit Rechnungen hantierte, zu Beginn so vor. Ich fing an, mit einem Ohr und einem Auge zu beobachten, was da vor sich ging: Die Leute schienen immer wieder Gedankenblitze zu haben, etwas immer wieder von einer anderen Seite zu betrachten und etwas zu gestalten, was es vorher nicht gab. Die Resultate der Grafikdesigner waren natürlich auch für Laien zugänglicher als Texte oder Formeln, ich konnte sie ohne Vorkenntnisse betrachten und als gut oder weniger gut bewerten, die diversen Stile der Zeichner erkennen und hier und da die Intentionen verstehen.

Nach etwa anderthalb Jahren hatte ich für mich und meine Zukunft zwei Antworten parat: Ich konnte erstens unmöglich mein ganzes Leben als Buchhalter verbringen, das würde ich nicht überleben und vor Langweile eingehen. Zweitens musste ich mich auf den Weg in die Werbung begeben. Dieses Metier ließ mich nicht mehr los. Noch immer völlig ahnungslos, was Werbung und Marketing wirklich hießen, reizte es mich ungemein, herauszufinden, was dahintersteckte und ob ich mich darin beweisen könnte. Meine Entscheidung fiel Ende 1992, und kurz darauf bewarb ich mich bei ein paar Agenturen. Ich konnte nicht mit Erfahrung und einer schicken Mappe mit Kampagnen dienen, doch ich war unbefangen, hatte nichts zu verlieren und bereits ein kleines Feuer in der Seele, das für die Werbung brannte. Zudem bewarb ich mich nicht als Texter oder Designer. Alle Jobs und Bereiche im Marketing waren seinerzeit zwar ohne spezielle Ausbildung oder explizites Studium zugänglich – jeder konnte in die Werbung –, doch ich wählte den Weg über die Kundenberatung, schlimmer: über den Job des Kundenberatungsassistenten.

Damit kam ich vom Regen in die Traufe: Die Buchhaltung des Grafikdesignstudios war schon trist, aber ich konnte selbstständig arbeiten und hatte die Kontrolle über meine Arbeitsweise, schließlich bestand die Abteilung aus mir allein. Als Assistent in der Kundenberatung wurden mir all jene Aufgaben übertragen, welche der Berater selbst nicht machen wollte, die langweilig, trocken und repetitiv waren: für den Berater Termine mit Kunden vereinbaren, alle Unterlagen der Projekte übersichtlich und ordentlich beisammenhalten, Logistik, Schriftverkehr und zu guter Letzt all die schönen Rechnungen in der Buchhaltung pflegen. Ich hielt das für einen Scheißjob, anders kann ich es nicht sagen. Das Gute an der Stelle war aber die Agentur. Ich hatte den Kontakt über

ICH HIELT DAS FÜR EINEN SCHEISSJOB.

einen Bekannten erhalten und mich beworben, ohne wirklich zu wissen, was diese Agentur machte, welchen Ruf und welche Kunden sie hatte. Eigentlich wusste ich damals noch immer nicht, was Kreativität ist, was es bedeutet, wirklich schöpferisch tätig zu werden, was die Aufgabe von Werbung ist und wie sie realisiert werden kann. Meine neuen Arbeitgeber allerdings schon.

Bárci & Partner war 1993 eine angesagte Werbeagentur, selbst wenn manche behaupten, das sei damals in Österreich nicht so schwer gewesen. Doch national war sie durchaus bekannt, klein, aber fein – und gesegnet mit einem begnadeten Texter als Geschäftsführer. Tibor Bárci war selbst Flüchtling aus Ungarn, seit vielen Jahren in der Werbebranche und ein feiner Gentleman, trug immer einen Anzug, was schon damals für die Werbebranche auffällig war, drückte sich sehr eloquent aus – und war ein brillanter Texter, besonders, wenn er noch selbst Hand anlegte. Mir imponierte er auf jeden Fall. Dennoch dauerte es ein wenig, bis ich die Tragweite meiner Entscheidung erkannte, mich bei Bárci & Partner zu bewerben, vorzustellen und zu arbeiten. Allerdings ging es Tibor Bárci ein paar Jahre später ganz ähnlich – nachdem er mich entlassen hatte.

Zunächst jedoch war ich nur damit beschäftigt, meinen undankbaren Job als Assi zu erfüllen und meine stupiden Aufgaben zu erledigen. Waren sie schließlich am Ende des Arbeitstags erledigt, begann ich, die Bibliothek der Agentur zu erkunden, genauer gesagt die Jahrbücher der Werbung vom ADC, dem Art Directors Club Deutschland. Dieser Club besteht aus den besten und angesagtesten Kreativen Deutschlands in allen Kommunikationsbranchen, die sich kreativ schimpfen. Sie wachen über die Branchen, fördern junge Leute und kreative Arbeit und – da wären wir wieder –

ES WAR MEIN GANZ PERSÖNLICHER URKNALL, ALL DAS ZU SEHEN.

feiern auch sich selbst mit Awards und Preisen. Dieser Verband sagte mir 1993 noch nicht viel, was sich in den kommenden Jahrzehnten ändern sollte, und zwar für den Club wie für mich. Doch zunächst sah ich nur diese Jahrbücher, in denen die besten, kreativsten und angesagtesten Arbeiten gepriesen wurden, und es war um mich geschehen: All diese Kampagnen, die so grandios wie beeindruckend, so individuell wie originell waren, zogen mich in ihren Bann. Das war also Werbung, richtig gute, wirklich kreative Werbung! Es war mein ganz persönlicher Urknall, all das zu sehen. Ich hatte meine Leidenschaft gefunden und wollte nichts anderes mehr machen. Noch immer ahnungslos, noch immer unerfahren, weder kreativ noch anderweitig talentiert, aber mit dem Willen, es zu versuchen.

Jeden Abend studierte ich von da an die Jahrbücher, versuchte zu verstehen, warum diese Kampagnen so gut funktionierten, warum sie so berührten, die richtigen Knöpfe drückten und uns die Unternehmen, Produkte oder Dienstleistungen nicht mehr vergessen ließen. Besonders die von Springer & Jacoby für Mercedes ließen mich lange nicht los. Diese Agentur war damals schon eine der besten und ungemein angesagt, nicht umsonst. Sie wurde meine Ikone, ihre brillanten Kampagnen meine beste Schule. Unvergesslich für mich, wie ich vor diesen Büchern saß und mir dachte: »Ein Mal, nur ein Mal möchte ich die Jungs treffen, die solche Kunstwerke erschaffen.« Es war wie mit Bill Bernbach, als ich seine Leistungen verstand, sein Genie begriff und mir dachte, dürfte ich nur ein Mal seine Hand schütteln, ein Mal sehen, was er sah. Als ich viele Jahre später in ihren Büros saß, ihre Nachfolge antrat, wurde ich regelmäßig in diese Zeit zurückkatapultiert, als ich noch unbedarft war und doch schon auf dem Weg.

Zunächst aber begann ich ein paar Monate nach meinem Einstieg bei Bárci & Partner und kurz nach der Entdeckung der Jahrbücher, meine Nächte damit zu verbringen, diese nicht nur zu studieren, sondern selbst Kampagnen zu gestalten. Stundenlang besah ich mir unsere Projekte und Kunden, versuchte zu erkennen, wo die besonderen Herausforderungen steckten, wie die Lösungen aussehen könnten, welche Strategie sich anböte, wie sich diese bildlich, sprachlich, medial realisieren ließe. Monatelang bastelte ich an meinen Ideen, feilte an Details, zeichnete und schrieb. Parallel las ich Bücher über Werbung, über Kampagnen, Design, Layout, Verkaufspsychologie, versuchte zu verstehen, was wie wirkt, wie Menschen ticken und ihre Sinne funktionieren, wenn sie Werbung sehen, wie manipulativ Farben, Fonts und Worte greifen.

Mit jedem Kunden, den ich mir nachts vornahm, mit jeder Kampagne, die ich erschuf, glaubte ich, schlauer und erfahrener zu werden. Und damit nicht genug: Als ich nach einiger Zeit morgens noch in der Agentur war, wenn die Kreativen gerade ausgeschlafen ins Büro kamen, scheute ich mich nicht, ihnen meine Resultate zu präsentieren. Seit der ersten Kampagne, die ich ihnen gezeigt hatte, kamen sie regelmäßig zu mir und fragten, ob ich wieder etwas kreiert hätte, wieder eine neue Kampagne fertig sei. Und fast ebenso häufig sagte ich Ja und zeigte ihnen mein aktuelles Meisterwerk. Sechs Monate lang mit der immer gleichen Reaktion der kreativen Kollegen: »Nein, das ist wieder nix, du hast kein Talent, bleib lieber bei deinem Buchhalter-Assijob. Lass es sein, du kannst es nicht.« Den Rest der Geschichte, meiner Geschichte, kennen wir.

LASS ES SEIN, DU KANNST ES NICHT.

Jung, ledig, untalentiert sucht …

Doch sie nahm wirklich exakt so ihren Anfang. Die Reaktionen der anderen waren nicht böswillig oder arrogant, und was mir gesagt wurde, damals womöglich nicht falsch, dazu war ich nicht wichtig genug, geschweige denn als Konkurrent gefährlich. Ich wurde nur wie so oft schlicht unterschätzt, während Herkunft, Talent und Geld überschätzt wurden. In den Augen der bereits in der Werbung angekommenen Kreativen konnten meine Vorschläge nichts taugen: Woher sollte ich das denn können, woher gute Ideen nehmen, woher wirkende Umsetzungen, das richtige Gefühl für Kunden, Produkte, Zielgruppe? Sie schienen alles, was ich produzierte, gar so schlecht zu finden, dass ich kaum konstruktive Kritik oder nützliches Feedback erhielt, sondern meist nur ein Nein. Das Problem war nur: Mir reichte das nicht. Und stachelte mich noch mehr an.

Also ließ ich mich nicht weiter beirren, gestaltete eine Kampagne nach der anderen und begann langsam, alles, was ich mitbrachte und lernte, immer besser zu nutzen, richtig einzusetzen, zu optimieren. Talent war das nicht, das hatte ich nie und würde es auch nie bekommen, so funktioniert Talent nicht. Aber mein Gefühl für die kleinen Dinge, für die Verbindung von Text und Bild, für den Touch an Humor oder eben Ernsthaftigkeit wurde besser. Und mein konsequenter Wille, das hinzubekommen, diese Leidenschaft auszuleben und zu meinem Beruf zu machen, blieb unverändert groß. Er wurde schließlich konstant befeuert von den abweisenden Reaktionen der anderen. Und von meinem wachsenden Verständnis für den Aufbau von Kampagnen: Ich begriff immer besser, worin das wahre Problem eines Kunden, eines Produkts oder einer Dienstleistung bestand und wie ich es lösen konnte. Auch zu diesem Zeitpunkt, 1993, und selbst an diesem Ort, in einer der besten Werbeagenturen Österreichs, wusste ich kaum etwas von Bernbachs kreativer Revolution, von der Bedingung, dass eine gute Kampagne zu neunzig Prozent aus origineller Problemlösung und nur zu zehn Prozent aus Werbung bestehen musste, um beim Publikum anzukommen.

Doch ich lernte und begriff, dass eine Kampagne zunächst fragt, was ihr Ziel sein soll, denn eine höhere Reichweite lässt sich unter Umständen anders erreichen als ein stärkerer Absatz oder der Aufbau einer neuen Marke. Dann beschäftigte ich mich so lange mit dem Produkt, bis ich verstand, was es kann und was nicht, wo seine Stärken und Schwächen liegen, worin etwas Einmaliges stecken könnte. Und dann kamen die entscheidenden Fragen: Wie kann ich das kreativ so übersetzen, dass die Zielgruppe sich angesprochen fühlt, dass sie berührt wird? Wie schaffe ich es, den Menschen die Vorteile näherzubringen, sodass sie die Schönheit, den Nutzen oder die Innovation in ihrer vollen Pracht erkennen? Und besitzen oder nutzen wollen? Zu guter Letzt versuchte ich, für die entsprechenden Medien die beste Umsetzung zu finden. All das hatte schließlich Bill Bernbachs neue Form der kreativen Werbung ausgemacht, er war der Steve Jobs dieser Branche und hatte eine völlig neue Basis für sie geschaffen, die ich nun zu nutzen versuchte.

Wie gesagt, das musste ich in meinen ersten Jahren auf die harte und autodidaktische Tour lernen, mit viel Zeit, vielen Büchern, vielen Versuchen. Bis schließlich hängen blieb, was wie und warum am besten funktioniert. Ich glaube, kurz vor meiner Kündigung griff endlich die Zehntausend-Stunden-Regel: Wenn man als absoluter Laie irgendetwas zehntausend Stunden lang praktiziert, erlangt man zwangsläufig ein gewisses Level an Expertise und Know-how. Die Kollegen sahen das zwar offensichtlich nicht so, da ich von ihnen bis zum letzten Tag nichts anderes zu hören bekam als Nein und nochmals Nein. Aber ich selbst merkte, dass meine Arbeit sich wandelte, dass sie ausgeklügelter wurde, feiner, smarter. Das soll nicht bedeuten, dass ich von mir eingenommen war. Es gehören unendlich viele Faktoren dazu, Erfolg zu haben. Zudem gibt es Millionen Menschen, die kreativer sind als ich. Nach zehntausend Stunden sitzen aber gewisse Handgriffe, sind die Augen geschult, um Probleme, den Stil des Kunden und schließlich eine passende Lösung zu erkennen. Ich hatte ein Gefühl für das große Ganze und den Willen, die Probleme zu lösen, die sonst viele zu umgehen geneigt waren und es heute noch sind.

Während das niemand sah, machte ich einfach weiter – und musste heulen, als Tibor Bárci mich Anfang 1994 feuerte. Viele Jahre später sagte er mir, das sei rückblickend der größte Fehler seines Lebens gewesen. Er hätte siebzig Prozent der Werber kündigen sollen statt mich. Er hätte mir zudem sein Haus und seine Frau anbieten sollen, scherzte er, wenn auch mit einem weinenden Auge. Damals jedoch hatte er keine Wahl, und während ich auch keine hatte, als zu gehen, war diese Kündigung für mich im Gegensatz zu ihm das Beste, was mir passieren konnte – auch wenn ich das nur im Nachhinein so sagen kann.

Bárci & Partner hatten damals mit Nissan einen ihrer größten Kunden verloren und mussten sich kurzfristig personell einschränken. Dass ich als Erster meinen Platz räumen musste, war logisch: Ein Kundenberaterassistent, der seinen Job nicht gern machte und stattdessen nachts ohne Auftrag Kampagnen hochzog, die niemandem gefielen, erzeugte keinen sichtbaren Mehrwert. Solch ein Mitarbeiter klingt selbst in meinen Ohren recht überflüssig. Nichtsdestotrotz gab ich nicht auf, ließ mich davon nicht ausbremsen, weiter in die Werbung zu wollen, weiter diese Idee zu verfolgen, selbst Kampagnen zu gestalten, die Menschen bewegen. Ich konnte schlicht nicht aufhören

SOLCH EIN MITARBEITER KLINGT SELBST IN MEINEN OHREN RECHT ÜBERFLÜSSIG.

und begriff schließlich diese Kündigung als Chance: Bei Bárci kam ich ohnehin nicht voran, jetzt aber musste ich handeln – und machte mich kurzerhand als Werbetexter selbstständig. Nach fast zwei Jahren in der Agentur kannte ich immerhin einige Leute in der Wiener Werbeszene, hörte mich um, sprach einige an. Und tat, was ich immer tat, wenn sonst niemand an mich glaubte.

Selbstständig zu sein war schon damals nicht ganz einfach. Jeder Freiberufler musste sich die Sporen verdienen, sich breit aufstellen, stets Augen und Ohren geöffnet halten und die harten Momente ertragen. Ich hatte hier und da erste Aufträge oder sollte zumindest pitchen. Beides gelang nicht immer, bei Weitem nicht. In regelmäßigen Abständen reihte sich eine Absage an die nächste, manchmal wurden meine Ideen zehnmal hintereinander abgeschmettert. Doch ich machte stoisch weiter. Und fand schließlich zahlungswillige Auftraggeber und konstanten Anschluss.

Vor allem die Kreativagentur Tell von Stefan Schmertzing suchte regelmäßig nach Freelancern, auch wenn weder die Auftragslage noch die Kunden des kleinen Ladens hochtrabend waren. Die Agentur dümpelte 1994 noch etwas vor sich hin, doch sie hatte zu tun, ich also auch. Diese Zeit war eine der lehrreichsten meines Lebens, denn ich konnte mich auf allen Ebenen, in jedem Bereich ausprobieren und optimieren, wollte in jedem verdammten Feld der Beste werden. Das ist in größeren Agenturen so einfach gar nicht möglich, da sie Spezialisierungen fordern. Du bist entweder Texter oder Grafikdesigner, Stratege, Mediaplaner, Producer, Art Director, Kundenberater oder sonst ein Teil des Ganzen. Ich war alles, machte jeden einzelnen dieser Jobs, und zwar immer und immer wieder.

Diese holistische Herangehensweise half mir schließlich, richtig gut zu werden. Mir konnte niemand sagen, dass etwas nicht geht, dass einer der anderen Spezialisten nicht mitziehen kann. Ich wusste ja, wie sie funktionierten – und dass alles geht, wenn man will. Das war selbst vor zögerlichen oder launischen Kunden förderlich, denn ich konnte bei jeder Unsicherheit argumentieren und erläutern, wie sich etwas umsetzen ließ. Kreativchefs hingegen, die aus den einzelnen Fachbereichen kamen, waren mir gegenüber oft im Nachteil, weil sie zu spezialisiert blieben und vom Können oder von den Launen anderer abhängig waren.

Das klingt nach verdammt viel Arbeit, und das war es tatsächlich, doch es gehörte für mich der Wille dazu, der Beste werden zu wollen, nichts anderes. Dafür musste ich bereit sein, Schmerz nicht nur zu erfahren, sondern ihn zu genießen. Genau deshalb schaffen es so wenige. Vergiss Talent, die beste Ausbildung oder viel Erfahrung, sie sind im Zweifel Perlen vor die Säue, wenn du diesen Willen nicht hast. Wenn du diese Leidenschaft nicht mitbringst, absolut alles für dein Ergebnis zu tun. Selbst Kreativität ist nicht der entscheidende Faktor, denn so, wie ich sie definiere, bringt sie mit etwas Übung jeder mit. Kreativität ist die Kunst der innovativen Problemlösung, Punkt. Wer kreativ ist, sieht besondere Lösungen für egal welche Fragestellung. Das alles habe ich bei Bárci & Partner begonnen zu verstehen und bei Tell perfektioniert.

KREATIVITÄT IST DIE KUNST DER INNOVATIVEN PROBLEMLÖSUNG.

Das bedeutete nicht, dass ab da alles easy war. Im ersten Jahr gestaltete ich bei Tell einige Kampagnen, die zwar sang- und klanglos abliefen, aber sie liefen, wurden also wirklich umgesetzt. Das war ein erfrischendes Erlebnis, ließ mich allerdings recht schnell kalt – schließlich war das schon immer mein Plan gewesen. Nach der Zeit der Jahrbücher und der vielen Kampagnen als Übungsmaterial inklusive der negativen Kritik bei Bárci hätten sich wohl viele wesentlich mehr gefreut. Ich tat es nicht, zudem war selbst mit diesen »Erfolgen«

nicht direkt ersichtlich, ob ich so mein Leben würde bestreiten können, geschweige denn das von anderen. Und so sind mir diese ersten Kampagnen bei Tell nicht in Erinnerung geblieben. Bis auf eine.

1995 stand der Produktmanager von Coca-Cola bei uns in der Tür. Stefan Schmertzing kannte ihn seit Längerem, der Werbemarkt in Österreich war klein, gefühlt kannte ohnehin jeder jeden, auch wenn beispielsweise Bárci & Partner sich klar aus dieser kleinen Masse abhob. Doch Schmertzing hatte trotz seiner bislang mittelmäßig erfolgreichen Agentur viele Beziehungen aufgebaut – und das zahlte sich nun aus. Die Hausagentur von Coke hätte dem Getränkehersteller eine Kampagne gestalten sollen, lieferte aber nicht. Da der Zeitdruck inzwischen immens war, nutzte der Produktmanager alle Connections, die ihm einfielen, um das Ganze noch zu retten. Wir rochen die Chance für die Agentur, überlegten nicht lange und sagten zu. Zwei Wochen später präsentierten wir ihm eine Kampagne, die nicht nur gefiel, sondern alle Erwartungen übertraf.

Das Problem beziehungsweise der Grund für die Kampagne war das Bedürfnis von Coke, die Rolle der Marke im Lifestyle der meist jüngeren Zielgruppen zu festigen und zu vergrößern. Die einzige Vorgabe war das Thema Musik, das auf irgendeine Art involviert sein sollte, das Medium ein Plakat. Ich hatte viele Ideen, doch die hat auch jeder Taxifahrer, jede Tennisspielerin und jedes Kind, das macht leider noch lange keine gute Kampagne. Es gibt gigantische Friedhöfe der guten Ideen – hast du nur sie, kannst du einpacken, denn sie allein reichen nicht. Es ist erst eine schlagkräftige Kombination der Idee mit der Umsetzung, die etwas bewegt, die berührt, Wirkung zeigt. Und das ist verdammt viel Arbeit, bis alles tatsächlich so aussieht, wie es ge-

> **ES GIBT GIGANTISCHE FRIEDHÖFE DER GUTEN IDEEN.**

dacht war, bis es so wirkt, wie man hoffte. Bei Plakaten geht es zudem um die perfekte Reduzierung, bis jeder, wirklich jeder die Botschaft schnell versteht. Tanzende Menschen also wären womöglich eine Lösung gewesen: Sie wecken die Verbindung zur Musik, sind schnell und einfach zu erkennen, meist ausschließlich positiv konnotiert. Nur etwas langweilig und nicht das Ende der To-do-Liste. Es kommen noch jede Menge andere Aspekte bis hin zur Überzeugung des Kunden, falls dieser zweifelt – doch dieses Problem hatten wir in diesem Fall nicht.

Der entscheidende Einfall für die finale Lösung war schließlich eine Stereoanlage. Diese waren seinerzeit ein unglaublicher Trend – jeder wollte eine haben –, was wir wiederum zu nutzen versuchten. Wir bildeten die Front des Bedienfelds mit den Tasten ab, die auch heute den meisten Menschen bekannt ist: Etwa in der Mitte war die Taste zum Abspielen mit einem Dreieck nach rechts belegt, darunter stand »Play«, links davon war die Rückspultaste mit einem Balken und einem Dreieck nach links, darunter die Beschriftung »Rewind« und so weiter. Bei der Taste fürs Vorspulen jedoch ersetzten wir das Dreieck nach rechts inklusive Balken sowie die Worte »Fast forward« darunter durch »Coca-Cola«. Bäm. Die Assoziation zur Musik und der Bewegung und Bedeutung von »(schnell) voran, vorwärts« weckte Emotionen, ging den Menschen in Kopf und Herz, packte sie direkt, machte Spaß, blieb hängen.

Das Plakat schaffte es 1995 in seiner Kategorie auf die Shortlist des internationalen Werbefestivals in Cannes. Die Chance auf einen Cannes-Löwen hatte bislang in Österreich keine Agentur gehabt, und es schaffte auch so schnell keine nach uns, deshalb war es ein kleines Erdbeben in der österreichischen Werbeszene. Zudem war damals diese Preisverleihung für Werber auf der ganzen Welt wie ein Oscar, es war ein Ritterschlag und ein seltenes Ereignis – wie es sich für einen Ritterschlag oder eine Auszeichnung für etwas Besonderes eben gehörte. Zum Vergleich: Aktuell werden jedes Jahr in zig

Kategorien insgesamt über tausendeinhundert dieser Auszeichnungsmaskottchen verliehen. Anders gesagt erhält jeder einen, der bei drei nicht auf den Bäumen ist, und das jedes Jahr. Diese inflationäre Onanie war uns damals unbekannt, es war vielmehr eine Ehre, die es höchstens einmal im Leben geben sollte. Schon die Shortlist war grandios und für Österreich eine neue Erfahrung. Der Kunde war mehr als zufrieden, die Fachpresse beschäftigt. Alle anderen Agenturen horchten auf, Tibor Bárci ahnte das erste Mal, dass er womöglich einen Fehler begangen hatte, meine ehemaligen Kollegen waren schlicht verwirrt. Und ich? War happy und zufrieden, selbstverständlich. Doch ich setzte mich nach der frohen Botschaft an meinen Schreibtisch und arbeitete weiter.

Es war und ist mir noch immer unverständlich, wie man sich für seinen alltäglichen Job, für seinen Beruf, den man professionell ausübt, so feiern lassen kann. Ich muss selbst heute noch regelmäßig schmunzeln, wenn ich irgendwo auf der Welt in einer Bahn, Tram oder in einem Bus sitze und beobachte, wie das Gefährt an jeder Haltestelle anhält und abfährt. Denn ich stelle mir vor, wie alle reagieren würden, wenn der Fahrer jedes Mal Applaus dafür erhalten sollte. Für seinen ganz normalen Job! Aber genau das ist es doch, was wir machen: uns selbst feiern für etwas, das unsere Aufgabe ist. Mir ist schon bewusst, dass wir als Kreative nicht jeden Tag das Gleiche tun oder exakt dieselben Routinen haben. Und natürlich kann ich eine exzellente, atemberaubende und einzigartige Kampagne anders genießen, ob als Kunde, Konsument oder Kreativer. Aber herrje, einmal Abklatschen, einen Sekt, fertig.

ABER HERRJE, EINMAL ABKLATSCHEN, EINEN SEKT, FERTIG.

Entsprechend machte ich auch nach diesem Erfolg genauso weiter wie gehabt. Wobei sich doch etwas geändert hatte: Ich hatte nun mehr oder weniger objektives Feedback erhalten, das nicht sagte, lass es bleiben, gib endlich auf. Diese kleine Bestätigung tat selbst mir als hartem Hund ganz gut, schließlich wurde ich bald wieder auf den Boden der Tatsachen zurückgeholt.

Live, die, learn, repeat

Mein Zivildienst war so ein Blick in die ganz normale Welt. Nein, das ist überhaupt nicht arrogant gemeint, aber es lebte sich 1996 doch anders, wenn man von jungen Kreativen umgeben war in einer bunten, lauten und etwas abgehoben Werbewelt – und nicht von Alten, Kranken oder Sterbenden. Wie in Österreich üblich, musste jeder Mann bis zum achtundzwanzigsten Lebensjahr entweder zum Wehrdienst oder seinen Zivildienst antreten. Bei meiner Vergangenheit dürfte es niemanden überraschen, dass ein Dienst an der Waffe mir nie und nimmer in den Sinn gekommen wäre, das war absolut unvorstellbar und ist es bis heute. Wohin es mich verschlug, hat Frau Wüllners Geschichte zu Beginn bereits angedeutet. Ich versuchte zwar, bei der Asylantenberatung einen Platz zu erhalten – schließlich wusste ich, was auf die Leute zukam und wollte ihnen etwas Empathie und Erfahrung entgegenbringen –, aber dieser Wunsch wurde nicht berücksichtigt.

Mein neuer Arbeitsplatz für elf Monate wurde also ein Altenheim mit angeschlossenem Hospiz, meine Aufgaben die Pflege und Betreuung der alten Menschen und die Begleitung der Sterbenden. Wir waren zwei Zivis bei etwa vierzehn Angestellten im Schichtdienst. Ich hatte das Glück, dass alle meine Kolleginnen durchweg anständige Menschen waren, die nicht nur einen richtig guten Job machten, sondern auch uns Zivis angemessen behandelten. Dass das ganz anders aussehen kann, ist mir bewusst, doch ich konnte meine Zeit dort als eine der lehrreichsten meines Lebens empfinden, ohne dass Schikanen zum Alltag gehörten. Zudem zählte das Heim zu den gepflegten und ansehnlichen, wenn man das so sagen kann. Denn grundsätzlich waren und sind unsere »Heime« für alte Menschen, die sonst nicht mehr richtig in unsere Gesellschaft passen, trostlos, emotionslos oder wesentlich Schlimmeres.

Die ersten beiden Monate waren beinahe unerträglich schmerzhaft, ich fast depressiv und kaum fähig, das alles zu ertragen. Es gehört Erfahrung dazu, stärker zu werden, selbst wenn es sich um die normalsten Dinge des Lebens handelt, Sterben zum Beispiel. Und das kannte ich beileibe weit über den Durchschnitt hinaus. Hier war es allerdings ein langsames Sterben – trüb und viel zu oft unendlich einsam. Ich habe fast hundert Menschen in den Tod begleitet, und einige von ihnen kannte ich zu diesem Zeitpunkt bereits seit Monaten. Kennen mag zu viel gesagt sein, und doch entstand ein wenig Vertrautheit, die ihnen etwas Halt gab in ihren letzten Minuten. Wenn ich der einzige Anwesende war, als sie starben. Doch anfangs kannte ich niemanden, war noch etwas unbeholfen – und hilflos, weil der Tod sich davon nicht abhalten ließ und mir keine Schonzeit gönnte.

ICH HABE FAST HUNDERT MENSCHEN IN DEN TOD BEGLEITET.

In den ersten Tagen begleitete ich die Angestellten bei ihrer Routine, ließ mir alles erklären und zeigen, musste jedoch recht schnell selbst Hand anlegen. Denn in solchen Berufen gibt es immer zu wenige davon, da sind die Zivis eine ungemeine Hilfe, und selbst wenn sie keine riesige Entlastung sind, so mindern sie definitiv den enormen Druck. Das gilt für beide Seiten, denn nicht nur waren die Pflegerinnen permanent unter Strom, die Patienten litten ebenso unter der Unterbesetzung, den wenigen Minuten, die wir für sie jeweils hatten, der Einsamkeit und Tristesse. Konnten wir ein wenig davon nehmen, ihnen ein Lächeln auf die Gesichter zaubern, war das schon ein Tageshoch. Meist aber ging es nur darum, sie nicht in ihren Körperflüssigkeiten liegen zu lassen, ihre Schmerzen so schnell wie möglich zu lindern und zu erkennen, wann es zu Ende ging.

Und so konnte ich schließlich den ersten Schock überwinden und mich daran gewöhnen, die alten Menschen jeden

Tag zu waschen, anzuziehen, zu füttern, ihre Betten zu machen, die Zimmer aufzuräumen und ihre Windeln zu wechseln. Wenn die Arbeit es zuließ, konnten wir mit ihnen lesen, sie im Gemeinschaftsraum mit Spiel oder Tanz zum Lachen bringen, mit ihnen spazieren gehen, auch im Rollstuhl. Ich musste hierfür meine eingefleischte Abwehr gegen körperliche Nähe überwinden, anders war dieser Job nicht möglich. Für mich bedeutete das ein hartes Stück Arbeit. Nicht weil ich mich ekelte oder die Menschen nicht mochte, sondern weil ich seit fünfzehn Jahren Nähe kaum zuließ. Doch dafür blieb hier kein Raum, und es tat mir gut, die anderen in den Vordergrund zu stellen und mich auf sie einzulassen. Bis ich schließlich gern dort war, meine Aufgaben einigermaßen souverän ausführte und mehr und mehr die Menschen mit ihren Lebensgeschichten erkennen konnte.

Frau Wüllners Schicksal hat mich sicher am stärksten geprägt, doch es gab viele andere, die mir immer wieder mit Schrecken zeigten, wie dumm es von uns ist, sie nicht intensiver wahrzunehmen, in der Mitte der Gesellschaft. Wir könnten so viel lernen, so vieles nicht wiederholen und so vieles besser machen, nähmen wir uns die Zeit, nähmen wir die Chance wahr, die sie uns bieten. Damals boten sie sie, erzählten gern und ließen uns reflektieren. Es gab etwa einige alte Herren im Heim, die sich von ihren Erinnerungen an den Zweiten Weltkrieg noch immer davontragen ließen, die den alten Sichtweisen nachhingen: Früher sei alles besser gewesen, selbst die Waffen-SS oder der Einsatz an der Ostfront. Anekdoten waren das nicht, sondern grausame Geschichten mit noch grausameren Ansichten. Doch selbst daraus könnten wir jede Menge lernen, schließlich sind wir heute ziemlich meinungsverliebt und besessen davon, stets recht zu haben. Wir verlieren uns in unserer engen persönlichen Perspektive, die wir für so absolut richtig, objektiv, unvoreingenommen halten, dass Austausch oder Konsens kaum mehr möglich scheint. Es hat etwas arg Relativierendes, wenn man sieht, wie Menschen sich verirren und wie traurig es ist, sich nicht regelmäßig zu hinterfragen – und es am Ende vielleicht auch nicht mehr zu können.

Ich konnte Unmengen an Geschichten mitnehmen, sehen, was Leben mit uns macht, wie oft wir als Federn glauben, eigenständige Entscheidungen zu treffen, und wie oft wir in voller Handlungsfähigkeit genau das Falsche tun oder uns ohnmächtig jeglicher Verantwortung entziehen. Das Bedürfnis, bei diesen Altnazis etwas richtigzustellen oder sie zurechtzuweisen, kam in mir nicht auf. Von ihnen ging keine Kraft, geschweige denn Gefahr aus, niemand von uns wollte diesen über Neunzigjährigen noch den Kopf waschen. Sie waren Täter und Opfer der Geschichte, ihrer selbst, das blieb bei mir mehr hängen. Zudem waren sie diejenigen, die kurz vor dem Tod plötzlich stiller wurden, vielleicht zweifelten. Denn in den letzten Stunden oder Tagen wandelten viele ihr sonst übliches Kommunikationsverhalten: Die Lauten wurden leiser, während die In-sich-Gekehrten plötzlich sehr viel loswerden wollten, laut und schnell erzählten. Es war manchmal der entscheidende Hinweis für uns, dass der nächste, der letzte Schritt unmittelbar bevorstand.

Mir ist klar, dass damals wie heute nicht alle jungen Menschen meine Einsichten und Bereicherungen teilen. Wie denn auch? Wie viele andere stand ich seinerzeit mitten im Leben und wollte meine Arbeit als freier Werber auf keinen Fall komplett aufgeben. Das hieß für mich erneut Achtzehnstundentage, an denen ich vor oder nach meiner Schicht im Altenheim in die Agentur ging und meine Aufträge weiterhin wahrnahm. Für viele andere, die mit weit über zwanzig Jahren erst ihren Zivi leisten, bedeutet es einen brutalen Bruch mit ihrem Leben. Klar, man konnte und kann den Dienst direkt nach der Schule absolvieren, doch ich bin nicht sicher, wie erfüllend und lehrreich fürs Leben er dann ist.

Mein Kollege beim Zivildienst war gerade zwanzig Jahre alt, noch grün hinter den Ohren und mit so ziemlich allem beschäftigt außer mit der Auseinandersetzung mit Altern, Sterben und Pflege. Die meiste seiner Zeit saß er entsprechend mehr oder weniger ab, tat das Nötigste, aber keinen Handgriff mehr, sprach kaum mit den Senioren, sah nicht, welchen Schatz sie bargen, und war oft froh, wenn wir die unangenehmeren Jobs übernahmen. Immerhin machte er in den letzten Wochen eine kleine Wandlung durch: Nachdem er uns monatelang dabei beobachtet hatte, wie wir mit Hingabe all die Aufgaben erledigten, die ihm niemals als wertvoll oder angenehm aufgefallen wären, begann er irgendwann zu spüren, dass wir etwas zurückbekamen und dass auch er Freude daraus ziehen könnte. Wir sahen ihn sogar regelrecht aufblühen. Wohin es ihn danach verschlug, weiß ich nicht; aber ich bin sicher, er konnte etwas aus den letzten Wochen mitnehmen, das ihn sein Leben lang begleiten wird. Wenn das gelingt, ist der Zivildienst Gold wert – für jeden Einzelnen und dadurch für uns alle.

Womöglich ist es an der Sache vorbei, über Zivis nachzudenken, wenn wir grundsätzlich alles falsch machen, wenn es um die Altenpflege und den Tod geht. Beides haben wir seit Langem aus der Mitte der Gesellschaft outgesourct, mitunter, weil wir es nicht ertragen. Dass wir meist die Einzigen waren, die am Bett saßen, wenn die Alten starben, lag nicht nur daran, dass die Kinder oder Verwandten keine Lust hatten oder in der Welt verstreut lebten und folglich nicht innerhalb von einer Stunde vor Ort sein konnten. Es war auch eine Art Lähmung, ein Wegschauen, bis es vorbei war. Der Tod findet offiziell gesellschaftlich nicht mehr statt – still und heimlich bitte, wir sind zu empfindlich dafür. Schon das Alter macht

DER TOD FINDET OFFIZIELL GESELLSCHAFTLICH NICHT MEHR STATT – STILL UND HEIMLICH BITTE.

uns nervös, es ist aufwendig, faltig und dreckig. Bei uns war die Heimleiterin eine Österreicherin, alle anderen Pflegerinnen kamen aus Osteuropa. Warum? Weil wir uns ekeln – und weil die Politik das fröhlich befeuert, indem sie diese Jobs mit schlechtem Prestige und noch schlechterer Bezahlung abwertet.

Nun gut, für mich war diese Zeit hart und wertvoll. Das ganz normale Leben und Sterben, das Ungeschönte und das Leid als Pendant zu meiner Werbewelt zerrten an mir, erdeten mich, erschlugen mich zu Beginn, stärkten mich zum Ende. Da wir sonst so selten mit älteren Menschen in Kontakt kommen, war es schlicht auch spannend, ihre Sichtweisen, ihre Erfahrungen und ihren Humor kennenzulernen – denn den haben sie. Wenn es auch wenig zu lachen gab, wir nutzten die Chancen, manchmal unfreiwillig, manchmal zynisch, doch wir lachten, sehr gern und gemeinsam. Wenn eine hundertdreijährige Bewohnerin einer achtundachtzigjährigen zum Geburtstag gratuliert und, da die Dame sehr traurig über ihr Alter war, sagte, sie sei doch noch so jung, prusteten selbst die beiden Damen los. Ich jedenfalls konnte dieses Sterben, das einen großen Teil des Zivildiensts ausmachte, aus einem weiteren, wichtigeren Grund gut ertragen.

Von Null auf Liebe

Als ich im März 1993 meine Stelle bei Bárci & Partner antrat, fand an meinem ersten Arbeitstag in der Agentur eine Party statt, weil eine Mitarbeiterin den Laden verließ und ihren Ausstand gab. Mir sind von dieser Nacht exakt zwei Erinnerungen geblieben: Ich saß mit einer Frau – mit ebenjener Frau, die ihren letzten Tag begossen hatte – in einem Taxi, und ich wachte morgens nackt auf dem Teppichboden in einer fremden Wohnung auf. Einstand, Ausstand, Delirium, manchmal zeigt die Werbewelt sich genauso überzeichnet, wie sie nach außen immer wirkt. Doch drei Monate später schlug mir die Realität hart ins Gesicht. Barbara, mit der ich weder vor dieser besagten Nacht noch danach Kontakt hatte, rief mich an und teilte mir leicht panisch mit, dass sie schwanger sei. Uff. Ich bin selten wortlos, doch jetzt rauchte mir der Kopf, alles drehte sich, ich konnte keinen klaren Gedanken fassen, geschweige denn ausdrücken.

EINSTAND, AUSSTAND, DELIRIUM.

Sie ließ mich mit dieser Information zunächst wieder sitzen, denn eigentlich war sie in einer festen Beziehung, unser One-Night-Stand bedeutete uns beiden bislang herzlich wenig, und sie war mindestens so aufgewühlt wie ich. Kurze Zeit später gaben zwei Gynäkologen Entwarnung: Der errechnete Befruchtungszeitraum gab nicht her, dass das Baby meines sein könne. Alles gut, alles wieder auf Anfang. War schön mit dir, einen Hauch zu aufregend, mach's gut. Ich war damals fünfundzwanzig Jahre alt und mir ziemlich sicher, keine Kinder zu wollen, keine Familie zu gründen, selbst eine feste Beziehung entsprach nicht dem Bild meiner Zukunft. Ja, ich hatte Beziehungen, aber gerade zu dieser Zeit stand die Werbung im Zentrum meines Handelns, sie war meine Zukunft – und bereits meine Gegenwart, ich tat nichts anderes, als zu arbeiten.

Die Agentur entwickelte sich als guter Ort, um weiterzukommen, allerdings nicht als Texter oder Designer. Ich war Beraterassistent und würde es erst mal bleiben, aber ich konnte lernen, mich selbst weiterentwickeln. Ohne Aussichten, ohne Geld, jedoch mit dieser Chance, die ich unbedingt nutzen wollte. Mit dem kurzen Schock der potenziellen Vaterrolle wusste ich daher wenig anzufangen, außer ihn wieder wegzuschieben, alles noch einmal gut gegangen.

Weitere sechs Monate später ereignete sich im Kreißsaal des Allgemeinen Krankenhauses Wien eine griechische Tragödie. Oder sagen wir, eine nordische. Denn Barbara war Österreicherin, blond, hellhäutig, groß und ihr zukünftiger Gatte skandinavischer Abstammung – soll heißen, ebenso blond und hellhäutig. Sie waren seit einiger Zeit zusammen und hatten vor, kurz nach der Geburt des Kindes zu heiraten, ihre Pläne waren so klassisch wie gesetzt. Doch als die Hebamme den kleinen Säugling hochhielt, brach all das zusammen. Dieses Baby war dunkelhäutig und hatte schwarze Haare.

Von dem Drama erfuhr ich erst viel später. Zunächst hörte ich Barbaras Stimme am Telefon, die mich darum bat, ins Spital zu kommen. Ein halbes Jahr lang hatte ich kaum mehr an sie und ihre Schwangerschaft gedacht – zwei Ärzte hatten ihr schließlich versichert, dass unser One-Night-Stand genau das war. Dennoch brauchte ich keinen Herzschlag, um den Anruf richtig einzuordnen. Ich weiß nicht mehr, was ich antwortete, vielleicht kam ich gar nicht dazu, etwas zu sagen. Aber fünf Minuten später saß ich im Taxi, mit einer Tonne an Gedanken, die zwischen Panik, Unglauben, Freude, Unverständnis und Sorge schwankten. Ich hatte keine Angst – ich habe selten Angst –, ich hatte nur bei der Nichtplanung meines Lebens, weil es ohnehin immer anders kam, nicht an diese

WAHRSCHEINLICH WAR DIESE VIERTELSTUNDE FAHRTZEIT DIE LÄNGSTE MEINES LEBENS.

Möglichkeit, diese Form der Verantwortung gedacht. Wahrscheinlich war diese Viertelstunde Fahrtzeit die längste meines Lebens.

Ich versuchte, alle Optionen durchzuspielen, mir auszumalen, welche es überhaupt gab. Was tun? Und was musste man eigentlich tun, wenn man Vater wird? Geld, Alimente, Sicherheit, Zeit, Verantwortung. Oder Flucht. Was, wenn ich meine Telefonnummer änderte und mich nie mehr bei Barbara meldete? Was, wenn ich gar die Stadt verließe? Ja, solche Gedanken kamen mir, das gebe ich zu, ich musste diese Möglichkeit einmal kurz in meinem Kopf durchspielen – ich war doch kein Vatertyp, verdammt! Das konnte doch nichts geben. Im selben Augenblick war mir allerdings klar, dass das nicht meine Vorstellung davon sein konnte, mit Problemen umzugehen. Nein, ich würde mich der Situation auf jeden Fall stellen. Wir würden eine Lösung finden, das würde sich schon regeln. Bei all diesen Gedanken kam mir gar nicht in den Sinn, was dann tatsächlich passierte.

Denn als ich schließlich in der Klinik ankam, das Zimmer von Barbara fand, sie mir einen müden und zugleich seligen Blick zuwarf und mir das Bündel Baby in die Arme legte – war es um mich geschehen. Meine Tochter, mein Kind, das schönste der Welt noch dazu. Mit dem ersten Blick in ihre Augen zweifelte ich keine Sekunde mehr daran, dass es weitergehen würde. Das klingt kitschig? Ist mir egal, es war eben so. Der Mann, der seit zwanzig Jahren kaum Nähe oder Gefühle oder Zuneigung für sich leben konnte, spürte plötzlich so reine Liebe wie nie zuvor.

Die ersten Monate danach verflogen irgendwie. Da Barbara und ich uns kaum kannten, war es nicht immer einfach zugegeben, doch wir hatten beide nur das Kind vor Augen und trafen unsere Entscheidungen entsprechend. Es mag auch noch eine andere Zeit als heute gewesen sein, zudem hatte sie sich immerhin seit sechs Monaten auf ihre neue Rolle als Mutter vorbereiten können, sodass sie die meiste Arbeit übernahm. Ich kam, so oft ich konnte, zahlte Alimente – und genoss den kleinen Schatz, der uns geschenkt wurde. Meine bescheidenen finanziellen Mittel waren wahrscheinlich keine allzu große Hilfe, aber darum ging es nicht. Wir machten aus der Situation das Beste, und jeder von uns trug seinen Teil bei.

Doch meine emotionalen Mittel waren beschränkt, ich war zudem mit meinen fünfundzwanzig Jahren noch so naiv und dumm, was alle Vatersorgen anging, dass ich uns allen oft im Weg stand. Wann Chiara mich das erste Mal anblickte, wann sie das erste Mal lachte, etwas brabbelte oder den ersten Schritt tat, weiß ich nicht mehr. Das passierte alles, ja – aber wann genau? Dafür reichte meine Gefühlswelt nicht. Ein Kind kann vieles, aber kaputte Menschen von jetzt auf gleich zu reparieren schafft es nicht, das muss es auch nicht, das ist gar nicht seine Aufgabe. Doch was Chiara geschafft hat, war schon unendlich viel, mit dem Rest mussten wir alle leben. Außerdem war ich ehrlich gesagt nur zweimal die Woche bei den beiden, öfter nicht. Somit sind viele Erlebnisse an mir vorbeigerauscht, als ich über Kampagnen brütete, von Kunde zu Kunde rannte, im Altenheim arbeitete und weiter lernte.

MEINE EMOTIONALEN MITTEL WAREN BESCHRÄNKT.

Aber ich war Vater, ich fühlte mich so und wollte es sein. Barbara hatte zudem ihre Welt, ihr Leben, es stand mir auch nicht zu, das alles über den Haufen zu werfen. Wir verstanden uns gut, arrangierten uns und freuten uns über unsere Tochter. Und das tun wir bis heute, gemeinsam und befreundet. Ein Jahr nach Chiaras Geburt traf Barbara ihren Lebensgefährten, der bis zu seinem Tod an ihrer Seite blieb. Und auch für Chiara war er ein riesiger Glücksfall: Er nahm sie sofort an und war offen für Patchwork-Strukturen. Er wurde zum zweiten Vater und zur ersten Bezugsperson, war immer da, eben auch für beide – während er mir stets aufgeschlossen und freundlich entgegentrat. Wir hatten nie Schwierigkeiten, nie Diskussionen über Erziehung, Elternrollen oder Eifersucht, er war ebenfalls Papa, fertig. Wir waren jung, aber nicht so dumm, uns Konkurrenzkämpfe auf dem Rücken des Kindes zu gönnen, nur um zu sehen, wer stärker oder mächtiger ist.

Mein Vater reihte sich hier nicht ganz ein, denn er hielt das alles für einen absoluten Fehler. Auch meine Mutter reagierte so, beide waren entsetzt und schimpften wie verrückt über dieses »Unglück«. Tausende Kilometer entfernt und mit dem losen Kontakt, den wir damals schon pflegten, machte mir das nicht viel aus. Ich brauchte keine Hilfe, als ich ihnen meine neue Rolle mitteilte. Ja, ich hatte sicher auf ein wenig Freude gehofft – sie wurden immerhin Großeltern –, aber ich verstand auch ihre Perspektive, ihren kulturellen Background, unsere Distanz. Es dauerte Jahre, bis sie sich schließlich ebenso in Chiara verliebten wie der Rest der Familie und sie voll und ganz akzeptierten, aufnahmen in den Kassaei-Clan.

Jetzt ist meine erste Tochter über dreißig Jahre alt, eine smarte, selbstständige Frau, die ich über alles liebe und respektiere. Sie ist ihren Weg gegangen, auch unabhängig von mir oder anderen. Und sie hat Gefühle, ist empathisch, sozial kompetent, auch das macht mich stolz. So scheint auch in dieser Situation die Frage, ob ich einen Rückzieher mache oder Vollgas gebe, aus heutiger Sicht schnell beantwortet. Doch da sind wir wieder, blicken zurück und lassen uns täuschen von den jetzt verbundenen Punkten, der vermeintlichen Logik des Ganzen. Nichts ist logisch daran, es ist und bleibt der Unsinn des Lebens, der mir widerfahren ist. Nein, ich war nicht völlig naiv – ich wusste schon sehr genau, wie und warum man Vater wird. Doch während mir ebendieser wunderschöne Unsinn widerfuhr und ich wie eine Feder am Tisch der Väter landete, schaute ich mich dort kurz um, setzte mich – und nahm all die

Aufgaben auf mich, liebend gern und mit allem, was ich hatte. Das ist der Anspruch, der mich antreibt: alles geben und die Konsequenzen tragen mit vollem Willen und mit allem, was man hat. Immer.

ZIELGERADEN

2016–2020

Barcelona

»MAY THE BRIDGES I BURN LIGHT THE WAY.«

Ohne Schleudersitz

Immer. Auch wenn ich mit den Nerven am Ende in multiplen Krisen alles hinschmeißen und abfackeln will.

Genau an diesem Punkt bewegte ich mich zum Jahreswechsel 2015/16 und damit über zwei Jahrzehnte später. Auf jeder Ebene meines Lebens zeigten sich nicht nur Risse, sie klafften auf allen Seiten wie Wunden, offen und triefend. Einige davon hatte ich nicht unbedingt willentlich, aber doch aktiv hervorgerufen. Andere hingegen waren externe Sollbruchstellen und ihr Nachgeben nur eine Frage der Zeit. Sie waren erwartbar gewesen, und sie waren aufhaltbar, umkehrbar – nur offensichtlich nicht von mir, zumindest damals nicht. Und so befand ich mich in einem Szenario, das nach all den Erfolgen, den Gipfeln und dem Glück der letzten Jahre unsinnig unwirklich daherkam. Da war sie wieder, die Feder, die durch wilde Stürme wehte. Und wie zuvor nahm ich nach der Landung konsequent mein weiteres Schicksal in die Hand.

Ich hatte die letzten fünf Jahre in New York verbracht, genauer gesagt im besagten Büro von Bill Bernbach, und war noch immer CCO beziehungsweise Kreativdirektor von DDB Worldwide, dem damals zweitgrößten Werbenetzwerk der Welt mit über zweihundert Büros und weit mehr als zehntausend Mitarbeitern weltweit. Damit war ich der Vierte auf diesem Posten überhaupt, vor allem aber war ich mit zweiundvierzig Jahren der Jüngste und der erste Nichtamerikaner. Ich saß fast jeden Tag im Flieger, betreute gigantische Milliarden-Dollar-Etats von international agierenden Konzernen. Und sah ebenso immer klarer, dass wir als Werbebranche in die falsche Richtung steuerten, hatte immer stärker das Gefühl, der Einzige zu sein, der das zu ändern gewillt war. Ich gab alles, ja, verausgabte mich komplett, zahlte jeden erdenklichen Preis. Die Gegner – praktisch die gesamte Branche – waren riesig, und je sichtbarer die Probleme, je klarer das unausweichliche

Ende, desto mehr wehrten sich alle. Meinen letzten lautstarken Versuch, sie zu wecken und zum Umdenken zu bewegen, unternahm ich im Juni 2015 bei der Lions-Verleihung in Cannes, als ich meine Rede für einen Appell nutzte und Klartext sprach. Ich trug mein vernichtendes Urteil in die Welt und rief allen ins Gesicht, wie schwachsinnig und existenzbedrohend das ist, was wir jeden Tag tun. Es gab Applaus. Mehr passierte nicht. Nun gut, lieber unverstanden als feige.

Drei Monate später traf Dieselgate nicht nur unseren Kunden VW hart, sondern auch uns, schließlich waren wir für die Kommunikation verantwortlich. Die Jahre davor hatten wir mitunter die besten Automobilkampagnen der Welt gemacht und waren völlig neue Wege gegangen – gar völlig aberwitzige im wahrsten Sinne des Wortes, als wir Horst Schlämmer, verkörpert von Hape Kerkeling, als Werbefigur für unsere Internetkampagne einsetzten. Als der Abgasskandal über uns einschlug, war all das zunächst vergessen: Denn sogar in solch einer Krise biss ich bei den Verantwortlichen mit meinen Vorschlägen auf Granit. Und steuerte mit der ganzen Agentur unsicheren Zeiten entgegen, es ging nicht nur gefühlt um alles. Und erneut stand ich allein auf weiter Flur, beriet, erklärte, mahnte, schrie geradezu. Ohne Gehör zu finden.

Kurz zuvor ging meine zweite Ehe in die Brüche. Auch diese Krise war abzusehen, und auch hier hatte ich, hatten wir gekämpft – und verloren. Die Jahre davor waren wunderbar, aufregend, schnell. Der Umzug von Berlin nach New York 2011 hatte uns allen zugesagt. Doch es kam, wie es mit meinem Lebensstil kommen musste: Ich arbeitete mal wieder zu viel, war zu selten da, hörte nicht immer richtig zu, konnte nicht die nötige Nähe aufbauen. Und so blieb schließlich mein Sohn mit meiner Frau in der Wohnung in New York, während ich einen weiteren Fixpunkt verlor und eine weitere Zäsur bewältigen musste.

Dass Jammern nicht hilft, war mir auch in dieser Situation klar, selbst wenn sie sich dafür anbot. Ich hatte alle Gipfel erklommen, alle Ziele erreicht – und stand nunmehr vor einem riesigen Abgrund. Womöglich half mir, dass ich in diesen Sternstunden ebenso wenig in Freudentaumel verfallen war, mich meiner Siege hingab oder mich ständig feierte. Wie gewohnt: abklatschen, anstoßen, weitermachen. An der absoluten Spitze hatte ich nicht vergessen, welchen Anspruch ich an mich stellte. Und das tat ich auch nicht, als ich mich entschied, alles hinter mir zu lassen und Konsequenzen zu ziehen, im Job allen Hass auf mich zu lenken und alle Wege zurück, alle Brücken hinter mir abzureißen.

ICH HATTE ALLE GIPFEL ERKLOMMEN, ALLE ZIELE ERREICHT – UND STAND NUNMEHR VOR EINEM RIESIGEN ABGRUND.

Ich kann nicht sagen, wie bewusst und frei ich diese Entscheidung traf, es lag nun einmal nicht alles in meiner Hand. Mein Privatleben wurde vom Teamwork zur Einbahnstraße, meine Branche, mein liebster Schatz, wurde zum Monster, das ich nicht mehr bändigen konnte. Natürlich musste ich Entscheidungen treffen, es musste schließlich weitergehen. Ich schaffte es in der Zeit sogar, im Alter von achtundvierzig Jahren meinen Führerschein zu machen. Auf der anderen Seite aber war ich selbst betroffen. Mir ging es extrem schlecht – vielleicht aufgrund der Fallhöhe, vielleicht aufgrund der Falltiefe –, und ich war während dieser Zeit zu Schaden gekommen, versehrt. Und doch: nicht außer Gefecht gesetzt. Ich überdachte, am Boden liegend, meine Situation und zog die Konsequenzen.

Zunächst zog ich sie allerdings für mich – und blieb in meinem Job. Es schien mir unverantwortlich, eine Firma und mehr als zehntausend Leute, die von meinen Entscheidungen lebten, von jetzt auf gleich sitzen zu lassen. Weniger unverantwortlich, aber für meine Frau und mich nicht tragbar wäre es auf der anderen, der privaten Seite gewesen, in New York zu bleiben. Diese Stadt war mir ohnehin zu laut, zu eng, zu hip, zu überschätzt, sodass ich kurzerhand zurück nach Berlin ging. Meine berufliche Verantwortung konnte ich von jedem Ort auf der Welt aus wahrnehmen, ich flog ohnehin ständig, auch nach Deutschland.

Im Nachhinein mag es auf der Hand gelegen haben, dass ich mir viel früher eine Auszeit hätte nehmen sollen, eine Yoga-Kur für ein paar Monate, Reisen, Schlaf. Doch für mich kam solch eine Form der Ablenkung überhaupt nicht infrage. Das ist nicht die Konsequenz, die ich meine. Mir ging es schlecht, aber nicht schlecht genug. Leider. Denn ich hätte meine Verpflichtungen zwar in jeder Verfassung wahrgenommen, aber mir womöglich schneller und effizienter selbst Hilfe gesucht. Das tat ich erst später, als ich mich selbst wieder zu einem gewissen Punkt gefangen hatte. Eine Therapie in Berlin half mir, mich aus diesem Delirium zu befreien, mich selbst weiter zu stabilisieren, den Boden unter meinen Füßen wieder vollständig zu spüren. Auch wesentlich langlebigere Dämonen, die mich schon seit Jahrzehnten begleiteten, krochen da aus ihren Löchern, zeigten sich mir, ließen sich aber nun packen, erkennen, verstehen. Es war eine harte Zeit, aber Therapien sind nicht als Spielparadies gedacht, und danach fühlt man sich selten schlechter, selbst wenn man seinen Rucksack der Geschichte manchmal stärker spürt.

MIR GING ES SCHLECHT, ABER NICHT SCHLECHT GENUG. LEIDER.

Bevor ich allerdings mit der Therapie überhaupt begann, ging ich kurzerhand in vollem Bewusstsein darum, dass nichts mehr so sein würde, wie es war, nach Berlin zurück. Ich landete hart, schüttelte mich – und erhielt kurz später einen Anruf von einem sehr guten Bekannten: Luca de Meo, der heute Chef von Renault ist, war im November 2015 gerade CEO von Seat geworden, nachdem er zuvor als Vertriebsvorstand von Audi und davor Marketingchef von VW tätig gewesen war. Dieselgate hatte nicht nur einen bislang unbekannten Shitstorm ausgelöst, sondern auch eine gewaltige Personalrochade in Gang gesetzt – beides schien Horror und Chance zugleich.

Luca de Meo und Susanne Franz als Chief Marketing Officer standen vor einer großen Aufgabe, für die sie ein gutes Team brauchten und nun zusammenstellen mussten: Seat, seit 1986 zum Volkswagen-Konzern gehörig, schrieb bis 2015 keine zufriedenstellenden Zahlen und sollte trotz Verbesserungen komplett auf den Kopf gestellt werden. Die Marke sollte neu positioniert, der gesamte Laden und seine Kommunikation neu gedacht und eine Inhouse-Agentur gegründet werden. In ihren Augen war ich genau der Richtige, um diese Aufgabe zu bewältigen.

Ich sollte also meinen Posten bei DDB Worldwide aufgeben – ich sei doch ohnehin reif für einen Wechsel oder angezählt, je nachdem, mit wem man sprach. Ohne meine Power wollten sie nicht loslegen, es brauchte enorme Kraft, diese Herausforderung zu meistern. Ich kann nicht leugnen, dass mich diese Perspektive sehr reizte. Doch mir ging es tatsächlich nicht mehr um eine weitere Herausforderung, vielmehr fühlte ich mich meinen Freunden Susanne und Luca verbunden und wollte sie nicht mit einer schnellen Absage alleinlassen. Nach fast sechs Jahren im Riesen von DDB Worldwide haftete zudem der Stallgeruch unverkennbar und unlösbar an mir, ich kannte jeden Winkel, jedes Hindernis, jede Abkürzung. Und ich war fertig.

Fertig mit diesem Koloss, der nach dem grandiosen Aufstieg, den wir in den vergangenen Jahren gemeistert hatten, etwas behäbig wurde. Das musste so sein, diese Erfahrung habe ich diverse Male gemacht, ob Agentur, Land oder Mensch: Wir alle werden irgendwann schwerfällig, weil mächtig, überbewertet, weil arrogant, lahm und satt. Fertig aber auch mit

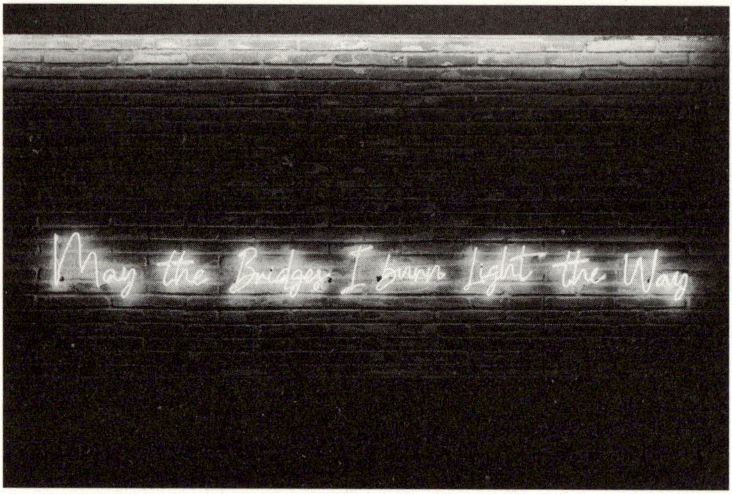

Dieser Spruch von mir hängt in Leuchtschrift in meiner Wohnung in Barcelona.

meiner Rolle dort, in der mir ja ein ähnlich präpotentes Schicksal drohte. Fertig mit meinem Kampf um mehr Substanz, mehr Wertigkeit, mehr Sinnhaftigkeit in unserer Branche. Und fertig mit meiner Entscheidungsfindung, denn ich wusste genau, wo ich in ein paar Jahren sein würde: nicht mehr in der Werbung. Und doch blieb ein großer Haken: meine Loyalität, zu meinen Leuten und der Firma.

Ich konnte auch mit dieser Aussicht noch immer nicht von jetzt auf gleich gehen, alles hinschmeißen, ohne die Konsequenzen zu bedenken. Dafür hatte ich zu viel Respekt vor all den Menschen, mit denen ich praktisch die letzten fünf Jahre meines Lebens verbracht hatte. Die Brücken, die mir den Weg leuchten, abzufackeln, während sich noch Kollegen auf ihnen befinden, ist nicht meine Art. Doch mein Job ist und war die Lösungsfindung, also schlug ich

DER TAG HAT VIERUNDZWANZIG STUNDEN, WENN DIE NICHT REICHEN, NEHME ICH DIE NACHT HINZU.

de Meo vor, den Seat-Etat auszuschreiben, ich würde mit DDB pitchen. Nach der Ausschreibung machten wir uns an die Arbeit, entwickelten eine Strategie, Seat wieder nach vorn zu bringen und in Barcelona eine Agentur dafür zu konzipieren – während ich meiner Verantwortung als CCO für den internationalen Betrieb wie gehabt nachging. Wer sich fragt, wie das alles parallel funktionieren sollte: Der Tag hat vierundzwanzig Stunden, wenn die nicht reichen, nehme ich die Nacht hinzu.

Zwischenstopp Mond

Ich plante entsprechend in dem vollen Bewusstsein, dass ich zwei volle Jobs zugleich ausüben würde, wenn wir erfolgreich pitchten. Das weckte Kräfte in mir, doch es war nicht so, als sei nun alles anders. Selbst mit dem Wissen um meinen bevorstehenden Abgang änderte sich an meiner Arbeitsweise nichts: Jetzt mal Vollgas und dann mit Karacho? Nein, das war gar nicht möglich – ich gab immer Vollgas, eine Steigerung meines Engagements aus jedweden Gründen war praktisch kaum möglich, denn sonst hätte ich doch bislang Leistung zurückgehalten. Wie bereits erwähnt, ich war am Boden. Aber das passiert, und was bleibt, ist, aufzustehen und weiterzumachen. Wie bislang: volle Kraft voraus.

Wir begannen also, unseren Pitch zu erstellen und uns währenddessen auf die neue Aufgabe vorzubereiten. Eine solche Stand-alone-Agentur ist grundsätzlich nichts Ungewöhnliches in der Werbewelt, doch diese barg mit dem schlechten Standing der Marke und dem Zeitdruck einige Herausforderungen. Es blieb nur die Chance, diese Automarke vollständig neu zu denken und aufzustellen. Diese Challenge schien die gesamte Werbewelt zu reizen, gefühlt alle pitchten mit, jede bekannte (und beinahe jede weniger bekannte) Agentur versuchte, den Coup zu machen und den Auftrag an Land zu ziehen.

Unser Pitch trug den Namen »We choose the moon«. Dabei fokussierten wir uns auf die Forderung von Seat, einen Plan vorzustellen, der der Marke endlich wieder neuen Schwung verleihen sollte. Das bedeutete zugleich, dass wir es innerhalb kürzester Zeit – sprich innerhalb von sechs Monaten – schaffen mussten, zweihundertfünfzig Leute zusammenzubringen, die den neuen Laden entsprechend rockten. Das kam für uns einer Mondlandung nah: Es war fast unmöglich, aber in unseren Augen eben nur fast. Mit den richtigen Leuten und ihren besten Ideen, dem nötigen Geld und einer Marke, die mitzog, war für uns alles möglich.

Der Pitch war brillant. Er lieferte Lösungen für alle genannten Fragen, und zwar auf so innovative, weil holistische Art, dass er in mehrerlei Hinsicht wahrlich an die Mondlandung 1969 erinnerte. Zugleich wollten wir uns dieser Herausforderung wie damals die Amerikaner stellen, nicht weil sie machbar oder einfach, sondern gerade weil sie schwierig war. Wir forderten uns selbst heraus – und Seat als Kunden direkt mit. Er sollte alte Gepflogenheiten ablegen, nicht mehr vornehmlich Autos verkaufen, sondern den Menschen, die mehr Bekannte als Kunden sein sollten, Mobilität bringen, und zwar verbunden mit Design und Lifestyle. Seat zu fahren sollte mit dem Mainstream brechen, sollte frech werden, einfach, mutig, ohne Strategie, aber mit Abenteuerlust. Weniger denken, mehr wagen. Weniger Komplexität, mehr Dynamik. Wir lenkten damit den Blick weg von einer Metallkarosse mit Motor hin zu Lebensgefühl mit Spaß. Und haben gewonnen.

WENIGER DENKEN, MEHR WAGEN. WENIGER KOMPLEXITÄT, MEHR DYNAMIK.

Nach der Präsentation verbrachte ich ein paar Wochen dieses Sommers mit meinen Kindern auf Ibiza, was uns allen gut zu bekommen schien. Ich versuchte, durchzuatmen und mir einen Plan zurechtzulegen für die Zukunft. Mir war bewusst, dass man Pläne macht, während das Leben passiert, und es war noch nie meine Art, sie zu machen und dann strikt zu befolgen oder mich entsetzt zu zeigen, wenn sie mal nicht aufgingen. Doch es waren besondere Zeiten, ich hatte schließlich öffentlich und laut alles kritisiert und mit allem gebrochen – ohne mich selbst zu verbiegen. Noch immer leitete ich DDB Worldwide, noch immer vertraten wir Volkswagen und diverse andere Konzerne, noch immer kommunizierten wir wie bisher, obwohl ich uns genau das vorwarf. Und als sei all das nicht genug, schaffte ich mir zusätzlich einen weiteren vollen Job an. Dass hier alle Alarmglocken schrillten, sollte niemanden allzu sehr verwundern.

Meine Lösung sah ich in der Mittelfristigkeit: Ich wollte die Agentur in Barcelona aufbauen, ihr den nötigen Schub geben, die passenden Leute an die richtigen Stellen platzieren und mich selbst dann entfernen. Nach einem Jahr sollte das möglich sein, bis dahin würden alle Geburtsschwierigkeiten hinter uns liegen. Diese Annahme war korrekt: Wir zogen einen grandiosen Laden hoch, der nach etwa einem Jahr stand. Doch in diesem Jahr passierte ganz unauffällig und geradezu subversiv noch etwas anderes: Barcelona.

Ich kannte die Stadt bereits, wenn auch stets auf Durchreise und im Arbeitswahn, und sie schien mir bei der Planung alles andere als ein Problem zu werden, ganz im Gegenteil freute ich mich sehr auf den Wechsel. Sie bot eine hervorragende Start- und Landeposition für den internationalen Job, sie bot den perfekten Anschlusspunkt für die Finca auf Ibiza – und sie ist eine der schönsten Städte der Welt, für mich die beste schlechthin. Kurz darauf hatte ich mich in diese Stadt verliebt, ebenso wie in ihre Nähe zu meiner Lieblingsinsel – und fragte mich, warum ich eigentlich wieder gehen sollte. Oder sonst etwas so schnell ändern.

Es mag verrückt oder unsinnig klingen, aber ich liebte meinen Job wie eh und je, war noch immer leidenschaftlicher Werber und wollte nichts lieber tun, als um die Welt zu rasen und Kampagnen zu entwerfen, sie zu retten oder Kunden von ihrer Virtuosität und ihrem folgenden Erfolg zu überzeugen. Ich blieb dabei, dass ich nicht ewig in dieser Branche arbeiten konnte, weil sie sich einfach nicht mehr mit meinem Wertesystem in Einklang bringen ließ – ebenso wenig wie mit meiner Vorstellung einer konsequenten Lebensweise. Doch bis dahin hieß es für mich: alles geben.

Als wir den Zuschlag und den Auftrag erhielten, die

Agentur aufzubauen und innerhalb von drei Jahren Erfolg einzufahren, gab es amüsanterweise von DDB Worldwide nicht nur Applaus. Manche trauten mir alles zu – im Guten wie im Bösen –, aber dass ich die ganze Agentur mit dem internationalen Geschäft von über zweihundert Standorten auf der ganzen Welt leiten und zugleich dieses wichtige Neugeschäft hochziehen konnte, war durchaus eine Wahnsinnsaufgabe, das sah selbst ich. Aber ich war zu der Zeit und in beziehungsweise nach den Krisen zu allem fähig. Und zu allem bereit: Hätte sie Nein gesagt, hätte ich womöglich andere Konsequenzen gezogen – das immerhin traute man mir sofort zu. Also blieb nichts anderes übrig, als mich machen zu lassen. Das Ergebnis? Das erfolgreichste und größte Neugeschäft seit Langem – und bis heute.

MANCHE TRAUTEN MIR ALLES ZU – IM GUTEN WIE IM BÖSEN.

Innerhalb kürzester Zeit machten wir uns in Barcelona an die Arbeit und begannen, die neuen Stellen zu besetzen, um die Marke Seat wieder nach vorn zu bringen. Zweihundertfünfzig Leute zu finden ist nicht trivial, doch wir verfügten über ein paar Trümpfe, die uns die Suche erleichterten. Das war zum einen die Stadt: Barcelona ist schließlich nicht nur mein Lieblingsort, sie agiert als Magnet für viele andere und vor allem auch junge und kreative Menschen. Sie war der Tech-Hub Spaniens und ist es noch immer. Allein das zieht zwar nicht automatisch die Kreativszene mit, doch wo die eine Art Nerd ist, sind andere Nerds selten fern: Frisches Denken lockt und strahlt über Grenzen hinaus. Für viele kommen weitere Aspekte hinzu, die diese Stadt zum Glühen bringen und sie zu einem besonderen Ort machen.

Ihre Größe, ihre Vibes ermöglichen es, sich weder eingeengt noch gelangweilt zu fühlen, ständig vibriert es, immer ist etwas los, an jeder Ecke herrscht Leben. Die Leute, die das als Nachteil deklarieren und zudem die vermeintlichen Touristenmassen verdammen, begehen schlicht den Fehler, zur falschen Zeit an den falschen Ecken zu sein. Man muss wissen, wo man wohnt, wo die Ferien- und Feiergäste nicht hinkommen und wo es dennoch so herrlich ist und man alles hat, was es braucht, um glücklich zu sein. Die Lebensqualität ist dann enorm hoch, zudem beflügelt durch das Klima, die Nähe zum Meer und für mich zu Ibiza. Die Menschen sind vielfältig und farbenfroh, offen, warmherzig, eine wilde Mischung aus Jung und Alt. Es ist wirklich nicht schwer, sich in dieser Stadt wohlzufühlen, ebenso wenig wie andere davon zu überzeugen.

Der andere Grund, rasch kompetente Werber rekrutieren zu können, waren wir: Luca de Meo sowie Susanne Franz waren in der Szene bekannt wie bunte Hunde, und ich wie ein bunter und zudem lauter. Die Leute verlassen Unternehmen wegen der Führungskräfte – aber sie suchen sie auch aufgrund ihrer aus. Jeder wusste damals, dass mit dieser neuen Agentur etwas Originelles entstehen würde, dass wir alle Hebel in Bewegung setzen und alle Energien in Wallung bringen würden, um Autokommunikation erneut auf eine neue Ebene zu hieven. Es war zwar den meisten ebenso klar, dass es kein Zuckerschlecken würde: Wer mich vom Hörensagen kannte, wusste, dass hundert Prozent so gerade reichten: Du konntest viel lernen, noch viel besser werden, als du schon warst. Aber du musstest dafür alles geben, mitunter auch Schlaf, Freunde, Freizeit.

DU MUSSTEST DAFÜR ALLES GEBEN, MITUNTER AUCH SCHLAF, FREUNDE, FREIZEIT.

Uns lag es fern, diese stereotypen Vorbehalte aufzulösen. Sie stimmten schließlich zum Teil, und sie halfen uns bei der Auswahl, denn Bewerbungen von den »Gemütlichen« blieben entsprechend aus. Es war zwar nicht leicht, aber doch etwas leichter unter diesen Voraussetzungen, und so fanden wir unser zweihundertfünfzig Köpfe starkes Team in relativ kurzer Zeit. Es waren tatsächlich sehr viele junge Einsteiger dabei

– überschüttet mit Geld wurden wir schließlich nicht –, doch ebenso einige brillante Köpfe mit Erfahrung. Diese kamen zum einen aus allen Ländern dieser Erde, zum anderen aus Katalonien, sodass wir auch auf diesem Level eine extrem wertvolle Diversität nutzen konnten. Aus dieser Kombination erschufen wir im Lauf von vier Jahren eine geile Agentur, eine erfolgreiche neue Marke – und ich gewann zudem ein, zwei innige Freundschaften, die mich seitdem begleiten.

Während ich nun zwar nicht mehr jeden Tag, aber doch jeden dritten im Flieger saß und das internationale Geschäft von DDB Worldwide leitete, erschufen wir die Agentur C14Torce, von spanisch »catorce« (vierzehn). Der Name basierte auf Johan Cruyffs Liebe zu seiner Trikotnummer 14 – und seinem Spiel, mit dem er den europäischen Fußball revolutionierte, als Spieler in den Sechziger- bis Achtzigerjahren und danach als Trainer. Er brach mit alten Regeln, er brach mit Konventionen, jedoch nicht aus Trotz oder der Unfähigkeit heraus, sie zu befolgen. Sondern weil er sah, dass sie einschränkten, Möglichkeiten nahmen und das Feld kleiner machten, als es sein musste. In beiden Rollen war er mitunter beim FC Barcelona, was als weiterer Link zu uns ins Schwarze traf.

Mit der gleichen Leidenschaft und dem gleichen Mut, die er für Fußball zeigte, schoben wir ab Januar 2017 Seat in ungeahnte Höhen. Als die Marke nach langer Durststrecke 2017 schließlich hunderteinundneunzig Millionen Euro operativen Gewinn auswies, ging ein kleines Beben durch die Autobranche, das alle umhaute: Mit dem bis dahin besten Ergebnis seiner Unternehmensgeschichte wurde Seat zur am schnellsten wachsenden Automarke in Europa.

Ohne unsere Arbeit an Cupra wäre der Autohersteller kaum auf dieses Profitabilitätsniveau gekommen. Was bislang lediglich die Sportmodelle und eine Ausstattungsvariante von Seat benannte, wurde so zu einer eigenständigen Marke: Wir hatten die Tonalität komplett verändert, die richtige Zielgruppe ideal angesprochen, abgeholt, begeistert, zu Käufern gemacht und Cupra in neuer und mutiger Ausrichtung platziert. Die inzwischen erzielten Margen zeugten von diesem neuen Auftreten und dem neuen Stil dieser kleinen, aber feinen Marke, die das Establishment infrage stellte – und neue Antworten lieferte.

Diese Zeit war erfüllt von Ideen und Überstunden, von Stress und Freude, von Fragen und Ergebnissen. Wir arbeiteten wie verrückt, betraten Irrwege und versiegelten sie wieder, spürten neue Wege auf und bauten sie aus, fanden einzigartige Lösungen für alle Herausforderungen, die unserem Kunden gestellt wurden. Und doch: Schlafen musste selbst ich ab und an. Das tat ich zunächst in einer Mietwohnung, doch bald sehnte ich mich nach etwas anderem, das meiner Zuneigung zu Barcelona gerechter würde. Ich hatte mich schließlich entschieden, länger in dieser Stadt zu bleiben und folglich meine Traumwohnung in Berlin verkauft, die ich mit so viel Hingabe und Leidenschaft renoviert und eingerichtet hatte. Nun wollte ich ein ähnliches Projekt in Barcelona hochziehen. 2016 fand ich dafür das perfekte Loft in einem der schönsten Gebäude der Stadt.

Die ehemalige Textilfabrik war 1900 bis 1905 vom Architekten Francesc Berenguer i Mestres erbaut worden, einem engen Vertrauten von Antoni Gaudí, was unschwer zu erkennen ist, steht man vor diesem Gebäude. Benannt nach dem Textilmogul Francesc Burés, verlor es im achtzehnten Jahrhundert an Bedeutung und stand bis in die Achtzigerjahre leer. Dann nahm sich die Stadt dieses Meisterwerks an und versuchte, es wiederzubeleben und dafür Interessenten zu gewinnen. Ich war einer davon. Das Gebäude war roh, aber seine Geschichte und seine Herrlichkeit so nahbar, dass mir sofort klar war: Hier sollte meine neue Wohnung entstehen, mit meiner Firma BuresQ und Architekten vor Ort wollte ich nach Berlin erneut etwas schaffen, das mehr war als bloß Konstruktion,

Baustein, Wohnraum. Es dauerte über drei Jahre, bis es so weit war, aber das Ergebnis war atemberaubend. Ist es noch immer.

Die Arbeiten daran waren aufwendig, schließlich wollten wir nicht nur Alt und Neu verbinden, Tradition und Moderne, Stil und Komfort: Es sollte wieder ein Gefühl ausstrahlen und zugleich einfangen. Es sollte sich an den Menschen, die darin leben würden, anpassen, schmiegen. Ich hatte die Vision, im Team setzten wir diese in die Realität um. Und schon diese Umsetzung war fantastisch anzusehen: Das Spiel mit Technik, Licht, Exterieur und Interieur erwies sich als komplex, und vor allem die kleinen Details zeigten sich so aufwendig wie spannend. Diese Phase des Aufbaus war fast so bezaubernd wie das Loft selbst. Es war schließlich nicht einfach bezugsbereit, es bot ein einmaliges Zusammenspiel von Vibes und Karma, ein kaum fassbares Gefühl von Wärme und Hingabe – für Menschen. Dort einzuziehen beglückte mich enorm, die Zeit in dem Loft war herrlich. Auch wenn ich selten dort war.

Denn apropos Zeit: Ich kann nicht sagen, wann und wo ich diese für mein Loft hernahm. Solche Fragen stellte ich mir nie, stellten sich mir nie. Dieses Projekt war ein Herzensprojekt, ja, aber ich trieb es so voran wie alle anderen auch: mit allem, was ich hatte, mit Leidenschaft, Blut und Schweiß. Ich konnte nicht anders. Das machte die Dinge nicht immer einfacher, mit den beiden Fulltime-Jobs war ich grundsätzlich ja ausgelastet, Langeweile kam in Barcelona wahrlich keine Sekunde auf. Doch selbst wenn ich nach einem gefühlten Sechsunddreißigstundentag nach Hause kam, es aber Neuigkeiten zum Bau gab, stürzte ich mich in die Unterlagen, prüfte die Vorschläge der Experten, fand neue Sichtweisen, kamen

ES WAR WIE ATMEN – DAS MACHT MAN NICHT BEWUSST ODER ANGESTRENGT, UND MAN BENÖTIGT AUCH KEINE PAUSEN DAVON.

mir neue Ideen, die wir weiter ausbauten und umsetzten. Wenn mir etwas Spaß machte, bemerkte ich nie, welch Aufwand dahintersteckte – wozu auch? Alles lief, alles trieb mich voran, wie ich es vorantrieb, also warum bremsen? Mein Arbeitsleben hieß ohnehin für mich schlicht Leben. Es war wie Atmen – das macht man nicht bewusst oder angestrengt, und man benötigt auch keine Pausen davon.

Alles auf Anfang

Wer nun meint, alles in Barcelona sei bis hierhin eine makellose Erfolgsstory, irrt, und zwar auf eine vielleicht so unsinnige Weise, dass es schnell verziehen ist. Denn der berufliche Erfolg – war zu erfolgreich. So ziemlich alle fühlten sich bereits nach etwas mehr als einem Jahr, also 2018, unangenehm davon berührt, dass dieses ehemals »hässliche Entlein« so erfolgreich war. Wir galoppierten mit Seat allen davon, die Marke war angesagter als jemals zuvor und überrannte eben nicht nur den Wettbewerb, sondern pikste den Großen und Alteingesessenen unangenehm in die Leisten. Selbst Volkswagen als Mutterkonzern.

Was dann geschah, lässt sich als [redacted] auslegen – oder als Kompliment: Volkswagen ließ sich von unseren Ideen inspirieren, von Umsetzung über Strategie bis Design, und – oh Wunder – dockte an den Erfolgen an. Dass so etwas zu [redacted] führt, [redacted] unbekannt, aber es blieb doch [redacted]. DDB Worldwide und somit ich saßen dadurch ein wenig zwischen den Stühlen: Beide Automarken waren unsere Kunden, beide wollten wir glücklich machen. Die Frage lautete nur wie, ohne an einer Stelle zu doppeln oder zu sehr auf die Bremse zu treten. Ich war nicht der Einzige, der sich im Konflikt befand, denn all unsere Leute waren Feuer und Flamme – während die Erfolge auch außerhalb unserer Agentur nicht unbemerkt blieben und der Wettbewerb sich regte. Das alles führte schließlich zu Wechseln: Renault warb Luca de Meo ab, während Susanne Franz zu Audi ging und wir damit wichtige Pfeiler bei C14Torce verloren. Das schmerzte, besonders wenn man sich mit allem so sehr für die Sache engagierte.

Doch das war für mich nicht der einzige Grund, den nächsten Schritt zu gehen und DDB Worldwide sowie C14Torce zu verlassen, denn schon zuvor zeigten sich ganz andere Fratzen der Branche, sogar [redacted]. Während ich versuchte, voller Elan und Eifer die Agentur voranzutreiben, prangerte ich zugleich Missstände an und kritisierte Leute, die in meinen Augen [redacted].

Dann merkten wir, dass es eine [redacted]. Wir hatten viele gute Leute, aber [redacted] niedrig. Wie gesagt wurden wir zwar nicht mit Geld überschüttet – Himmel, wer wurde das schon. Doch nach [redacted] »irgendwas mit Werbung« ausprobieren wollten. Das gehörte dazu, das war auch wichtig für Innovationen – [redacted], Halbprofis und jenen, die es werden [redacted] Wir waren auf einmal umzingelt [redacted]. Das durfte nicht sein – [redacted] Purzelbäume, die alles andere als amüsant waren.

Wenig überraschend fiel der Dank entsprechend aus, doch mich nervte zunehmend, wie unseriös es dabei zuging. Denn die interne Eskalation war gigantisch, natürlich auch aufgrund meiner Lautstärke, aber ich hatte diesen Mist weder verbrochen noch auszubaden. Ja, ich war nicht nur der kleine Überbringer dieser miesen Nachrichten, sondern der CCO, aber das war nur ein Grund mehr für mich, laut zu werden und gleichzeitig möglichst alle und alles zu retten. Doch auch dafür bekam ich nicht nur Lob – es hagelte Kritik, mal wieder. Ich sei ein Nestbeschmutzer, ich würde alles durcheinanderbringen, Stress machen, Streit suchen, Schwellen überschreiten.

Ich hatte DDB Worldwide einen der größten Etats ins Haus geholt und mit dem Team Seat, C14Torce und Cupra in ungeahnte Höhen katapultiert. Aber das war nur die eine Seite. Die andere war mein Kampf gegen die Entwicklung, gegen uns Werber als Produzenten substanzarmer Ware, gegen uns als Branche, die sich selbst feierte und die Sintflut danach gleich mit. Die Gegner waren ohnehin schon da, dort ließ es sich jetzt einfach einreihen. »Ach, der Kassaei wieder, laut und nervig, so unfair wie eh und je.« Unfair, weil ich die Fehler anprangerte. Wow.

Ebenso begleitete mich folgender Satz in diversen Varianten seit Beginn meiner Karriere: »Lass es doch gut sein, ist doch alles nicht so wild.« Es war in meinen Augen jedoch wesentlich wilder, und ich focht diesen Kampf bis zum Ende. Wir schafften es mit Ach und Krach, die Situation zu regeln und das Problem zu lösen. Das war wohl ein klarer Erfolg und ein Learning für alle. Für mich jedoch war es vor allem der Einstieg in den Ausstieg. Jetzt gab es kein Halten mehr: Ich musste hier raus, endgültig. Im ersten Schritt entschied ich mich Ende 2018, meine Position als CCO von DDB Worldwide zum Jahresbeginn 2019 an den Nagel zu hängen. Nach acht Jahren auf diesem Posten war es Zeit für einen Wechsel, für beide Seiten. Denn mit mir – wenn auch unabhängig davon – ging der damalige CEO Chuck Brymer. Es brauchte also eine Nachfolge, und mir war klar, dass hier kein neues Dreamteam mit mir entstehen konnte: Wendy Clark war zuvor bereits CEO für DDB Nordamerika und verfügte damit über einiges an Erfahrung, doch sie war in meinen Augen eher konzern- als agenturaffin. Zudem brachte sie eine delegierende Arbeitsweise mit, die mit meiner robusten Hands-on-Methode nicht kompatibel werden konnte – und umgekehrt wohl genauso.

Das sollte nun nicht mehr meine Sorge sein. Ich blieb noch ein Jahr in Barcelona bei C14Torce, bereitete jedoch mental den Ausstieg vor. Begeistert war niemand, und so kam keine richtige, keine authentische Stimmung mehr auf, die mich hätte halten können. Eine Ära, die mich weder reizte noch mir und meiner Idee von Werbung als Produktkommunikation einen angemessenen Platz bot, brach an. Ein paar Wochen vor der Pandemie zog ich also die letzte Reißleine und gab meiner Entscheidung ein Motto, das perfekt zu passen schien: »Ich werde die Werbung nicht vermissen. Die Werbung wird mich vermissen.«

ICH WERDE DIE WERBUNG NICHT VERMISSEN. DIE WERBUNG WIRD MICH VERMISSEN.

Noch immer verfolge ich mit einem Auge die Geschehnisse dieser meiner Branche, aber vermisst habe ich sie bisher tatsächlich nicht. Dazu ist zu viel passiert, ist zu viel schiefgegangen, habe ich gegen zu viel angekämpft. Aber es ist kein Gram geblieben, kein nachzutragender Schmerz. Meine Geschichte war dafür viel zu spektakulär, um sie durch ein verbittertes Ende zu diskreditieren. Und das gab es so auch nicht, ganz im Gegenteil war die Zeit in Barcelona eher versöhnlich. Ich konnte in Ruhe und mit Verstand planen, was nach C14Torce kommen sollte – und so noch einmal ein kleines Meisterwerk schaffen, noch einmal mit fantastischen Menschen zusammenarbeiten, die mir bis heute geblieben sind. Ich durfte diese herrliche Stadt genießen, dieses wunderschöne Loft entwickeln, bauen und bewohnen. Und selbstständig, geplant und gezielt den finalen Schritt tun, mit dem Wissen, dass ich alles gegeben habe. Und Spuren hinterlasse.

Ähnlich versöhnt war ich mit meinem Privatleben. Nach dem Bruch meiner zweiten Ehe lenkte ich mich mit der Arbeit ab, bis es nicht mehr half, ging zur Therapie, bis es wieder aufwärtsging und ließ mich dann zwei, drei Jahre in Barcelona treiben. Als Single und Playboy zugleich – oder abwechselnd – musste ich mich mit meinen Beziehungsschwierigkeiten kaum auseinandersetzen und zudem niemanden sonst in diese

Verlegenheit bringen. Es gefiel mir, es war leicht und geriet nicht mit meinen Arbeitszeiten in Konflikt, stellte weder Fragen noch Forderungen. Und doch war ich nicht einsam. Denn zum einen blieb bei meiner Lebensweise – was gleichzusetzen ist mit Arbeitsweise – nicht viel Zeit, zum anderen verbrachte ich diese, wann immer möglich, mit meinen Kindern. Mit Ibiza oder wahlweise Barcelona konnte ich punkten, denn machen wir uns nichts vor: Junge Menschen im Alter zwischen zwanzig und dreißig Jahren haben ihre eigenen Leben und richten sie immer weniger nach ihren Eltern aus, vor allem, wenn diese selbst ständig in Bewegung sind. Doch es gelang mir, es gelang uns Fünfen, fast jeden Sommer einige Wochen gemeinsam zu verbringen, und im Laufe des Jahres noch einige Male mehr, wenn auch kürzer und selten vollzählig. Für meinen basketballaffinen Teenager-Sohn, den ich immer aus New York abholte, baute ich auf meinem Grundstück auf Ibiza ein halbes Spielfeld auf, der Pool gefiel ohnehin allen – und die Partymeilen der Insel den Großen sowieso.

Doch es gab in diesen Jahren eine andere schöne Begebenheit, die mir bewies, trotz gewisser emotionaler Schwächen nicht alles falsch gemacht zu haben. 2018 wurde ich nämlich runde fünfzig Jahre alt und hatte die Idee, vielleicht auch das Bedürfnis, mir liebe Menschen einzuladen. Also wählte ich ebenso viele Menschen wie Lebensjahre aus, die ich nach Barcelona bat – vor allem meine Kinder, wichtige Freunde, enge Bekannte, engste Kollegen. Ich hatte nicht damit gerechnet, dass auch nur annähernd alle kämen – doch das taten sie. Und so saßen wir in meinem Lieblingsrestaurant in meiner Lieblingsstadt und ließen es uns gut gehen. Das Erstaunlichste an diesem Fest: Meine Ex-Frauen kamen ebenfalls. Das war so neu wie beglückend für uns alle. Es war friedlich und fröhlich, wir alle feierten ausgelassen und flockig.

Es war ein herrlicher Geburtstag. Und mit Blick auf den Tisch mit diesen fünfzig besonderen Menschen musste ich

– das gehört bei solch runden Zahlen wohl dazu – mein bisheriges Leben ein wenig Revue passieren lassen. Ja, ich hatte die letzten Jahre frei und solo bestritten und war damit unheimlich gut gefahren. Ja, ich hatte vorher zwei Ehen mehr oder minder brutal an die Wand gefahren. Ja, ich konnte Nähe, Kompromisse und andere Prioritäten jenseits der Arbeit selten zulassen. Aber ich kam an diesem Tag nicht umhin, auch diese Etappen meines Lebens mit großer Wärme und als Glück zu betrachten. Denn, verdammt noch mal, was war die Zeit damals aufregend, als ich das erste Mal heiratete!

BLANKOSCHECK

1997–2003

Hamburg

**»WENN ICH HÄTTE GELIEBT
WERDEN WOLLEN,
WÄRE ICH KRANKENSCHWESTER
GEWORDEN.«**

Von Nichtsnutzen und Volltreffern

Ich konnte nur von Glück reden, dass meine erste Frau Daniela an meiner Seite war, als ich 1997 die Möglichkeit erhielt, meiner zarten Karriere einen entscheidenden Schub zu geben. Wir hatten uns zwei Jahre zuvor kennengelernt, und sie zog mich schnell in ihren Bann. Sie war eine Frohnatur, strahlte – und war das komplette Gegenteil von mir. Während sie und dieser Teil meines Lebens mir immer mehr gefielen, schien es professionell in Wien für mich nicht richtig weiterzugehen.

Ich dümpelte mit meiner selbstständigen Tätigkeit als Werber vor mich hin. Die Bestätigung und die Freuden ob des Coca-Cola-Plakats waren zwar nicht lange her, doch es war für mich abzusehen, dass jetzt etwas Größeres passieren sollte, müsste. Wenig verwunderlich nutzte ich also die erste Chance, die sich mir bot, denn sie war groß. Bei einem Treffen mit Kai Flemming, einem alten Kollegen von mir bei Bárci & Partner, antwortete ich auf seine Frage nach meinen beruflichen Plänen, dass ich ernsthaft und mit voller Überzeugung als Kreativer in der Werbung arbeiten wollte. Nicht nur irgendwie und für irgendwen, sondern mit dem Ziel, die besten Kampagnen für die besten Kunden zu gestalten. Wenn dem so sei, sagte er, müsse ich aus Wien raus. Er selbst kam nur noch aus persönlichen Gründen regelmäßig nach Österreich und lebte bereits seit einiger Zeit in Deutschlands Werberhauptstadt: Hamburg. Dort kannte er diverse Agenturen und Kreative und bot mir an, meine Mappe gar an Springer & Jacoby weiterzuleiten.

MIR SETZTE DAS HERZ BEI DEM NAMEN KURZ AUS.

Mir setzte das Herz bei dem Namen kurz aus: Springer & Jacoby, die Agentur, deren Kampagnen ich in den Jahrbüchern Jahre zuvor schon bewundert hatte. Das wäre dieser gewisse Schritt. Kai versprach nichts, nahm aber meine

Mappe mit – und verschaffte mir Termine bei zwei Werbeagenturen. Die eine war mit KNSK schon wirklich gut und recht bekannt, in meinen Augen jedoch Regionalliga, verglichen mit der zweiten, die unbestreitbar zur Champions League gehörte: Springer & Jacoby. Ich packte eine Tasche und fuhr mit dem Zug nach Hamburg. Ich kannte die Stadt nicht, also wollte ich sehen, was Daniela und mich dort wohl erwartete, falls ich ein Angebot bekäme. Und das geschah: KNSK sagte kurz nach dem Gespräch zu, der Agentur gefielen meine Ideen. Ich freute mich, natürlich, und blieb unter Hochspannung, bis ich bei Thomas Walmrath, dem damaligen Kreativdirektor der zweiten Unit von Springer & Jacoby im Wohnzimmer saß.

Er war wesentlich undurchsichtiger bei seiner Kritik, stellte mir Fragen, ohne erkennbar auf meine Antworten zu reagieren, blätterte durch meine Mappe, ohne merklich Regung zu zeigen. »Okay, gut, danke, wir melden uns.« Das war alles. Einen Versuch war es wert, sagte ich mir, weiter geht's. Ich war sicher etwas angefasst, aber wie so oft nicht wirklich überrascht, es kam nun mal selten wie erwünscht. Ich verbrachte noch einige Stunden in der Stadt, bevor ich wieder nach Wien zurückfuhr. Dort angekommen, blinkte an unserem Festnetzanschluss – Kinder, es war 1997! – die Anzeige unseres Anrufbeantworters mit einer Nachricht aus Hamburg: Springer & Jacoby baten um Rückruf, ich solle bei ihnen anfangen.

Bevor wir drei Monate später nach Hamburg zogen, heirateten Daniela und ich im August 1997 in Salzburg. Wir kannten uns seit über zweieinhalb Jahren, und sie war bereit, sich nicht nur an mich zu binden, sondern sich auch von Österreich loszusagen, die nächste Etappe ihres Lebens in Hamburg zu beginnen und dort Fuß zu fassen. Wir besaßen nicht viel, weder Geld noch Gut, und so wurde unsere Hochzeitsreise – der Trip nach Hamburg. Es könnte sicher schönere Orte als diese

Hansestadt für einen Honeymoon geben, doch das war das kleinere Problem. Denn ich trat praktisch direkt die neue Stelle an. Und hörte nicht mehr auf zu arbeiten.

Springer & Jacoby bestand damals insgesamt aus sechs Agenturen, Units genannt, die jeweils eine eigenständige GmbH waren. Ich erhielt eine Stelle in der zweiten Unit, die die Telekom als größten Kunden hatte und sämtliche Kampagnen für den Konzern erstellte. Ich wurde zudem hier und da mit dem Neukundengeschäft beauftragt, doch die meiste Zeit war es meine Aufgabe, für den Telekommunikationsdienstleister kreativ zu sein. Vom ersten Tag an war die Arbeit in dieser beeindruckenden Agentur absolut mitreißend und wie von mir erwartet: Alle Player gehörten zur Oberklasse, niemand schwamm oder versteckte sich im Mittelmaß. Es gab nur alles oder nichts, Höchstleistungen, wohin ich auch blickte. Das mag einschüchtern, verunsichern, bremsen. Für mich war es das Paradies, genau hier wollte ich sein – und zwar genauso Weltspitze.

FÜR MICH WAR ES DAS PARADIES, GENAU HIER WOLLTE ICH SEIN – UND ZWAR GENAUSO WELTSPITZE.

Ich erhielt also Briefings zu den geplanten Kampagnen und grübelte, plante, versuchte, fantasierte, schmiedete Ideen, strukturierte die mögliche Umsetzung. Mein erster Versuch wurde von meinen Chefs abgeschmettert, passte nicht. Der nächste Anlauf war anders, forscher, wurde aber ebenso abgelehnt, nicht gut genug. Den dritten wiederum befanden meine Chefs für passabel, allerdings war der Kunde alles andere als angetan, also zurück auf Start. Der vierte gefiel der Unit-Leitung erneut nicht, der fünfte wieder den Verantwortlichen der Telekom nicht – ich kürze das mal ab: Keiner meiner Vorschläge kam an, bei niemandem. Ich lief ein ums andere Mal mit vollem Elan und aller Kraft los – und scheiterte. Sechs Monate lang. Bis zur Kündigung.

Na? Ein wenig Jammern gefällig? Fuck it, denn stattdessen gestand ich mir schlicht ein, dass ich es nicht draufhatte. Ich habe einfach nicht geliefert. Es war eine der weltbesten Agenturen, die natürlich nur das Maximum forderte, alles darunter war Versagen. Es ging nur ums Gewinnen, nicht ums Mitmachen, nicht ums Schönaussehen, nicht ums Durchkommen, so einfach war das. Spitzenklasse um jeden Preis. Und das konnte ich offensichtlich nicht bieten, schließlich versuchte ich es Tag um Tag, Woche für Woche. Klar dachte ich darüber nach, warum mir selbst meine Vorschläge gefielen, ich sie regelmäßig richtig genial fand, die anderen sie aber abschmetterten. Und natürlich fragte ich mich auch, ob da vielleicht andere Aspekte im Spiel waren, die ich nicht kannte. Doch es half alles nichts, und es war schlicht unerheblich, dass ich Anfänger das anders sah. Es reichte inhaltlich nicht, Punkt. Ich musste nun damit leben, Zeit für Selbstmitleid kannte ich nicht, nur für Realismus und Wahrhaftigkeit: Du hast es versucht, du bist gescheitert, sieh es ein – und überlege dir etwas anderes.

ES REICHTE INHALTLICH NICHT, PUNKT.

In meinem Kopf schloss ich meinen Weg in die Champions League also ab, plante die Rückkehr nach Wien und dort die Suche nach einer Stelle in einer ganz normalen, kleinen, hoffentlich feinen Agentur, um ein herkömmliches Arbeitsleben im Mittelmaß zu führen. Mir stand zudem klar vor Augen: Ich hatte gerade geheiratet, dachte durchaus an Familiengründung, und meine erste Tochter Chiara wurde bereits fünf Jahre alt. Bei alledem wollte ich Sicherheit bieten oder zumindest einen relevanten Beitrag leisten. Also sagte ich mir: Was soll's, immerhin zurück nach Wien, Hamburg hatte mich ohnehin nicht überzeugt, ich kam mit den Fischköppen einfach nicht zurecht. Diese Form des Humors – allein das war schon euphemistisch – lag mir nicht. Ich war die Weltoffenheit Wiens und den Wiener Schmäh nicht nur gewohnt, ich liebte sie. Hier oben sollte man zum Lachen in den Keller gehen. Kontakte zu knüpfen war in dieser Stadt harte Arbeit und oft mit langem Schweigen verbunden. Weltoffen sind die Hamburger bestimmt, aber das herauszufinden dauert und kostet Kraft.

Während ich also nach der Kündigung auf dem Weg in unsere Wohnung die Rückreise plante, kam ich an einigen Büros der anderen Units vorbei – und ich blieb stehen. Meine Leute von der zweiten Unit sagten mir beim Rauswurf, dass Unit 1 aktuell aufgrund eines Wechsels in der Führungsriege neue Mitarbeiter suche. Wenn ich unbedingt in der Werbung und bei Springer & Jacoby bleiben wolle, könne ich es dort noch probieren. Die Leute in der ersten Unit wussten bereits, dass ich bei den Kollegen gerade gefeuert worden war, doch das war intern völlig unproblematisch: Die Units handelten unabhängig voneinander, auch bei Personalentscheidungen. Zudem war unser ganzes Business trotz oder aufgrund der kreativen Jobs und der hohen Qualität nicht immer verlässlich kalkulierbar: Es war daher nicht unüblich, dass Leistungen in der einen Unit nur ins Leere liefen, nebenan aber blendend passten.

Ich überlegte kurz, ging schließlich einfach hin und ergatterte ein Gespräch mit den Verantwortlichen. Zu der Zeit hatte ich meine Karriere bei Springer & Jacoby nicht pessimistisch, aber realistisch abgehakt, konnte mir diesen letzten Versuch aber nicht verkneifen, Wien wäre in zwei, drei Monaten ja immer noch da. Unit 1 fackelte jedoch nicht lange, die neue Führung brauchte Leute, meine Mappe gefiel ihnen – zumindest schreckte sie nicht ab. Denn auch hier waren es sicher nicht mein Talent und ebenso wenig meine bisherigen Ergebnisse, die zur Zusage führten. Aber es mögen mein Wille und meine Leidenschaft gewesen sein, die sie spürten, ergo gaben sie mir eine Chance und stellten mich kurzerhand ein.

Der Text unter dieser Anzeige lautete:
1 Dank ihm schreibt der Konzern schwarze Zahlen.
2 Dank ihm merkt niemand, daß es rote Zahlen sind

Mein erstes Briefing in dieser Unit war zugleich der erste entscheidende Test: Der Kunde war das *Manager Magazin*, der Auftrag, Image und Reichweite weiter zu stärken. Allerdings versuchte die Unit sich daran schon seit Jahren – und schob mir und Paul Holzmann, einem Kollegen von Tell, der mit mir zu Springer & Jacoby gegangen war, das Projekt zu. Die anderen dachten, wir könnten es zumindest nicht noch mehr vermasseln, als es ohnehin war, und ließen uns damit sitzen. Wir starrten einige Tage auf die Zielgruppe, die Aufmachung, die Themen – und konzipierten eine Kampagne, die zunächst nur schlichte Porträtbilder in Schwarz-Weiß von nachdenklich wirkenden Managern aus den höchsten Chefetagen zeigte, mal im Sessel am Schreibtisch, mal in einer Limousine sitzend oder vor Journalisten stehend. An ihnen befanden sich kleine Fußnotenzeichen oder -zahlen, während die dazugehörigen Texte unter dem Bild die wirtschaftlichen Zusammenhänge mit wenigen Details kurz darstellten – stets begleitet von der Hauptaussage: »Wirtschaft aus erster Hand.«

Mir gefiel diese Einfachheit, der gradlinige Fokus auf den Kern, die Expertise. Die Chefs der Unit waren – wer hätte das gedacht – alles andere als entzückt, fanden es schwach und die Vorschläge der Kollegen besser. Aber sie entschieden, die Idee als letzte Alternative mit zum Kunden zu nehmen und im Zweifel zu präsentieren. Als sie das taten, waren die Entscheider des *Manager Magazins* begeistert und nahmen, ohne zu zögern, die Kampagne an. Damit traten sie die Lawine des untalentierten Amir Kassaei los.

DAMIT TRATEN SIE DIE LAWINE DES UNTALENTIERTEN AMIR KASSAEI LOS.

Ich bin nicht der Einzige, der behauptet, dass sie eine der besten Zeitschriftenkampagnen des Jahrhunderts wurde, es bis heute ist. Sie schlug ein wie eine Bombe, der Erfolg war atemberaubend und fand selbst international Beachtung. Wir gewannen Preise von höchster Stelle, sogar vom ADC Deutschland – meine Kampagne wurde in ebenjene Jahrbücher aufgenommen, die mich vor Jahren überhaupt in die Werbung gebracht hatten –, und wir wurden mit Lob überschüttet.

Für mich war dies der Einstieg in den Aufstieg, es war der Beweis, dass ich es in dieser Liga schaffen konnte, dass ich es draufhatte und hier, bei Springer & Jacoby, am richtigen Platz war. Für die Agentur galt das ebenso, sie erkannte endlich, dass ich verdammt gut war, und ließ mich nun auf die wirklich heißen Aufträge los. Kurz darauf bot man mir an, für Mercedes-Benz zu arbeiten. Meine erste Kampagne für den Automobilbauer dockte an diesen Erfolg an und setzte noch einiges drauf. Der Weg war zwar erneut mit Hindernissen gepflastert – doch an diesem Punkt war ich so überzeugt von meiner Arbeit, dass an Nachgeben nicht zu denken war.

Die erste Kampagne für das Stuttgarter Unternehmen hatte zum Ziel, den 1998 neu aufgesetzten Claim von Mercedes »Die Zukunft des Automobils« in die breite Öffentlichkeit zu tragen. Dafür sollte in allen Medien Aufmerksamkeit erzeugt werden, die zu Stil und Wertigkeit der Marke passte. Ich griff für meine Printkampagne die Tatsache auf, dass Mercedes in den Neunzigerjahren die meisten Automobilinnovationen entwickelte und in seinen Fahrzeugen verbaute, und verband deren Nennung mit dem Copyright-Zeichen, ersetzte dieses aber durch den Mercedes-Stern: Die Plakate benannten dann die einzelnen neuen Techniken wie ESP oder ABS, doch diese Begriffe wurden nicht durch das Copyright-Zeichen »geschützt«, sondern durch den Stern.

Meiner Unit gefiel die Idee »ganz gut«, sie befand jedoch, dass das Ganze nicht umsetzbar sei. Der Grund? Zu viel Kreativität, zu viel Out-of-the-Box-Denken, wenn man so will: Ich würde zu viele Regeln brechen. Man könne das Copyright-Zeichen nicht einfach ändern, wir dürften nicht so mit der Corporate Identity von Mercedes spielen, die hätten ihren Stil, ihr Design, da könnten wir nicht so reingrätschen. Und das Produkt! Das Produkt sei ja überhaupt nicht sichtbar auf den Plakaten. Und Menschen fehlten, wir brauchten doch Menschen für die Emotionen. Nein, so ginge das nicht! Mimimi.

Ich ließ mich dieses Mal nicht davon ausbremsen und warf die Idee nicht direkt in die Tonne, sondern ging in die Chefetage. Die Reaktion dort war nur leider recht ähnlich, in etwa: Ja, ist ganz gut, aber das kriegst du nicht durch, der Kunde wird das nicht nehmen, nicht haben wollen. Sorry, aber das kannst du vergessen, das geht zu weit. Ich kehrte zurück zu meinem Arbeitsplatz, starrte auf die Kampagne und konnte nicht glauben, was gerade passierte. Jetzt ging es nicht darum, dass ich es nicht konnte, dass meine Ergebnisse Mist waren, sondern um Regeln, Grenzen, Konventionen? Seit wann sollten das Argumente für kreative Werbung sein? Nein, das konnte ich so nicht stehen lassen, das konnte noch nicht das Ende gewesen sein.

Ich buchte mir für den nächsten Tag den erstmöglichen Flug nach Stuttgart, privat, ohne Absprache mit Springer & Jacoby. Gegen halb acht Uhr morgens stand ich in der Zentrale des Autobauers an der Anmeldung – die natürlich ebenso wenig von meinem Gesuch wusste – und wollte zum Marketing-Entscheider Justus Schneider. »Mit dem Chef sprechen? Einfach so, ohne Termin oder Absprache? Wer sind Sie doch gleich? Nein, das ist absolut unmöglich.« Ich bat um einen Termin, insistierte, ließ nicht locker, doch es half nichts, der Mann war in Besprechungen, Telefonaten, Meetings, ohne Pause. Und so saß ich geschlagene zwölf Stunden in der Lobby und wartete.

UND SO SASS ICH GESCHLAGENE ZWÖLF STUNDEN IN DER LOBBY UND WARTETE.

Etwa gegen zwanzig Uhr durfte ich schließlich zu ihm. Er blickte desinteressiert und neugierig, genervt und wachsam zugleich – und ließ mich auf jeden Fall direkt spüren, dass er für all das hier überhaupt keine Zeit hatte. Ich zögerte nicht lange, zeigte ihm zwei Ausführungen meiner Kampagnenidee, erläuterte sie kurz, setzte mich wieder hin und schwieg. Er starrte gefühlt für Stunden ohne jeglichen Gesichtsausdruck oder sonstige Regung auf die Plakate, griff dann zum Telefonhörer, drückte eine Kurzwahltaste und wartete, bis André Kemper abnahm, mein Boss und Geschäftsführer von Springer & Jacoby. Er kam sofort zum Punkt: »Herr Kemper, ich frage mich immer wieder, warum Sie eigentlich meine Agentur sind. Heute weiß ich wieder, warum. Hier sitzt ein exzellenter junger Texter von Ihnen, der auf eigene Kosten hierhergekommen ist und den ganzen Tag gewartet hat, weil er so überzeugt von der Sache ist und sich nicht zu schade für den Aufwand war, obwohl Sie das Ganze offensichtlich nicht wollten. Er hat mir gerade eine richtig gute Idee präsentiert. Ich will diese Kampagne haben.«

Die Kampagne war erfolgreich, öffnete Mercedes neue Formen der Kommunikation und schob die Marke weiter nach vorn. Alle waren zufrieden, jeder happy. Gut, Kemper hätte mich direkt nach dem Telefonat mit Schneider sicher am liebsten gefeuert oder erschossen, aber das verkniff er sich: Den Mann, der zwar gerade einen durchgeknallten Stunt geliefert, gleichzeitig aber den größten Kunden glücklich gemacht hatte, behielt er dennoch. Für mich war diese Aktion schnell vergessen, denn ich sah die Probleme nicht: Weder für mich – der Aufwand war es doch mehr als wert – noch für Kemper, denn er sollte die nächsten vier Jahre noch ungemein von mir profitieren, da konnte er diesen kleinen Hieb von Benz mal einstecken.

Ich konnte in meiner Herangehensweise nichts Verwunderliches oder Verwerfliches erkennen. Ganz im Gegenteil: Als es dennoch Schwierigkeiten gab und die Kampagne fast nicht zustande kommen konnte, bot ich Mercedes sogar an, einen Privatkredit aufzunehmen, so überzeugt war ich von der Idee. Es gab ständig Hindernisse in vielfältigen Formen, doch dieses war überwindbar, und wir hatten bereits zu viel Liebe, Blut und Schweiß in diese Arbeit gesteckt. Dass mir meine Bank dafür keinen Kredit geben würde – es ging bei dem benötigten Budget um eine hohe sechsstellige Summe –, war klar. Die Tatsache, dass ich es versuchte, führte aber bereits dazu, dass die Herren sich besannen und schließlich das Budget freigaben.

In meinen Augen sollte sich jede Führungskraft solche Mitarbeiter wünschen, die eigenständig handeln, so gut und hart arbeiten – und keine Mühen scheuen, um ihre Firma und ihre Kunden weiterzubringen, zufriedenzustellen, glücklich zu machen. Gut, ich ging mit meinen Aktionen auch mal über die Köpfe und Entscheidungen meiner Chefs hinweg, stellte

Autoritäten infrage, missachtete Befehlsketten. Aber es bedurfte einer fast pathologischen Hartnäckigkeit, noch eine Stufe weiterzugehen, wenn ich erneut eine Absage kassierte. Die Ergebnisse waren dennoch grandios. Wer würde da behaupten, solche Angestellten seien nachteilig, schädlich, scheiße? Das ist doch Irrsinn – selbst wenn ich leider sagen muss, dass ich in all den Jahren und Jahrzehnten nie jemanden getroffen habe, der auf ähnliche Weise mutig, beharrlich und frech seinen Job machte.

Nach diesem Startschuss reihte sich eine Erfolgsgeschichte an die nächste, sodass mir wieder keine Zeit blieb, mich zurückzulehnen. Ich hatte mir bewiesen: Ich konnte auf diesem Höchstlevel mitgehen – mehr noch, ich konnte es steigern, rasen und stets einen draufsetzen. Mir war, wie schon erwähnt, nicht wichtig, mich zu feiern, aber es machte doch einen großen Unterschied, dass ich nicht mehr nachts heimlich und ungefragt Kampagnen entwarf, die niemand haben wollte. Noch immer glaubte kaum jemand an mich, noch immer war ich der Wahnsinnige, der Irre mit Ideen. Und doch gab mir die gesamte Branche, die damals beste Agentur den Ritterschlag, der meine Arbeit zu dem machte, was sie sein sollte: bewegend. Wir haben mit den Kampagnen etwas bewegt, etwas geschaffen, das die Gesellschaft ein klein wenig veränderte. Bill Bernbach wäre stolz. Und ich war glücklich. Jetzt steckte ich all meine Kraft, Zeit und Leidenschaft in etwas, das in der Welt strahlte.

ES BEDURFTE EINER FAST PATHOLOGISCHEN HARTNÄCKIGKEIT, NOCH EINE STUFE WEITERZUGEHEN.

Mit Stahlhelm und Schutzweste

Für Springer & Jacoby strahlte meine Arbeit 1999 aber etwas zu weit über unsere Grenzen hinaus: Nach zwei Jahren in der ersten Unit und fantastischen, erfolgreichen Kampagnen für Mercedes-Benz horchte die Konkurrenz auf. Jean-Remy von Matt war einer von denen, die zudem aktiv wurden. Er selbst war bis 1991 geschäftsführender Gesellschafter bei Springer & Jacoby gewesen, bis er mit Holger Jung seine eigene und enorm erfolgreiche Agentur Jung von Matt gründete. Da wir alle in Hamburg beheimatet waren – die Stadt war noch immer die Hochburg für exzellente Kreativagenturen –, kannten wir uns von Veranstaltungen diverser Art, ob Preisverleihungen, Partys der Kundenkonzerne oder schlicht die Orte und Feste, bei denen sich die Werbewelt nun mal traf.

Von Matt machte mir schließlich ein Angebot, das verlockend klang. Wobei es hier um alles ging, nur nicht um Geld – oder irgendwie doch, denn hätte ich einfach nur mehr Geld haben wollen, hätte in meiner damaligen Position auch jede Tankstelle anrufen können. Niemand, wirklich niemand war bei Springer & Jacoby wegen des Gehalts. Wir verdienten unterdurchschnittlich, und das beziehe ich nicht mal auf den echten Stundenlohn, den man sich bei regelmäßigen Achtzehnstundentagen selbst im letzten Jahrhundert kaum ausrechnen mochte. Doch das war uns allen herzlich egal. Wer Geld machen wollte, wurde Drogenhändler, Waffenlieferant oder Investmentbanker, wir hingegen wollten einfach gute Werbung machen – und das Entscheidende war, dass wir mit den Besten arbeiten konnten, dass wir von ihnen lernen konnten und uns ständig optimierten. Es war ein Geschenk, dort sein zu dürfen, so empfand ich

WER GELD MACHEN WOLLTE, WURDE DROGENHÄNDLER, WAFFENLIEFERANT ODER INVESTMENT-BANKER.

es jedenfalls und machte mir nie ernsthafte Gedanken über meinen Lohn.

Klar, dass man dabei ins Zweifeln gerät, nicht nur heute wird Gehalt auch als Wertschätzung übersetzt und hat damit einen anderen Stellenwert. Viertagewoche, vegane Grillpartys und strikt freie Wochenenden? Wir nannten die Agentur gern »Preußische Kaserne« und fühlten uns regelmäßig so, Tageslicht sahen wir dort praktisch nie. Und das will ich weder gutheißen noch die heutigen Forderungen kritisieren – weil es mir egal war und ist. Damals wollten wir aber in erster Linie Leistung zeigen, nicht sie honoriert sehen. Aus einem kranken Arsch kommt kein gesunder Furz: Wer Arbeitsstunden zählt und seinen Urlaub plant, kann nicht mit voller Kraft bei der Sache sein.

Für mich war das alles nebensächlich, regelmäßige Gehaltsverhandlungen kamen mir nie in den Sinn – und verhungert sind wir natürlich nicht, ganz so existenzgefährdend war der Lohn nicht, es reichte eben. Zudem war ich 1999 gerade mal einunddreißig Jahre alt, ein Jungspund, der lediglich darauf aus war, seinen Weg zu gehen, immer besser zu werden und endlich die Ergebnisse draußen in der Welt zu sehen. Dafür war Springer & Jacoby perfekt, sicher nicht dafür, schnell reich zu werden. Doch wenn man sich lange genug bewährt hatte, richtig gutes Zeug abgeliefert, kamen schließlich die Wettbewerber an. Die wussten ebenso wie wir, dass sie mit der Klasse, dem Feeling von Springer & Jacoby nicht mithalten konnten, also halfen sie nach, nämlich mit hohen Positionen, die letztlich doch mit Geld verbunden waren. Wer es bei Springer & Jacoby also geschafft hatte, hatte im Grunde ausgesorgt – bloß später und an anderer Stelle.

Als von Matt mich also nach meinen ersten großen Erfolgen ansprach und mir einen wirklich guten Posten in seiner Agentur anbot, kam ich ins Grübeln. Nicht wegen der Anerkennung, der Bauchpinselei, nicht wegen des Geldes, sondern weil ich weiterwollte. Nach zwei Jahren als »normaler« Angestellter reizten mich größere Aufgaben, mehr Verantwortung. Ich wusste jetzt, dass mir erst mal keine Grenzen gesetzt waren, also warum innehalten? Eine Position als Kreativdirektor klang wie ein logischer Schritt für mich, dieser war bei Springer & Jacoby aber aufgrund inhärenter Strukturen in der Agentur so nicht möglich – und doch sah ich meinen Platz nicht bei Jung von Matt. Dafür war die letzte Zeit in der Kaserne einfach zu gut gewesen. Ich entschied mich folglich für einen anderen Weg, wollte André Kemper von dem Angebot erzählen und dabei andeuten, dass ich durchaus gewillt war zu bleiben, aber größere Herausforderungen suchte.

Bevor es zu dem Gespräch mit ihm kam, verging noch ein wenig Zeit, in der ich erneut mit Jean-Remy von Matt über sein Angebot diskutierte. Ich sagte von Matt schließlich offen, dass ich nicht unbedingt beabsichtigte, Springer & Jacoby zu verlassen, aber doch schauen wollte, ob und was ich dank seiner Anfrage in meiner Agentur angeboten bekäme. Seine Antwort war bereits ziemlich aussagekräftig – wesentlich kräftiger jedoch war sein Päckchen, welches er mir ein paar Tage später zukommen ließ. Danach ergaben seine Worte, ich solle mich dafür ernsthaft und ordentlich rüsten, wesentlich konkreteren Sinn: Das Paket beinhaltete einen Stahlhelm und eine schusssichere Weste.

Kemper war ein Boss der alten Riege – und auch deswegen in meinen Augen der beste Ziehvater. Das mag verwirrend klingen, war für mich aber genauso schlüssig, wie ich die Zeit im Wiener Keller oder im Bahnhof als gute Schule bezeichne. Wer ihm beim Arbeiten zuschauen durfte, hat womöglich gesehen, was ich meine: Er zeigte damals als Kreativdirektor für die gesamte Agentur unglaublichen Feinsinn und ein brillantes Auge, war kreativ wie nur wenige, smart, immer wach – und ein Biest. Er mutierte regelmäßig zum »Faschings-

Mussolini«, wie einige ihn in der Agentur nannten, echauffierte sich als Chef, brüllte herum. Das lag auch an seiner Zündschnur, die nicht nur kurz sein, sondern direkt zur Hölle führen konnte. Dennoch: Ich habe unglaublich viel von ihm gelernt, nahm jede Form seiner Förderungen wie seiner Forderungen an, und bin mir sicher, dass ich ohne ihn und seine Konsequenz zumindest langsamer an die Spitze gekommen wäre.

Es kam nicht ganz so dramatisch, wie von Matt befürchtet hatte. (Das Gespräch, bei dem ich diese Utensilien wirklich hätte gebrauchen können, sollte ich erst über drei Jahre später mit Konstantin Jacoby führen.) Kemper war alles andere als begeistert, doch er zögerte nicht lange und gab mir mit Nachdruck zu verstehen, dass ich zu bleiben habe. Dann ernannte er mich kurzerhand zum Leiter der sechsten Unit. Der erste Eindruck von Sieg und Macht auf meiner Seite täuscht hier allerdings, denn diese Unit gab es bislang nicht in einer wahrnehmbaren Form. Wir legten mit vier Leuten los – Florian Grimm, Andreas Trautmann, Antje Hedde und ich – und gefühlt mit null Kunden. Ich sollte, durfte nun, sozusagen als »Belohnung« für meine Forderung, aus dieser verdammten Einheit etwas machen. Da saßen wir also, vier Leute ohne Geschäft. Genau acht Sekunden lang – dann machten wir uns, ohne zu zögern, sofort an die Arbeit. Schon bald wurde diese Unit intern die »sechste Armee«, weil unbesiegbar, genannt.

Wir pitchten 1999 für Smart und begannen damit die nächste wilde Achterbahnfahrt. Heute kennt wohl jeder die kleinen Autos, die besonders in Städten ihre Vorteile ausspielen und grundsätzlich wegen ihrer Größe und Wendigkeit nicht uninteressant sind. Damals jedoch standen sie fast ausschließlich in den Autohäusern herum und erwiesen sich als Verkaufsdesaster, denn sie waren zwar amüsant, aber niemand wusste etwas mit ihnen anzufangen. Das Joint Venture der Automarke Mercedes und dem Uhrenhersteller Swatch begann ursprünglich mit der Idee von Swatch-Gründer Nicolas Hayek, ein Stadtauto zu konzipieren, das klein, günstig und in Zukunft auch umweltfreundlich sein sollte, indem es nicht nur elektrisch angetrieben, sondern zudem mit den Strukturen und Transportwegen der Bahn verbunden sein sollte. Die Idee war grundsätzlich gut, vielleicht zu gut für die damalige Zeit. Die Kommunikation jedoch war bis dato totaler Mist, weil sie das Auto als futuristisches Kunstobjekt darzustellen versuchte und dabei seine Alltagstauglichkeit vergaß.

Als Swatch schließlich absprang, weil scheinbar alles in die falsche Richtung steuerte, wollte Mercedes dennoch nicht von der Idee lassen. Der Konzern schrieb den Smart-Etat also für ganz Deutschland neu aus, sah Springer & Jacoby jedoch nicht in vorderster Reihe, da wir bereits den Mutterkonzern beglückten und bestimmt nicht das mitbrachten, was sie suchten. Dachten sie – denn in unseren Augen war genau diese bislang kommunikativ unterschlagene Nützlichkeit für den Alltag das entscheidende Verkaufsargument und die potenzielle Lösung für viele Menschen, die wir zu Käufern machen wollten.

Wir schnappten uns das Briefing und begannen unverzüglich mit der Konzeption einer Kampagne, die das Gefährt als ebenjene Lösung ablichtete, die es war. Die Ergebnisse wurden amüsant, leicht, flott, smart, sie waren eingängig und blieben hängen. Sie fokussierten sich auf die Vorteile dieses Bewegungsmittels und zeigten diese so minimalistisch wie das Auto selbst. Wir spielten auf den Plakaten vornehmlich mit den Smart-Attributen »klein, kurz, wenig« – mit auf halbmast hängenden Fahnen von Ölkonzernen beispielsweise oder mit engen Parkplätzen: »Passt schon.« Auch für einen TV-Spot 2001 nutzten wir die Komponente »Größe«: Mit versteckter Kamera gingen wir auf die Internationale Automobil-Ausstellung und ließen einen sehr großen und recht korpulenten Herrn versuchen, in Kleinwagen wie den Ford Ka oder den Renault Twingo einzusteigen, ohne Erfolg. Beim Smart hingegen kam, sah und saß er, ohne Mühen, ohne Quetschen und ohne Mogeln.

Der Spot blieb in seiner authentischen Unverblümtheit lange unschlagbar und bescherte dem Auto nicht nur enorme Reichweite: Es wurde progressiv, aber auch menschlich und insgesamt positiv aufgeladen. Mercedes gefiel die neu eingeschlagene Richtung – und deren Kunden: Innerhalb von zweieinhalb Jahren gelang es uns, die Marke komplett neu aufzusetzen und die Verkaufszahlen in die Höhe zu treiben. Das Image schwang sich empor vom sinnlosen Kunstobjekt (das zudem leider hässlich war) zum coolen und praktischen Gebrauchsgegenstand (der hässlich sein durfte) und wurde zum Gesprächsstoff.

Mit unserer Unit geschah Ähnliches, denn innerhalb kürzester Zeit saßen wir mit fünfzig Leuten in der Einheit und entwarfen eine grandiose Kampagne nach der anderen. Es machte ungeheuer viel Spaß, diese Entwicklung – beim Kunden wie auch bei uns – zu erleben, jeden Tag neue Ideen zu ersinnen und umzusetzen, immer weiterzudenken, immer wieder umzudenken, uns auf kreativer Ebene keine Grenzen zu setzen, je verrückter, desto mutiger wurden wir. Achtzehn Stunden am Tag, sieben Tage die Woche – für mich die beste Work-Life-Balance überhaupt. Anders hätte ich es nicht gewollt, doch anders wäre es auch nicht gegangen. So etwas erreicht man nicht mit »nine to five«, nicht mit »ganz normal«, zumindest damals nicht. Was man damit allerdings zustande bringt, ist die Zerstörung seiner Ehe.

ACHTZEHN STUNDEN AM TAG, SIEBEN TAGE DIE WOCHE – FÜR MICH DIE BESTE WORK-LIFE-BALANCE ÜBERHAUPT.

September 2000 wurde – gut sieben Jahre nach Chiara – meine Tochter Olivia geboren, doch zum Vorzeigevater taugte ich immer noch nicht. Dazu fehlte mir die Erfahrung, dazu war der Bruch in meiner Kindheit zu hart. Und ja: Ich lebte für meinen Job. Ich musste, ich wollte meinen Weg gehen, auch diese Konsequenz war nicht zu vermeiden, den Preis dafür zahlte nicht ich allein. Hätte ich mir das vorher überlegen sollen? Ja. Hätte ich gar nie heiraten und Kinder kriegen sollen? Wahrscheinlich. Aber so funktioniert Leben nicht, Liebe, Menschen. Ich liebe nichts so sehr wie meine Kinder, aber sie mussten mich nehmen, wie ich war, ich musste es auch, ohne Rücksicht auf Verluste – während ich in der Agentur voranpreschte und damit die nächste Etappe erreichte.

Smarts Kommunikation wurde um Lichtjahre besser als die seiner Mutter Mercedes – und sorgte für Unmut. Was mir fast zwei Jahrzehnte später in Barcelona die Entscheidung leichter gemacht haben würde, mich endgültig von der Branche zu verabschieden, führte mich hier jedoch Richtung Weltspitze: Mercedes war zwar not amused – so wie damals Volkswagen bei dem Erfolg von Seat –, wünschte Ende 2000 aber kurzerhand von Springer & Jacoby, dass diese berüchtigten Leute der Smart-Unit die weltweite Kommunikation für den Mutterkonzern übernehmen sollten. Kemper war damals Kreativdirektor der gesamten Dachagentur, darüber hinaus Kreativdirektor für den schwäbischen Autohersteller – und überlegte nun, diesen Teil seines Jobs für mich aufzugeben. Ironischerweise, nachdem er mir genau einen Tag vor unserer ersten Präsentation für Smart mit Blick auf unsere Kampagne eine kleine Spitze verpasste, als er die Idee als Scheiß kritisierte, mit dem ich mich besser nicht zum Kunden trauen solle.

Ich traute mich, und anderthalb Jahre später stand er vor mir und übergab mir den Posten als Kreativdirektor von Mercedes-Benz inklusive vier Units mit mehr als zweihundert Mitarbeitern – was er nicht hätte tun müssen. Ihm seinen provokanten Spruch nicht übel zu nehmen fiel mir damals leicht. Er hatte das Potenzial der Kampagne nicht vollständig erkannt, na und? Er war mein Ziehvater, und das blieb er, ebenso wie seine Bilanz und seine Brillanz. Ja, ohne die Mängel seiner sozialen Kompetenzen wäre seine Arbeit kaum schlechter geworden, ohne ihn hätte es jedoch nichts von alledem gegeben. Ohne ihn hätte Springer & Jacoby diese enorm hohe Qualitätsstufe womöglich nie erreicht.

Gottes Sohn und Teufels Geld

Mein neuer Posten brachte mir vier Units mit über zweihundert Mitarbeitern weltweit. Gemeinsam wollten wir die Produktkommunikation des deutschen Automobilherstellers neu gestalten und noch erfolgreicher machen. Ich war zuvor der jüngste Unit-Leiter, jetzt war ich der jüngste Kreativdirektor, der jüngste, der es für Mercedes war und der jüngste, der dies international tat. Die Werbewelt war (und ist es wohl heute noch) grundsätzlich mit einem niedrigen Durchschnittsalter gesegnet, das brachten Tätigkeit, Themen und Tempo mit sich, selbst in Führungspositionen. Mit einunddreißig Jahren setzte ich jedoch eine neue Marke, allerdings wie gehabt ohne den Anspruch oder Ehrgeiz, dies zu tun. Solche Rekorde bemerkte ich zufällig, wenn sie passierten, wie auch den Ruhm. Ich wollte exzellente Arbeit abliefern, brillante Kampagnen gestalten, komplexe Probleme lösen. Wenn dabei solche Nebenaspekte aufkamen, okay, mehr aber auch nicht.

Ganz ähnlich sah ich nun diese neue Karrierestufe: Sie änderte für mich nicht viel – außer dass ich jetzt noch mehr dieser Kampagnen machte, die in den Jahrbüchern des ADC landeten: weiterhin Vollgas geben, weiterhin liefern. Dafür musste ich jedoch diese zweihundert Leute verteilt auf der ganzen Welt dazu bringen, mitzuziehen. Sie saßen seit Langem auf den Jobs und hatten erkennbar an Drive verloren. Es war keine schlechte Arbeit, die sie ablieferten, aber die Entscheider von Mercedes hatten nicht unrecht, als sie sagten, die Werbung für Smart sei um Lichtjahre besser als das, was sie von uns für den großen Mutterkonzern bekamen: zu ernst, zu schwer, zu behäbig. Das war sicher auch den vorangegangenen Zeiten und dem Kunden als Big Player zuzuschreiben. Die Leichtigkeit und der Witz, die wir bei Smart einsetzten, wurde jetzt auch für die dicken Benzbosse salonfähig. Damit dies gelingen konnte, mussten wir zunächst frischen Wind in die Köpfe unserer Leute bringen, sie etwas aufschrecken, mit neuer Energie füllen – wir brauchten mehr als gerade eben gutes Mittelmaß.

Bei Springer & Jacoby waren Arbeitsmoral und Führung geprägt von einem Druck, dem wir uns liebend gern stellten: mit den Besten zu arbeiten und sein Bestes zu geben. Dass mir dieser Stil lag, sollte nicht verwunderlich sein, und auch viele andere waren nicht in der Agentur, um gebauchpinselt zu werden oder sich auszuruhen. Ja, man machte ständig Überstunden, verdiente wenig Geld, wurde angeschrien, musste sich ducken. Aber es war in Ordnung – oder wurde kaum hinterfragt, zumindest nicht ernsthaft. Wir waren ja dankbar, dort überhaupt arbeiten zu dürfen. Also lachten wir vielmehr darüber, dass wir wie in einer Sekte den »vier K« und den »drei E« folgten, welche die Führung als Dogma bei jeder Gelegenheit aussprach. Bei »Kunde, Kasse, Kreation, Kultur« drehte sich alles darum, die Kunden glücklich zu machen, die Profitabilität der gesamten Agenturgruppe sicherzustellen, großartige Kampagnen zu produzieren und erstklassige Teams zu bilden. Die »drei E« fokussierten sich auf das Produkt und forderten »einfach, exakt, einfallsreich«: Werbung sollte auf den Punkt, überraschend und perfekt sein.

Klingt gut, trieb mich an, hatte aber wenig damit zu tun, wie wir mit unseren Mitarbeitern umgehen sollten. Auch ich wollte in erster Linie brillante Kampagnen schaffen, geile Ideen umsetzen, etwas bewegen. Dazu brauchte ich jetzt aber diese ausgelaugten, müden Leute, ihren Geist, ihre Ideen. Mit dem Job kamen Verantwortung und Personal, ich konnte nicht mehr »nur« über den Kampagnen sitzen oder sie mit meinem kleinen Team bearbeiten. Gleichzeitig war nicht allein Springer & Jacoby, sondern die ganze Branche ein reines Hai-

GEPRÄGT VON DER GIER NACH SIEG GING ES STÄNDIG – UM EINEN SELBST.

fischbecken. Geprägt von der Gier nach Sieg ging es ständig – um einen selbst: Wo kann ich weiterkommen, wo kann ich gesehen werden, wo einen Preis gewinnen, wo eine höhere Position erklimmen, noch mehr wahrgenommen werden?

Dieses Ego-Rennen half nicht immer dabei, an das Große und Ganze zu denken. Bei Springer & Jacoby funktionierte diese verrückte Mischung jedoch gut, weil wir eben von diesen Genies umgeben waren und uns deren Anwesenheit schon beglückte – und zugleich noch anspornte. Der Wettbewerbsgedanke trieb uns dort dazu an, noch besser zu werden, nicht bloß mehr aufzufallen. Was ja Sinn ergab: Wenn ich mit Usain Bolt auf die Sprintbahn darf, gebe ich doch viel mehr, strenge ich mich wesentlich mehr an, als wenn ich mit Kindern oder älteren, gebrechlichen Menschen ins Rennen gehe. Diesen Anspruch haben wir bei Springer & Jacoby gelernt, verinnerlicht und nie mehr abgelegt, unabhängig davon, wohin es uns später verschlug.

Es war dieser Anspruch, der mich zu einer harten, aber guten Führungskraft machte. Allein mit Druck oder Gebrüll konnte man eine Mannschaft von verdammt guten, jedoch ausgelaugten Leuten nicht wieder hochbekommen – genauso wenig wie mit Schmusen, Zuhören und Jammern. Ich versuchte, dem Team vorzuleben, was ich von ihm verlangte. Nicht nur reden, sondern machen war das Motto, das meine Leute zunächst weckte, dann staunen ließ – und am Ende so mitriss, dass sie wieder zu den Champions-League-Playern wurden, die sie mal waren. Sie hatten das Rüstzeug von Springer & Jacoby erhalten, sie waren allerdings im Laufe der Jahre über dem Job eingeschlafen, ihr Anspruch ebenfalls, doch er war nicht verloren gegangen. Bis sie schließlich die Messlatte selbst wieder dort platzierten, wo sie hingehörte.

Wir verbrachten damals enorm viel Zeit miteinander, ich war bei vielen Kampagnen tief involviert, ohne ins Mikromanagement zu verfallen, sondern um Leitplanken zu stellen,

Unterstützung zu bieten, Energie weiterzuleiten. Dabei wird man mal geliebt, mal gehasst, doch solange das Ergebnis stimmte, war mir das recht. Folgerichtig prangerte ich während meiner gesamten Führungskarriere nie an, wie die Leute lebten oder feierten. Dass in unserer Branche gefeiert, getrunken und gekokst wurde, wusste ich, und es war mir egal. Wenn Leute arg regelmäßig aufs Klo verschwanden, ständig umherschwirrten, laut und unfassbar aufgekratzt waren, war jedem klar, was abging. Doch solange sie lieferten, war das kein Problem, und schon gar nicht meines, ich wollte das weder bewerten noch beeinflussen. Das waren alles erwachsene Menschen, die wussten, was sie taten. Taten sie es nicht, flogen sie.

DASS IN UNSERER BRANCHE GEFEIERT, GETRUNKEN UND GEKOKST WURDE, WUSSTE ICH, UND ES WAR MIR EGAL.

Was heute als Ellbogenkultur verschrien wird, war damals wahrscheinlich Kindergarten. Kapitalismus und Wettbewerb gehen meiner Ansicht nach nicht ohne Ellbogen, wahrlich gute Leistung ebenso wenig. Damit meine ich nicht falschspielen, Wissen verheimlichen, Lügen verbreiten – das hat nichts mit Anspruch zu tun, sondern ist schlicht der kürzere Weg via Betrug. Aber es konnte durchaus toxisch werden, wenn alle so unter Druck standen, dass dieser an anderen ausgelassen wurde, wenn der Konkurrenzkampf zu emotional wurde. Nun, das gehörte dazu, wie ein lauter Streit in einer Beziehung. Zudem waren wir alle noch immer freiwillig dort: Es ging nicht um Abhängigkeitsverhältnisse, um Mobbing oder Ähnliches. Jeder von uns hätte gehen und eine andere Stelle finden können – wir kamen schließlich von Springer & Jacoby –, die wenigsten wollten es.

Und so standen nach sechs Monaten die meisten meiner Leute auf Augenhöhe und voller Elan im Büro, vollbrachten Außergewöhnliches und lieferten fantastische Kampagnen ab.

Während ich durch die Gegend jettete und Mercedes-Benz das lieferte, was sie sehen wollten, jeden Tag. Und wenn nötig, genau das auch von allen anderen verlangte und gleichzeitig eine Kultur hochzog, die alle zufriedenstellte und sie gern bei uns sein ließ. Ich war weit entfernt davon, einen Feel-Good-Manager zu spielen – und wusste bis vor Kurzem gar nicht, dass es diese Bezeichnung und einen solchen Job überhaupt gibt. Nein, wer so jemanden benötigt, um seine Leute bei Laune zu halten, führt schlecht oder gar nicht. Es waren vielmehr meine authentische Arbeitsweise, mein Vorgehen und meine Freude an dem Job, die uns alle motivierten.

ICH WAR WEIT ENTFERNT DAVON, EINEN FEEL-GOOD-MANAGER ZU SPIELEN.

Bei alledem ließ unsere Leidenschaft nie nach, sie war ganz im Gegenteil unsere Triebfeder und wurde stets gepflegt und gehegt, was immer wieder zu wirklich verrückten Aktionen führte. Nachdem beispielsweise mein absoluter Herzensverein Borussia Mönchengladbach 1998 Tabellenletzter war und aus der Ersten Bundesliga abgestiegen war, konnten wir nicht tatenlos zusehen. Ich liebte diesen Klub seit meiner Kindheit, schon im Iran riss mich dessen progressives Spiel mit. Mit meinem Kollegen Heiko Schmidt konzipierte ich deshalb eine Kampagne, die unter dem Motto »Die Hoffnung stirbt zuletzt« allen Fans des Vereins wieder Mut machen sollte.

Das Herzstück war ein Plakat mit Günter Netzer, der in den Siebzigerjahren bei Borussia gespielt hatte, und dem Spruch: »Gott muß Borussen-Fan sein. Sonst hätte er nicht seinen Sohn bei uns spielen lassen.« Das Ganze war so verrückt wie grandios, die Fans liebten es, die Vereinsführung ebenfalls, und Günter Netzer signierte das Plakat, welches bis heute in der *Sansibar* auf Sylt hängt. Wir realisierten es damals in Eigenregie und ohne offiziellen Auftrag, fuhren mit unserem Ergebnis einfach nach Gladbach. Das waren eben jene Zeiten …

Ohne Auftrag, aber mit viel Liebe zum Verein
haben wir dieses Plakat entworfen.

Ebenso erlaubten wir uns eine Anzeige, die zu einer Anzeige anderer Art führte: Im Jahr 2000 legte der Computerwurm »Loveletter« die halbe Windows-Welt lahm. Windows, wohlgemerkt, Apple-Rechner waren nicht betroffen – kein Wunder, bei dem Meisterwerk von Steve Jobs. Ich war ja bereits seit den frühesten Anfängen von Apple ein leidenschaftlicher Jünger und liebte die Firma, wie ich Jobs verehrte, er war ein Gott, was Technik und Design anging. Es wunderte mich also nicht, dass die Mails mit dem Betreff »ILOVEYOU« allein bei der Konkurrenz einen Schaden von mehr als zehn Milliarden Dollar verursachten.

Dass Apple-Rechner von diesem Wurm nicht befallen wurden, wollten wir laut in die Welt tragen. So entschieden wir uns kurzerhand, eine Anzeige in einer IT-Zeitschrift zu schalten: »Liebe Windows-User: We love you. Apple.« Das erreichte genau die richtigen Leute, alle sprachen darüber und feierten diesen Coup. Nur Apple war nicht in Partystimmung: Die Firma war schon immer sehr restriktiv und strikt, wenn es um ihre Kommunikation ging, um ihre Marke, ihre Produkte – und wir hatten keinen Auftrag, nur Leidenschaft. Es folgte eine einstweilige Verfügung, jedoch offensichtlich zu spät, die Anzeige war ja schon draußen in der Welt. Das Ganze hatte zum Glück keine weiteren Konsequenzen, Springer & Jacoby bekam keine Schwierigkeiten, aber wir lachen bis heute über diesen Übermut, der Steve Jobs vielleicht zumindest kurz hatte schmunzeln lassen.

Nun könnte man den Eindruck gewinnen, dass in dieser Branche niemanden irgendetwas überraschen sollte. Uns hatte es jedoch mehr oder weniger kalt erwischt, als einer unserer Mercedes-Kollegen im Dezember 2002 plötzlich in meinem Büro stand und fragte, was es mit der Neuigkeit auf sich habe, dass André Kemper die Agentur verlassen wolle. Der wichtigste Mann seit Jahren, die Galionsfigur, sollte Springer & Jacoby aufgeben – und im Laufe des nächsten Jahres zu BBDO wechseln? Wir wussten von nichts und waren erstaunt: BBDO, benannt nach ihren vier Gründern Batten, Barton, Durstine und Osborn, war eine große Netzwerkagentur, in der Kemper seine Karriere in den Achtzigerjahren begonnen hatte. Zu Beginn des neuen Jahrtausends war sie zwar international aufgestellt, aber fad, ohne Profil, eigentlich uninteressant. Doch genau das schien der Punkt zu sein: Der Laden sollte endlich wieder ebenjenes fehlende Profil erhalten, endlich wieder in werden, laut und sexy auftreten.

Wer wäre dafür besser geeignet als Kemper, der beste Agenturchef seiner Zeit? Er war damals gerade mal neununddreißig Jahre alt, also in voller Blüte und mit der Energie einer Brigade unterwegs. Dass er brillant war und so eine Herausforderung meistern konnte, stand außer Frage, zumal er mit Hubertus von Lobenstein antrat, dem damaligen Chef von Saatchi & Saatchi. Hinzu kam, dass er bei Springer & Jacoby zwar einen verdammt guten Job machte und das von allen genau so wahrgenommen wurde, er selbst jedoch immer genervter war von den Geschehnissen im Haus. Konstantin Jacoby, der namensgebende Gründer, war Mitte der Neunzigerjahre mit seinem Kompagnon Reinhard Springer mit unfassbar viel Geld und in ebenso unglaublich jungem Alter vom aktiven Tagesgeschäft zurückgetreten. Nach Jahren auf Mallorca, auf seiner Jacht oder unterwegs in der Weltgeschichte begann er sich aber zu langweilen – in meinen Augen verständlicherweise. Mit vierzig Jahren aus dieser verrückten Branche auszusteigen und dann mehr oder weniger gar nichts zu machen, konnte nicht gut gehen, da half kein Geld der Welt.

Vielleicht ahnte er beim Ausstieg schon, dass ihn das Dasein als Privatier nicht unbedingt ausfüllen würde, denn er behielt als Anteilseigner neben seiner Macht auch sein Büro. Und fing in den Zweitausenderjahren auffällig unauffällig an, erneut immer mehr Zeit in der Agentur zu verbringen, sich zunächst gelegentlich, dann immer häufiger einzumischen, Mikromanagement zu betreiben, Personalentscheidungen zu beeinflussen – und die offiziell Verantwortlichen zu nerven. Kemper sah sich diese Interventionen eine Zeit lang an, knirschte aber immer lauter mit den Zähnen. Nicht nur wurde seine Kompetenz infrage gestellt und seine Autorität untergraben, er fühlte sich zudem nicht mehr genug wertgeschätzt. Vielleicht benötigte er einfach zusätzliches Schmerzensgeld in Form von einer neuen Herausforderung, um nicht mehr ertragen zu müssen, dass der Chef ständig von der Seite das Spiel kommentierte und sogar lenkte. Als er jedenfalls das Angebot von BBDO erhielt, fügten sich scheinbar alle Puzzleteile.

Ich hielt mich in diesem Moment nicht in Deutschland auf, machte mich aber direkt auf den Weg nach Hamburg. Es war zwar nicht üblich, sich Wochen vor einem solchen Wechsel an seine Belegschaft zu wenden – anders ausgedrückt: Es kam regelmäßig vor, dass Mitarbeiter wichtige Änderungen in ihren Chefetagen aus der Presse erfuhren. Dennoch war diese Nachricht für uns hochbrisant und führte überall zu einer Riesenaufregung. Dass die Alarmglocken läuteten, war durchaus angemessen. Wir betrieben Krisenmanagement und deeskalierten, wo immer möglich. Denn unsere Kunden waren nicht weniger nervös, schließlich ging es um Etats in Millionenhöhen. Nochmals: Der oberste Kreativdirektor der Agentur hatte gerade verkündet, dass er mit beinahe sofortiger Wirkung seinen Posten verlassen werde. Eine Lösung, ein neuer Kreativchef musste her, und zwar schnell. Eine Woche nach Kempers Ankündigung fand die erste Konferenz statt, in der seine Nachfolge natürlich Thema Nummer eins war.

Für die Position von Kemper hätten zig Leute damals alles gegeben, der Bewerberpool – wenn wir denn nach Bewerbern gefragt hätten – war schier unendlich. Doch es galt mit kühlem Kopf und smarten Kalkulationen eine Lösung zu finden, die nur Spitzenklasse erlaubte. Neben ein paar internationalen Werbeassen stand auch mein Name weit oben. Das lag nicht nur an der Qualität meiner Arbeit, sondern auch daran, dass ich bereits Kreativdirektor für unseren wichtigen Kunden Mercedes war, dass ich die Agentur bestens kannte und dass die Leute mir vertrauten. Etwas Stabilität hineinzubringen war gerade in diesen Zeiten essenziell – damals befanden wir uns in Deutschland in einer mittelmäßigen Konjunkturflaute mit teils erschreckenden Insolvenzen, und unsere Werbebranche schaufelte sich ohnehin langsam, aber sicher ihr eigenes Grab. Und das tat auch Springer & Jacoby.

Denn während die Entscheider der Agentur sich immer mehr auf mich einspielten, vergaßen sie vollkommen, nicht nur über mich, sondern auch mit mir zu reden. Jacoby begann parallel, Leute an Stellen zu platzieren, die dort meiner Meinung nach nichts verloren hatten, und Entscheidungen hinsichtlich Kunden und Vorgehensweisen zu treffen, denen ich nicht folgen konnte. Er war ein ähnlich patriarchaler Boss wie Kemper, doch er war nie so nah an seinen Leuten dran wie Ersterer, der zwar schwer erträglich sein konnte, aber sozusagen in für uns perfekten Maßen. Jacoby spielte dieses Spiel schlechter und konnte nicht ein solch stabiles Netz aus Loyalität und Power um sich spannen. Diese Kurzsichtigkeit nahm ihm in diesen Wochen in doppelter Hinsicht seine Entscheidungsmacht. Denn nicht nur wollte er über unser aller Köpfe – und vor allem meinen Kopf hinweg – mich als neuen Kreativdirektor platzieren, er begriff auch nicht, welche Chancen die Außenwelt hier plötzlich erkannte.

Während er also seine Pläne schmiedete, redeten die anderen Tacheles: Tonio Kröger, seinerseits noch Marketingdirektor bei Mercedes und entsprechend guter Kollege von mir, wurde die Führung der Agentur DDB Deutschland angeboten. Er sagte zu – und fragte kurzerhand mich, ob nicht exakt jetzt der perfekte Zeitpunkt wäre, um Springer & Jacoby zu verlassen und etwas Neues, etwas richtig Neues zu machen. Bei DDB, der Agentur von Bill Bernbach, der Agentur, mit der er in den Fünfzigerjahren die kreative Revolution angestoßen

»DAS IST DER BESTE JOB DER WELT – UND DU WILLST ABLEHNEN?«

hatte. In Deutschland war der Ableger leider weniger revolutionär und trat seit Jahren auf der Stelle, auf einer uninteressanten, tiefen Stelle. Ein guter Freund von mir, der nicht aus der Branche kam, schaute verstört: »Amir, Springer & Jacoby bietet dir gerade den Chefposten an. Das ist der beste Job der Welt – und du willst ablehnen und stattdessen in diesen kaputten Laden gehen?«

Ich wollte. Ich wollte wissen, wie viel des Erfolgs der letzten Jahre bei Springer & Jacoby wirklich meiner war und ob ich etwas von null aus hochziehen könnte. Vielleicht war der Höhenflug der letzten Jahre nur unter dem Deckmantel dieser Qualitätsbude möglich gewesen. Vielleicht reflektierte ich lediglich das Licht der Besten der Besten um mich herum, konnte mit den hochkarätigen Kunden so gut arbeiten, weil das Fundament erstklassig war. Auf der anderen Seite hatte diese meine heilige Agentur an Glanz verloren in letzter Zeit: zu viele falsche Entscheidungen, vielleicht auch zu viele Erfolge, die langsam zur Dekadenz führten. Und ich sah kommen, dass Jacoby und ich nicht wirklich gut zusammenpassten, dass wir andere Sichtweisen und Kommunikationsmuster hatten, die Zusammenarbeit schwierig, vielleicht gar wahnsinnig werden konnte. Was ich nicht kommen sah, war seine Reaktion.

Ende Dezember 2002, etwa einen Monat nach der Nachricht, dass Kemper die Agentur verlassen wollte, sagte ich Kröger zu, um mit ihm zu DDB Deutschland zu gehen. Am ersten Arbeitstag des Jahres 2003, am 6. Januar, hatte ich sodann einen offiziellen Termin bei Konstantin Jacoby im »Bunker«, wie der große Konferenzsaal genannt wurde. Das Gespräch war für uns beide wichtig: Für ihn bestand die Gefahr, dass nicht nur der Kreativchef der gesamten Agentur abtrat, sondern auch noch der Kreativchef für Mercedes-Benz. Ich war angespannt, weil ich womöglich die beste Stelle der Welt ablehnen wollte und nicht wusste, ob ich das Richtige tat. Die Unterhaltung begann friedlich und freundlich. Jacoby versuchte, mich mit allen Mitteln der Kunst davon zu überzeugen, dass mein Platz hier sei und ich bleiben sollte.

Das tat gut, und ich war wirklich dankbar, doch ich versuchte sogleich, ihm meinen Standpunkt zu erläutern: Ich wolle für mich selbst herausfinden, wo ich stünde, was in mir stecke, ob ich es allein schaffen könne. Zudem entwickelten wir uns in unterschiedliche Richtungen, ich könne ihm mit seinen Entscheidungen nicht folgen, fände viele schlicht falsch und sehe so keine Zukunft. Ich weiß nicht genau, wie ich damals klang oder auf mein Gegenüber wirkte, aber ich kann sicher sagen: Dem machtsicheren Patriarchen gefiel es offensichtlich nicht. Und so wurde ich [redacted].

Die [redacted] dauerte länger. Entsprechend konnte er so manches [redacted] unterbringen, mir so manche »Argumentationslinie« veranschaulichen, warum ich es ohnehin nie [redacted] würde, und ausführlich erläutern, warum ich [redacted] sei. Als er anfing, mir [redacted], schien er wohl zu hoffen, [redacted]. Doch ich ließ [redacted] über mich ergehen, versuchte gar nicht erst, gegen ihn zu argumentieren, zu widersprechen oder mich zu verteidigen – änderte aber ebenso wenig meine Meinung. Schließlich starrte er [redacted] eine kleine Ewigkeit schweigend [redacted] und legte [redacted] mit den Worten: »Sag einfach, [redacted], aber [redacted].«

> **DU KENNST MICH [redacted]. ICH MACHE DAS ALLES [redacted].**

Er hatte mich damit nicht in meiner Ehre verletzt, so etwas war mir schon immer fremd. Aber er hatte doch den Punkt getroffen, der es mir leichter machte. Ich schaute ihn traurig lächelnd an und erwiderte: »Siehst du, Konstantin, deswegen gehe ich: Du kennst mich [redacted]. Ich mache das alles [redacted].« In den folgenden Momenten kamen mir schließlich der Helm und die Schutzweste in den Sinn. [redacted],

Anspruch, [redacted], Konsequenz. Keinen dieser drei Werte, nach denen ich mein Leben und mein Wirken auszurichten versuchte, konnte ich [redacted]. Und so fühlte ich mich nach dieser [redacted] immerhin nicht wie eine Feder im Wind – ich hatte mich schließlich bewusst entschieden und diesen Weg hin zu der neuen Aufgabe bei DDB Deutschland beschritten. Ich lag damit allerdings völlig falsch. [redacted] – welch Ironie – [redacted]. Viel gravierender war jedoch, dass aufgrund des ganzen Durcheinanders mein Vertrag bei DDB ausgesetzt wurde. Da war sie also wieder, die Feder. Dass ich mein Leben, einmal gelandet, selbst wieder in die Hand nehmen würde, bezweifelte ich jedoch nicht. Das hatte ich schon mehrmals getan, wenn Geschicke anderer mich aus welchen Gründen auch immer in ungewisse Gefilde geschickt hatten. So wie 1988 nach Frankreich.

ÜBERGANG

1988–1991

Fontainebleau

**»JEDER HAT EINEN PLAN,
BIS ER EINE IN DIE FRESSE KRIEGT.«**

Federgewicht

Wobei ich das Fundament für das folgende Gefilde, für diesen neuen Lebensabschnitt selbst und voller Absicht aufbaute: meine Matura. Ich hatte sie durchschnittlich bestanden, meine Note weiß ich gar nicht mehr, doch das war unerheblich, denn wesentlich wichtiger war dieser Schritt: der erste Schritt auf festem Boden, der erste Schritt in ein Leben, ein echtes, richtiges. Das nicht mehr nur davon geprägt war, zu überleben, sondern das jetzt echte Optionen zeigte. Das mehr Möglichkeiten bot, als sich von einem Tag zum nächsten zu arbeiten und als bloß etwas zu lernen, das jeden Tag fragwürdiger erschien. Die letzten beiden Jahre in der Schule waren mir immer schwerer gefallen, da ich das Ziel nicht verstand, die vermittelten Inhalte infrage stellte und vielleicht einfach weiterwollte. Schließlich war ich fast zwanzig Jahre alt, zwar mehr als selbstständig, aber doch ohne Leben, das ich auch selbstständig führen und in dem ich eigene Entscheidungen treffen konnte. Nun konnte ich, und ich wollte. Ich wusste nur noch nicht, welche, wo und wie.

Es erschien mir eine gute Idee, mich zunächst nicht allzu sehr mit irgendwelchen Plänen oder Zielen zu stressen, gerade weil ich noch so unentschlossen war. Als mir meine Tante – die ältere Schwester meines Vaters, die in der Nähe von Paris wohnte – in den Sinn kam, fragte ich sie kurzerhand, ob ich sie in diesem Sommer nach der Matura besuchen und Urlaub bei ihr machen könnte. Sie hatte mit ihrem Ehemann und ihren beiden Kindern kurz nach meiner Flucht den Iran ebenfalls verlassen, da ihr Mann als Arzt damals ein attraktives Angebot aus Paris bekommen hatte, das sie ohne Zögern annahmen. Sie wohnten etwas außerhalb der Stadt, waren furchtbar nette und offene Menschen und freuten sich sehr über meinen Vorschlag.

Zuvor hatten wir nur unregelmäßig Kontakt gepflegt – ich war auch hier kein wahrer Familientyp –, und warum ich damals gerade auf die Idee kam, die beiden zu besuchen, weiß ich bis heute nicht. Doch es fügte sich gut, alle anderen, nun ehemaligen Mitschüler waren entweder in Zukunftspläne vertieft oder mit einem Interrailticket zu für mich unerschwinglichen Reisen aufgebrochen. Und tatsächlich wurde es zunächst eine schöne Zeit: Paris hatte seinen Reiz, und meine Tante war eine herzensgute Gastgeberin. Ihr Sohn war etwa in meinem Alter, und womöglich erkannte sie ihren Bruder in mir wieder, denn sie kümmerte sich liebevoll um mich, versuchte mich zu schützen wie ihr eigenes Kind – und auch mir eine Zukunft zu eröffnen. Für mich war es ungemein berührend, wie sie sich um mich sorgte, wie herzlich sie sich meiner annahm – dieses jungen Manns, der in den letzten Jahren von niemandem wahr- oder ernst genommen wurde, schon gar nicht emotional, und der alle anderen Menschen auf Abstand hielt. Als sie mir nach der ersten Woche vor Ort einen Vorschlag zu meiner Zukunft machte, konnte und wollte ich zu diesem nicht Nein sagen.

Bei diversen Gesprächen über meine Pläne – die ich einfach nicht hatte, schließlich wollte ich wirklich nur Urlaub in Frankreich machen – schlug sie nämlich vor, dass ich in Fontainebleau studieren sollte: Die internationale Wirtschaftshochschule INSEAD lag etwa fünfzig Kilometer von Paris und ähnlich weit vom Wohnort meiner Tante entfernt. Sie hatte viel Gutes über diese Uni gehört, die Studienfächer klangen zukunftssicher, vielleicht sogar interessant. Zudem hatte ich zwar mittlerweile die österreichische Staatsbürgerschaft, doch 1988 war das Land noch nicht Mitglied der EWG, dem Vorläufer der heutigen EU, sodass ich ein Visum benötigt hätte, womit sich diese internationale Universität damals sehr gut auskannte und wusste, was zu tun war. Dass ich kein Französisch sprach, schien uns beiden kein

BITTE WIE? WIRTSCHAFT? BWL? ICH?

wirklich erwähnenswertes Problem gewesen zu sein, zumal die Uni ohnehin mehrsprachig war. In meinem Kopf jagten sich jedoch ganz andere Gedanken: Bitte wie? Wirtschaft? BWL? Ich?

Wie sollte ich in ein Wirtschaftsstudium in Frankreich an einer Eliteuniversität mit jeder Menge junger Menschen aus wohlhabenden Familien hineinpassen? Und vor allem: Sollte das wirklich meine Zukunft werden, den Rest meines Lebens ausfüllen? Nein, das sah ich nicht kommen, das konnte es nicht sein. Ich wusste damals absolut nicht, was ich mit meinem Berufsleben anstellen wollte – von Lokführer über Herzchirurg bis Malermeister war potenziell alles drin –, aber BWL? Nein, immerhin das konnte ich ausschließen, das war überhaupt keine Option für mich. Ohne dass ich damit diese Lehre, dieses Themengebiet oder die damit arbeitenden Menschen gering schätzen möchte, aber ich gehörte nicht in diese Ecke, spürte die dafür nötige Leidenschaft nicht. Dennoch nahm ich den Vorschlag meiner Tante an – mir fiel einfach nichts Besseres ein.

Da stand ich nun, hatte mir nicht im Traum ausgemalt, zu diesem Zeitpunkt, an diesem Ort eine so weitreichende Entscheidung zu treffen – und traf sie dennoch. Für meine Tante – die mich, meine Feder wie ein warmer Wind an einen Ort führte, den ich so nie anvisiert hatte. Ich wollte sie schlicht nicht enttäuschen, war so angetan von ihrer Zuneigung, ihrem Optimismus, ihrem Glauben an mich, dass ich mich in ihre Pläne fallen ließ. Und gleichzeitig hundertprozentig sicher war, dass ich die Aufnahmeprüfung ohnehin nicht bestehen würde. Mit meiner Matura, meiner Geschichte, meinen fehlenden Französischkenntnissen, meinem mangelnden Interesse an dem Studium, den Fächern, dem Leben dort würde ich nicht weit kommen. Und selbst wenn: Die Unigebühren waren für mich unerschwinglich. Trotzdem wollte ich meiner Tante den Gefallen tun und es zumindest versuchen.

Also fuhren wir eines Tages zum Hochschulcampus, um uns alles anzuschauen und live zu bestaunen: die Bibliotheken, die Hörsäle, die Studenten, die Professoren, die Atmosphäre. Alles war enorm beeindruckend, elitär, international, groß – und nichts für mich. In mir rührte sich kein Gefühl, kein Interesse, keine Aufregung, es war, wie ich es erwartet hatte: Das hier würde nicht mein Leben sein. Ich war nur halbherzig, nur für die Tante hier – und schließlich auch nur für diesen einen Aufnahmetest, den ich ganz gewiss nicht bestehen würde.

Der Eingangstest fand zufällig in den letzten Tagen meines vierwöchigen Frankreichaufenthalts statt. Ich bereitete mich darauf kaum vor – zum einen aufgrund von Zeitmangel, zum anderen, weil die Prüfung recht allgemein war und die Inhalte durchaus denen der Matura glichen. Entsprechend entspannt kam ich am Prüfungstag auf den Campus, setzte mich in den großen Hörsaal und staunte, wie viele Menschen diesen Test machten. Es waren Hunderte, und außer mir waren alle extrem angespannt, hoch konzentriert und voller Ehrgeiz. Wir bekamen drei Ordner mit Fragebögen im Multiple-Choice-Verfahren, die große Uhr an der Frontwand drohte uns beständig, wobei kaum jemand den Kopf hob, bis die Zeit abgelaufen war.

Ganz ohne ein Gefühl, weder einem positiven noch einem negativen, fuhr ich wieder zu meiner Tante, bereitete sie darauf vor, dass dies wohl der letzte Berührungspunkt mit dieser Uni gewesen war, und packte meine Sachen. Mein Urlaub war vorbei, ich wollte wieder zurück nach Wien und mir dort wirklich und ernsthaft überlegen, wie es weitergehen sollte, wie und welches Leben ich mir aufbauen wollte. Ich würde mir zunächst einen Job suchen, um über die Runden zu kommen, und mich dann bewerben, ob für eine Festanstellung oder eine Ausbildung, würde sich zeigen. Doch ich war kaum zwei Wochen wieder in Österreich, als ich einen Brief vom Dekan des INSEAD mit der Nachricht erhielt, dass ich die schriftliche Prüfung bestanden hätte – und nun in wenigen Wochen zur mündlichen kommen solle, um im folgenden Sommersemester einzusteigen. Einfach so, federleicht.

Also fuhr ich knapp einen halben Monat später erneut nach Frankreich. Es mag etwas unsinnig erscheinen – schließlich galten noch immer all die triftigen Argumente, die ein Studium definitiv verhindern würden, inklusive meiner Vorbehalte –, und doch gab es dieses eine Argument dafür: Ich hatte meiner Tante versprochen, es zu versuchen. Eine zweite Reise schien mir dafür nicht zu viel verlangt, einem sauberen Abschluss dieses potenziellen Zukunftsplans wollte ich mich nicht entziehen.

Die mündliche Prüfung glich eher einem Gespräch, auch wenn mir vier renommierte Professoren einschließlich des Dekans gegenübersaßen und mich ausfragten. Doch es waren keine Prüfungsfragen per se, die Inhalte bezogen sich vielmehr auf mich als Mensch, auf meine Interessen, meine Pläne. Und diese benannte ich, ohne mich zu verbiegen oder zu lügen: Ich sagte den Herren, dass ich nicht beabsichtigte, dieses Studium, sollte ich eine Zusage erhalten, wirklich bis zum Abschluss durchzuziehen. Dass ich kein wahres Interesse an BWL aufbrachte, mein Leben nicht in einem Konzern oder einer Bank sah, nicht mit Zahlen hantieren wollte. Ich sagte ihnen, dass ich hier eigentlich falsch war und ohnehin das Geld für die Studiengebühren nicht aufbringen konnte. In meinen Augen war das der einzige Weg, denn er war fair: Sie sollten Bescheid wissen. Ihre Mission war schließlich, junge Menschen auf einem bestimmten Weg zu begleiten, sie zu fördern und zu befähigen, mit ihrem Wissen die Welt zu verändern, eine Elite in ihrem Fach zu bilden. Das konnte nur gelingen, wenn alle Seiten an einem Strang zogen und es aus Überzeugung und mit

ICH WOLLTE EINFACH NUR AUTHENTISCH UND UNVERSTELLT BLEIBEN.

Freude taten. Mir ging es nicht darum, überheblich zu wirken oder den Lebensweg anderer zu belächeln, ich wollte einfach nur authentisch und unverstellt bleiben.

Noch bevor ich nach diesen Aussagen aufstehen und gehen wollte – ich war mir sicher, dass sie mich sofort rausschmeißen würden –, änderte sich die Stimmung im Raum. Die Professoren wirkten unentschieden, sahen noch keinen Abschluss gekommen und schienen zudem plötzlich neugierig, denn bei allem Elitedenken und bester Schulbildung: Auf junge Menschen mit solchen Ansichten trafen sie nicht alle Tage. Also fragten sie nach meinem Background und warum ich denn überhaupt hier sei, warum ich diese Prüfungen machte. Ich erzählte ihnen von meiner Tante, von meiner Zuneigung und Dankbarkeit und von meiner Idee, konsequent und wahrhaftig zu sein. Das führte nun zu weiteren Nachfragen und dazu, dass ich ihnen von meinem bisherigen, so unsinnigen Lebensweg erzählte. Die vier Profs saßen zeitweise mit offenen Mündern, meist aber betreten vor mir und schienen so überrascht wie betroffen. Und nicht gewillt, mich gehen zu lassen. Das Gespräch mündete schließlich in einem Angebot, das ich erst einmal sacken lassen musste. Und dann annehmen.

Der Deal sah vor, dass die Uni mich aufnahm und mir ein Stipendium für die Hälfte der Studiengebühren auftrieb. Die zweite Hälfte sollte ich selbst finanzieren, über Jobs neben dem Hochschulbesuch. Nach vier Semestern sollte ich erneut entscheiden, ob ich wirklich und noch immer davon überzeugt war, dass dieses Studium und das damit verbundene zukünftige Leben nicht das Richtige für mich waren. Wäre dem so, würden sie mich ohne Zwänge oder weitere Angebote gehen lassen. Würde ich mich umentscheiden, fänden wir gemeinsam einen Weg, den zweiten Teil des Studiums zu finanzieren. Was soll man als junger Mann in meiner Situation dazu sagen? Ich war noch immer unschlüssig, wohin mein Weg mich führen sollte, noch immer sicher, dass BWL dieser Weg nicht sein konnte – und jetzt nicht mehr nur meiner Tante, sondern auch dieser Eliteuniversität zutiefst dankbar, dass sie mir diese Chance geben wollten.

Vor allem die Option, nach vier Semestern auszusteigen, machte es mir leicht, dieses Angebot anzunehmen. Denn dass ich dies tun würde, dass ich aussteigen würde, war mir recht klar. Mit diesem Mittelweg schien ich aber alle zufriedenzustellen, keine Erwartungen zu zerstören und mir auch keine Steine in den vor mir liegenden Weg zu legen – dieses Studium, diese zwei Jahre würden mein Leben wohl kaum ruinieren. Es war beschlossen, ich würde ein Student in Frankreich, an einer internationalen und sehr renommierten Universität werden. Die Feder war gelandet, ab jetzt lag es erneut an mir, das Beste daraus zu machen.

Leichtgewicht

Das bedeutete zunächst, dass ich Französisch lernen musste. Das Studium war zwar mehrsprachig und wie die Aufnahmeprüfungen auf Englisch möglich, doch ohne die Landessprache zumindest rudimentär zu beherrschen, würde ich mich im Alltag kaum durchschlagen können. Ich absolvierte also als Erstes einen Crashkurs am Institut français und konnte mich schon nach drei Monaten recht gut verständigen. Anschließend ging ich sofort auf Jobsuche, um mein Leben zu finanzieren. Zwar wohnte ich noch bei meiner Tante und ihrer Familie, und niemand von ihnen hatte damit ein großes Problem, doch ich wollte möglichst bald wieder auf eigenen Beinen stehen und mir eine eigene Bleibe suchen. History repeating?

Ja und nein. Ich musste mein Leben tatsächlich wieder so strukturieren, dass ich tagsüber lernen und abends oder nachts mein Geld verdienen konnte. Und doch war es anders, befand ich mich nun in einer anderen, einer besseren Situation, war aus dem Gröbsten raus. Zudem durfte ich etwas tun, das zwar nicht meins, aber doch wesentlich spannender war als Schule und wesentlich weniger schmerzhaft als meine erste Zeit in Wien. Und ich war etwas älter, selbstständiger und erfahrener: Ich wusste, dass ich es schaffen konnte, ich wusste, wie stark ich sein konnte – und jetzt sollte ebendieses Studium in Fontainebleau für die nächsten zwei Jahre der Plan sein, fertig. Ich war älter und autonomer, aber noch immer nicht den Luxus gewohnt, aus vielen Möglichkeiten zu wählen. Oder zu jammern.

Das Studium verlief insgesamt recht unaufgeregt. Ich lief im Mittelfeld mit, ohne mich beim Lernen zu überschlagen. Welche Inhalte wie vermittelt wurden, weiß ich nicht mehr, es waren für mich einfach zu viele monotone Tabellen, theoretische Konstrukte, trockene Materie, kalte Zahlen. All das war komplex und sicher wichtig, für mich jedoch war es sehr weit von echten, wahren Menschen und ihren ganz konkreten Lebensumständen entfernt. Nichts zeigte für mich eine Verbindung zum Alltag – vor allem fehlte jede Kreativität. Nichts war schöpferisch wertvoll oder originell, nichts war schön oder bewegend.

NICHTS WAR SCHÖPFERISCH WERTVOLL ODER ORIGINELL, NICHTS WAR SCHÖN ODER BEWEGEND.

Das mag mein größtes Learning aus dieser Zeit sein: Ich wusste dort zwar nicht, was ich machen wollte, doch ich erkannte, was mich ansprach und wonach ich suchte. Dass ich es ein paar Jahre später in der Werbung finden sollte, sah ich in Fontainebleau nicht. Die Seminare zum Marketing ließen zwar erahnen, dass in diesem Bereich etwas steckte, das sich abheben könnte. Doch auch hier ging es nur um Theorie, Zahlen, Statistiken, alles war so trocken und dröge, dass es in mir keine Leidenschaft weckte. Selbst ein mehrmonatiges Praktikum im dritten Semester in der Marketingabteilung von L'Oréal brachte keinen Aha-Effekt, ganz im Gegenteil: Diese Kosmetik- und Schönheitsbranche ist bis heute meiner Ansicht nach ein Desaster, was Inhalte und Werbung angeht. Marketing für Schminke oder Haarshampoo arbeitet fast immer damit, den (meist weiblichen) Kunden einzureden, sie seien ohne dieses Produkt hässlich und folglich wertlos. Das ist nicht nur langweilig für Werber, sondern meiner Meinung nach auch scham- und substanzlos. Ich konnte bei L'Oréal zwar die Leute der externen Werbeagenturen und ihre Präsentationen genau beobachten und versuchte, die kreative Seite ihres Jobs zu erkennen, aber die Relevanz dieser Erfahrung blieb minimal und das Fazit das gleiche, ob Praktikum oder Studium: Ich hörte zu, nahm alles auf, bestand alle Prüfungen. Und es war wie erwartet – nicht schlimm, aber eben auch nicht meins.

Ähnlich erging es mir mit den Dozenten, Professoren und Kommilitonen. Sie waren mir in ihrer Art, ihren Interessen und Verhaltensweisen neu – allerdings nicht im negativen Sinn, denn die Uni war international. Die Professoren kamen aus diversen Ländern, sahen sehr unterschiedlich aus und sprachen viele Sprachen. Die Studenten waren ähnlich bunt und vielfältig, zumindest für solche Verhältnisse. Definitiv war ich nicht der einzige dunkelhäutige Mann auf dem Campus wie bis vor Kurzem in meiner Schulklasse, was für mich seltsam spannend war. Gleichzeitig hatten sie alle etwas gemeinsam, das mir fehlte: Sie stammten aus guten Häusern, besaßen Geld und waren meist etwas bieder, als übten sie schon in jungen Jahren, wie sie wohl als Fünfzig- oder gar Siebzigjährige aussehen, sich bewegen und artikulieren würden.

Kühle Distanz oder gar rassistische Ressentiments schwappten mir selten entgegen, sie waren kaum der Rede wert nach den Jahren in Wien. Ich wurde geduldet und freundlich-desinteressiert behandelt. Es war somit für mich grundsätzlich eine gute, nette Zeit. Und das, obwohl mir klar war, dass ich erneut nicht ganz hineinpasste in dieses Leben und diese Peergroup: Ich war arm, an BWL und dem entsprechenden Lebensstil nicht interessiert – und hatte keine Freizeit, um mich privat mit ihnen auseinanderzusetzen, zusammenzusetzen, Spaß zu haben, sie und ihre Leben kennenzulernen. Außenseiter, erneut, und wie immer kein Opfer, denn solange ich entschied, kein Opfer zu sein, konnten sie mich zu keinem machen.

SOLANGE ICH ENTSCHIED, KEIN OPFER ZU SEIN, KONNTEN SIE MICH ZU KEINEM MACHEN.

Wir waren unterschiedlich, gingen aber mit Respekt miteinander um. Das bisschen Arroganz machte mir nichts aus, das bisschen Mitleid mir gegenüber war mir gleichgültig – außerdem empfand ich ebenfalls Mitleid: Die Jungs waren gefangen in ihrer Welt, abhängig von der Meinung anderer, sicher aber ihrer Väter, süchtig nach Geld und dieser falschen, mit dem Geld verbundenen Sicherheit. Sie hatten fast weniger Optionen als ich, was in dem ganzen Chichi immer wieder durchblitzte. Ein paar meiner Kommilitonen traf ich Jahrzehnte später mal wieder, und sie hatten sich wie erwartet und wahrscheinlich genauso geplant kaum verändert. Bis auf die Tatsache, dass sie nun Frauen hatten, die sie ignorierten, Kinder, die sie hassten, und Jobs, die sie reich, aber kaputt machten. Wie an der Uni fiel mir auch hier schwer, zu erkennen, ob sie glücklich waren oder nicht, doch womöglich war das kein Parameter, der sie vorantrieb oder essenziell war. Sie waren das geworden, was sie damals geübt hatten und ich mir für mich nie vorstellen konnte: Konzernmenschen.

Während sie also dieses Training absolvierten, ging ich arbeiten. Und stellte mit einem Hauch von Freude fest, dass es Unterschiede gab zu meinen Jobs in Wien: Sie waren zwar ebenfalls abends und nachts, und sie waren anstrengend, doch sie fühlten sich anders an. Ich fand Stellen als Nachtportier im Hotel oder als Bedienung an der Hotelbar und kellnerte in Kneipen, Cafés oder Bars. In den Semesterferien fuhr ich in Weinanbaugebiete und half bei der Lese mit. Und bei alldem hatte ich stets das Gefühl, etwas freier entscheiden zu können, etwas weniger abhängig zu sein als damals in Wien. Und es gab weitere Vorteile: Ich lernte Frankreich kennen, Paris lieben, die Küche genießen – keine Nation hat solch einen guten Geschmack. Über Stil oder Vorlieben in jeglicher anderen Hinsicht lässt sich streiten, aber wenn es ums Essen geht, sind die Franzosen für mich unschlagbar.

Vielleicht war es nur die Volljährigkeit oder das Studium, vielleicht die Tatsache, dass mein Appartement, das ich nach einem guten halben Jahr fand und selbst finanzieren konnte, zwar lediglich aus einem kleinen Zimmer mit Kochnische bestand, aber kein Kellerloch war. Vielleicht, dass ich nun nicht mehr jeden Tag Extrawurst essen musste, wenn ich nicht wollte. Oder dass ich an der Uni manchmal einfach als einer von vielen durchging, ganz unauffällig, fast so, als gehörte ich dazu. Es waren all diese kleinen Dinge, die mir zeigten, dass mein Kampf sich lohnte, dass ich lohnte, dass es weiterging. Und mir jeder, der etwas anderes einzureden versuchte, gestohlen bleiben konnte.

So oder so fiel es mir nicht schwer, im vierten Semester kundzutun, dass meine ursprüngliche Entscheidung unverändert war. Ich teilte meiner Tante und dem Uniausschuss mit, dass ich nach diesem Semester nicht mehr weitermachen und die Universität verlassen wolle. Alle reagierten extrem fair, was ich ihnen erneut hoch anrechnete – denn anderes hätte nichts geändert, aber einen faden Nachgeschmack hinterlassen, hätten sie versucht, mir ein schlechtes Gewissen, irgendwelche Schuldgefühle oder vermeintliche Verpflichtungen anzuhängen. Meine Tante nahm es mir überhaupt nicht übel, sie hatte mich in den Jahren in ihrer Nähe gut genug kennengelernt, um zu verstehen, warum ich was tat. Und sie schien kein schlechtes Gefühl zu haben, mich gehen zu lassen. Sie hatte verstanden, dass ich meinen Weg gehen würde, wie auch immer er aussähe.

Schwergewicht

Leicht fiel mir dieser Abschied nicht, diese zweieinhalb Jahre in Frankreich hatten etwas mit mir gemacht: das Studium mit meinem Horizont und meinen Zielen, die Wärme meiner Tante mit meinen Emotionen, die neu erstandenen Erfahrungen mit meiner Reife und meinem Anspruch. Diese Kaderschmiede und ihre Leute waren für mich seltsam geblieben, sie hatten mir nicht zeigen können, wie das Leben funktionierte oder wie weit einen ein Masterplan bringen konnte – nämlich meist nirgendwohin. Diese Chance war auf jeden Fall gut und wichtig, und selbst wenn sie wie so vieles zum Unsinn des Lebens gehörte, bin ich dankbar dafür.

Wenn ich heute mit meinen Kindern über Zukunftspläne und -ängste diskutiere, kann ich aus Erfahrung sprechen: Es ist nicht schlimm, nicht zu wissen, wohin man soll oder will. Es ist nur schlimm, nichts auszuprobieren oder sich von anderen lähmen zu lassen. Probiert etwas aus, sucht nicht nach Sicherheit, sondern nach Glück, sucht nicht nach Talent, das alles kinderleicht macht, sondern leistet, kämpft, zieht – und verarscht euch nicht selbst: Nur weil jemand sagt, »Influencer« sei ein Job, der erfüllt, müsst ihr euch das nicht selbst weiszumachen versuchen. Sucht lieber in eurem Inneren nach dem Antrieb, selbst wenn ihr dann Straßenmusiker, Tierärztin oder Konzernchefin werdet, so what. Solange das von euch selbst kommt, ihr davon überzeugt seid, wird es richtig sein.

ES IST NICHT SCHLIMM, NICHT ZU WISSEN, WOHIN MAN SOLL ODER WILL.

Das sagt sich natürlich leichter, wenn man wie ich eine Chance wie Fontainebleau letztlich abgelehnt hat und danach seine große Leidenschaft so erfolgreich leben durfte. Der Titel dieses Buchs ist ja nicht willkürlich entstanden oder weil er sich so gut anhört: Der Unsinn des Lebens, meines Lebens, war

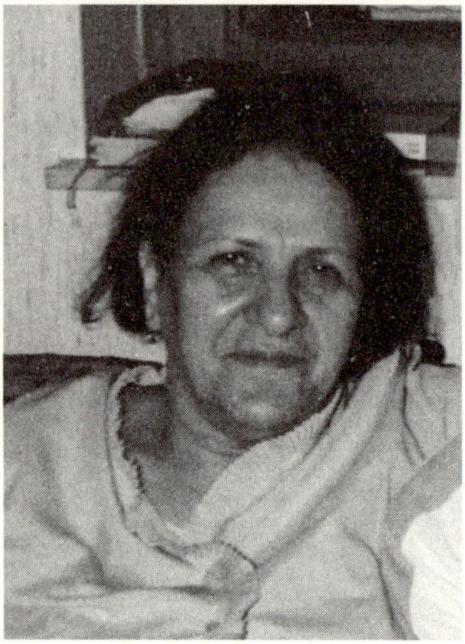

Meine geliebte Oma.

in beinahe jeder Minute spürbar. Es war kein Luxus, dieses Studium abzubrechen – es sei denn, es gilt als Luxus, sich gegen sein absolutes Unglück zu entscheiden, die potenziell größte und längste Lebenskrise abzuwenden, seine Seele nicht zu verkaufen und stattdessen sein Ziel zu suchen. Es war auch kein Wissen, keine rationale Entscheidung, sondern schlichtweg Bauchgefühl: Mein Bauch leitete mich, und ich hörte auf ihn, nicht nur in Frankreich. Wie damals konnte ich später oft nicht sagen, warum etwas richtig oder falsch für mich war, aber ich bin diesem Gefühl, meinem Bauch gefolgt. Und er hatte immer recht.

Und ich bleibe dabei: Es war eine gute Zeit, ich habe einiges fürs Leben gelernt und eine Welt gesehen, die mir zuvor nur aus der Ferne bekannt war. Sie war nicht vergeudet, denn ich habe als Mensch viel erfahren, auch mich selbst ein Stück mehr kennengelernt. Ich gehörte mehr dazu als bislang, fand noch mehr Gelassenheit, Negatives auszuhalten oder zu ignorieren, lernte mich und Menschen generell besser verstehen – und blieb bei mir: Ich war wahrhaftig, an jedem Tag, bei jedem Seminar, jedem Job, jedem Gespräch. Anspruch, Respekt, Konsequenz – all das war wichtiger als irgendein Plan.

Den hatte ich damals nicht, doch eine in die Fresse bekam ich dennoch, und zwar extrem schmerzhaft. Denn meine Oma hatte einen Plan, nämlich mich zu besuchen. Die geliebte Oma, mit der ich in Teheran die Nächte auf der Terrasse verbracht hatte, mit der ich gekocht, gequatscht, gelebt hatte, damals als Kind. Sie sehnte sich nach mir und wollte nach all den Jahren unbedingt wissen, vor Ort erfahren, wie es ihrem Enkel ging. Sie war vorher noch nie ins Ausland gereist, geschweige denn geflogen, wollte mich aber um jeden Preis besuchen, da sie zu spüren glaubte, dass ich schwankte, dass ich nicht wusste, was ich mit meinem Leben anstellen sollte.

Ich war glücklich, als ich hörte, sie käme zu Besuch nach Frankreich, auch wenn ich das weder zeigen noch unbedarft fühlen konnte. Doch die Freude war da, tief in mir. Schon als wir sie am Flughafen abholten, spürte ich ihre Wärme, freute mich auf unsere Gespräche. Zwei Wochen lang sollte sie bei meiner Tante bleiben, während ich versuchen würde, jede freie Minute mit ihr zu verbringen. Das war der Plan. Die Realität sah anders aus.

Sie kam nachmittags an, etwas müde von der Reise, doch voller Liebe in den Augen, als sie mich erblickte. Ich war zerrissen vor Glück und Distanz, denn noch immer war in dieser Hinsicht nicht viel aus mir herauszuholen. Zudem verkörperte sie – ungewollt, aber doch unweigerlich – diese verfluchte Vergangenheit im Iran, diese Phase meines Lebens, die ich unbedingt aus meinem System löschen wollte. Und es größtenteils bereits getan hatte. All die Jahre in Wien hatte ich dieses Leben verdrängt, hatte weder Kontakt zu Iranern noch deren Essen oder Kultur gesucht. Als mein Vater einige Jahre zuvor zu Besuch war, war ich kühl geblieben, distanziert, im Hier und Jetzt, in Wien. Doch mit dieser wunderbaren Frau fiel mir das wesentlich schwerer, drohte sich meine hart erbaute Rüstung aufzulösen.

Nicht dass ich sie herzlich umarmte oder gar in Tränen ausbrach, als ich sie sah. Auch hier blieb ich zunächst unnahbar, hielt Abstand, begnügte mich mit Floskeln und Small Talk. Und sie? War eben jene große Persönlichkeit, die so großherzig wie weise darüber hinwegsah, sich auf diese Situation einließ und mir folgte. Ich kann mir heute gut vorstellen, wie zerrissen sie gewesen sein muss, wie gern sie mich einfach eine Stunde lang in den Armen gehalten hätte. Doch sie sah sofort, mit Schmerz und Stolz, was diese Jahre aus mir gemacht hatten – und ich aus ihnen. Dass ich mein Leben auf diese Weise in den Griff bekommen hatte, mit Abstand und Kraft.

Und so ließ sie mich gewähren, hielt sich an die ungeschriebenen Gesetze, erzählte nichts aus der alten »Heimat«, die für mich schon lange keine mehr war. Ebenso wenig verlangte sie von mir Gefühlsausbrüche – auch wenn sie ihre Sorgen durchaus direkt ansprach, mich fragte, was ich mit meinem Leben plante, wie es mir hier ging, in Wien ergangen war. Sie akzeptierte ebenso meine wortkargen Antworten, ließ mich aber dabei spüren, dass wir später darauf zurückkämen. Das erste Gespräch war ein Geschenk, sie war ein Geschenk. Und ich mir sicher, wir könnten in den kommenden beiden Wochen daran arbeiten, uns näherkommen, vielleicht lachen und gemeinsam in die Zukunft blicken. Konnten wir nicht: Sie starb in der ersten Nacht, in meinen Armen.

SIE STARB IN DER ERSTEN NACHT, IN MEINEN ARMEN.

Ich hörte es poltern, jemand war gestürtzt, etwas umgefallen. Kurz blieb ich im Bett liegen, war nicht sicher, ob ich mich irrte oder ob meine Oma sich in der ersten Nacht in ungewohnter Umgebung irgendwo gestoßen hatte. Doch ich irrte mich nicht, das Gefühl, dass etwas nicht stimmte, krallte sich in mein Herz. Ich sprang aus meinem Zimmer, rannte ins Badezimmer – und fand sie auf dem Boden. Sie war nicht mehr ansprechbar, aber noch lebte sie. Ich nahm ihren Kopf in meinen Schoß, wiegte sie in meinen Armen. Und fühlte das Leben aus ihr weichen.

Sie erlitt einen Schlaganfall, der sie innerhalb von Minuten von uns riss. Sie starb noch vor Ort, in meinen Armen. Der Krankenwagen kam erst viele Minuten später. Meine Tante war aufgelöst, weinte, trauerte. Ich – blieb stumm. Schob den Schmerz in die schwarze Höhle, die ich in mir dafür gebohrt hatte. Dort schlug er um sich, unnachgiebig. Während ich am nächsten Tag stur weitermachte. Mich mit meiner Tante um die Überführung des Leichnams in den Iran kümmerte. Mich von meiner Oma verabschiedete. Ohne zu weinen, ohne wirklich um diese unsere zwei Wochen zu trauern, denn dann hätte ich dem Schmerz Tür und Tor geöffnet. So vergrub ich ihn jeden Tag ein wenig tiefer.

Es sollte nicht sein, der Plan war defekt, es kam anders. Ich führte mein Leben und mein Studium in Frankreich fort, ein weiteres Jahr lang. Sah immer noch das Gesicht meiner Oma vor mir, diese Augen, diesen Willen. Damals dachte ich, dass sie womöglich ihr eigenes Ende gespürt und deshalb diese Reise auf sich genommen hatte, mich unbedingt noch einmal sehen wollte, bevor es zu spät war. So war sie, sie konnte schon immer Mut und Stärke ausstrahlen und weitergeben. Selbst wenn sie nicht mehr da war, weil dieser Unsinn von Leben mir erneut seinen Arschloch-Move zeigte. Doch wieder einmal versank ich nicht in Trauer und Ohnmacht, so kannte meine Oma mich nicht. Stattdessen dachte ich wie so oft: Jetzt erst recht! Ich werde jeden Tag genießen, ich lasse mich nicht unterkriegen, nicht so, niemals.

Das verdanke ich ihr. Meine Oma war meine Heldin, mein Idol, schon immer gewesen. Sie ist es bis heute. Und das will etwas heißen, denn es gibt nur wenige in meinem Leben. Und noch weniger, die ich treffen durfte und niemals vergessen werde. Wie Muhammad Ali.

GOAT

2003–2010

Berlin

»KÄMPFER ESSEN KEINEN HONIG, SIE KAUEN BIENEN.«

Weiche Knie

Ich sah Ali zum ersten Mal 1974 in Kinshasa kämpfen, als mein Vater mich aus dem Bett holte, um dieses Spektakel vor dem Fernseher mitzuerleben. Damals bedeutete er mir als Person oder gar Vorbild wenig, obwohl er bereits unfassbar viel erreicht und sich selbst sportlich wie gesellschaftlich ein Denkmal gesetzt hatte. Es war nun mal meine erste »Begegnung«, ich fast sechs Jahre alt – und doch spürte ich bereits in Teheran vor dem Fernseher, dass er etwas ausstrahlte, das groß, wichtig war. Dass er eine besondere Art von Mut und Selbstbewusstsein an den Tag legte, die ich schon ein paar Jahre später zu nutzen begann.

Fast drei Jahrzehnte nach dem Kampf »Rumble in the Jungle« verehrte ich ihn abgöttisch, hatte alles über ihn gelesen, gesehen, inhaliert. Ich weiß nicht, wo ich ohne Ali heute wäre – vielleicht an exakt der gleichen Stelle, doch er hat mein Weltbild bereichert, mein Selbstbild gestärkt. Er hat mir stets Mut gemacht, wenn ich nicht weiterwusste, wenn die ganze Welt gegen mich war, niemand an mich glaubte, ich mal wieder anders als die anderen war. Er ist ein Mensch, der unsere Gesellschaft nachhaltig verändert und verbessert hat, weil er uns lehrte, was Diversität, Toleranz und Respekt wirklich bedeuten. Er war stolz darauf, anders zu sein – und sein »anders« hieß tatsächlich, nonkonform zu sein. Ihm kam niemals in den Sinn zu jammern, wenn er deswegen kritisiert wurde.

ICH WEISS NICHT, WO ICH OHNE ALI HEUTE WÄRE.

Ganz im Gegenteil streckte er erst recht die Brust heraus und forderte alle und jeden heraus. So ändert man etwas, so bleibt man auf Augenhöhe, so bleibt man bei sich selbst. In so vielen Zeiten in meinem Leben habe ich mich an ihm orientiert, seine Kraft für mich genutzt, seine Wut und seine Stärke.

Ob ich sechzehn Jahre alt war oder vierundzwanzig, ob zweiunddreißig oder neunundvierzig: Es gab immer Momente, in denen Menschen mir um jeden Preis weismachen wollten, ich könne etwas nicht, sei für etwas nicht gemacht, solle aufgeben, sei zu schlecht, zu klein, zu dunkel, zu dumm. Doch ratet mal: Ich war nichts davon. Ganz im Gegenteil – und das wusste ich mitunter dank Ali.

Wer mich kennt, weiß um meine Verehrung für Ali, seine Lehre ist zudem regelmäßig an mir erkennbar: Ich bin laut, ich bin selbstsicher, ich weiß, was ich kann, und ich lasse mir von niemandem etwas anderes sagen. Dass Tonio Kröger, mein Kompagnon 2003, mit dem ich DDB Deutschland wieder an die Spitze bringen sollte, all das ebenfalls wusste, war nicht verwunderlich, sein Manöver dazu jedoch war für mich absolut unfassbar und eines der schönsten Geschenke meines Lebens.

Tonio rief mich im November 2003 an und teilte mir mit, er habe für uns Tickets für die Bambi-Preisverleihung in Hamburg organisiert. Ich solle mir einen Smoking leihen und mich mit ihm in den Zug setzen. Nun hatte ich zunächst zwei Probleme: Erstens hasste ich Chichi-Veranstaltungen wie diese Bambi-Feier, bei der alle nur gesehen werden und sich selbst feiern wollten. Zweitens hasste ich Smokings und Anzüge. Ich trug ein-, zweimal im Jahr welche, wenn ich unbedingt musste. Aber für mich waren und sind sie die miese Uniform des alten weißen Mannes. Es gibt nichts Lächerlicheres als diese Verkleidung, um seriös und wichtig daherzukommen. Somit sprach nichts für Tonios Idee, und ich war alles andere als begeistert. Bis er sagte: »Muhammad Ali wird dieses Mal den Millennium-Bambi für sein Lebenswerk erhalten und selbst vor Ort sein.«

Da gab es für mich kein Halten mehr. Im Smoking, mit hundert Pseudo-Superstars, bei einer langweiligen Veranstaltung – aber mit Ali. Das war fantastisch, ich hätte zwei Smokings getragen, es wäre mir egal gewesen. Also borgte ich mir einen, wir packten unsere Taschen und machten uns auf nach Hamburg. Dort angekommen, saß ich gerade in meinem Hotelzimmer, als ich einen Anruf von Peter Olsson erhielt – und mein Herz kurz stehen blieb. Er war der Marketingmanager von Ali in Europa und fragte mich, ob ich wohl heute Zeit für ein Gespräch mit ihm hätte, um über mögliche Kommunikationsmaßnahmen von Ali zu sprechen. Ich war perplex, aber vornehmlich begeistert, zögerte nicht und sagte sofort zu. Er nannte mir ein Restaurant an der Alster, das ich nicht kannte, legte auf und ließ mich in meiner Seligkeit allein.

Anderthalb Stunden später stand ich vor besagtem Restaurant und starrte eine Weile auf die Autos, die davor aufgereiht waren: S-Klasse und Maybachs, sonst nichts. Oder doch: jede Menge Bodyguards, die an den Autos oder vor der Tür standen. Ich ging schließlich auf einen von ihnen zu, sagte, ich hätte einen Termin mit Peter Olsson und wartete, während der Wächter im Inneren des Gebäudes verschwand. Etwas später kam Olsson raus, begrüßte mich herzlich und nahm mich mit hinein. Drinnen – war niemand. Der gesamte vordere Teil war leer und still. Olsson schob mich grinsend immer weiter in den hinteren Teil, bis ein Kellner uns zwei große Schiebetüren zu einem anderen Raum öffnete. Darin saßen der Biograf und Fotograf Howard Bingham, die gesamte Familie von Muhammad Ali – und Ali selbst.

Olsson sagte: »Ali, schau, das ist Amir, er ist dein größter Fan!« Es war Thanksgiving, und die Familie hatte sich zum gemeinsamen Essen getroffen, bevor es zur Bambi-Verleihung gehen sollte. Die Familie, Freunde – und ich. Das Gerede von den potenziellen Marketingstrategien in Deutschland war von Olsson nur vorgeschoben worden, um mich herzulocken. Ich war so berührt wie selten in meinem ganzen Leben. Es war wie in einem Traum, dem größten aller Zeiten.

Muhammad Ali war damals einundsechzig Jahre alt und schon schwer gezeichnet vom Parkinson-Syndrom. Zu sprechen fiel ihm schwer, seinen Körper hatte er nicht mehr in seiner vollen Gewalt, doch im Kopf war er so klar und weise wie eh und je. Und so brachte ich ihn nicht in die Verlegenheit oder Not, sich anstrengen zu müssen, sondern erzählte ihm von meinem Respekt und meiner Ehrfurcht, meiner Hochachtung vor ihm und allem, was er geleistet hatte. Ich erzählte ihm von meinem Leben, meiner Kindheit, meiner Flucht, meiner Karriere, die ich mir dank ihm als Vorbild und trotz aller Widrigkeiten aufgebaut hatte. Während ich das tat, beobachtete ich ihn, seine Augen, die manchmal lächelten, manchmal in Trauer versanken, meist jedoch voller Konzentration bei mir waren und zeigten, dass er mit Geist und Herz bei mir war, er mir wirklich zuhörte.

Das waren die bewegendsten drei Stunden meines Lebens. Selbst in seinem Zustand war er eine Lichtgestalt, strahlte so viel Kraft und Würde aus, war hinreißend, beinahe göttlich. Ich kann kaum in Worte fassen, was dieses Treffen alles in mir auslöste. Es war ohne jeden Zweifel das schönste Geschenk, das mir je gemacht wurde, abgesehen von meinen Kindern. Als wir uns schließlich verabschiedeten, schwebte ich aus dem Hotel und fühlte mich geradezu gesegnet. Was sollte jetzt noch kommen?

DAS WAREN DIE BEWEGENDSTEN DREI STUNDEN MEINES LEBENS.

Nun, es kam die Bambi-Verleihung, bei der er geehrt wurde. Ich beobachtete ihn genau, natürlich, feierte ihn wie alle anderen auch – aber nach dem gemeinsamen Essen zuvor war das fast wie Fernsehen. Danach allerdings ereignete sich ein weiteres Highlight, ohne dass ich es nur im Entferntesten hätte ahnen können. Nach dem offiziellen Teil der Verleihung gab es in einer riesigen Lokalität ein Galadinner. Die Tische wurden uns ohne unser Zutun zugewiesen, und ich war relativ schnell als einer der Ersten an meinem Platz, der vom Eingang

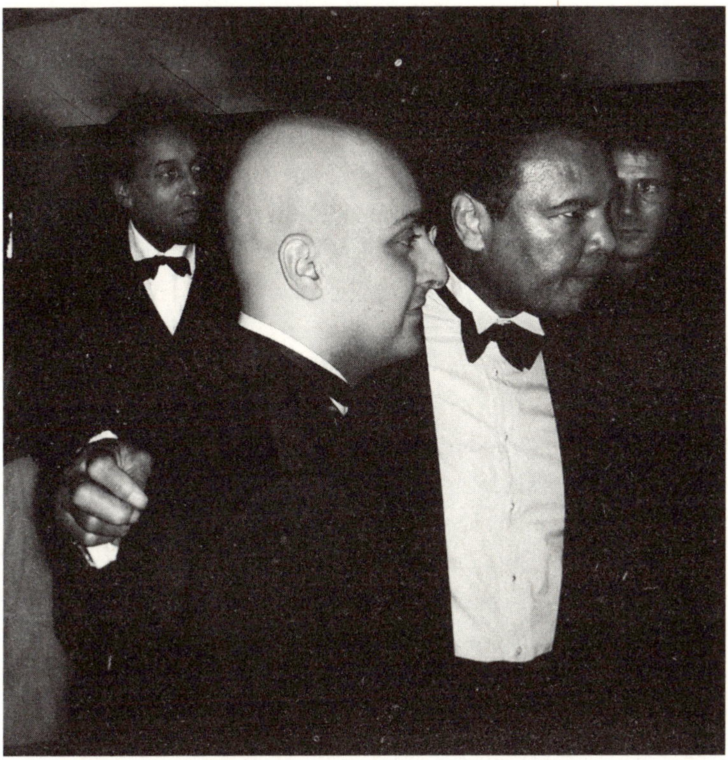

Einer der bewegendsten Momente in meinem Leben.

aus gesehen am anderen Ende des großen Raums lag. Allmählich füllte sich der Saal, alle strömten hinein, begrüßten sich, betrieben Small Talk und nahmen schließlich ihre Plätze ein. Ich träumte, glücklich wie ich war, vor mich hin, als ich auf einmal Ali erblickte, der am gegenüberliegenden Ende den Saal betrat. Und wieder ging mein Herz auf: Dieser Mann war einfach ein Held. Mein Held.

Während ich ihn beobachtete, merkte ich, wie er mich plötzlich erkannte, anfing zu lächeln – und durch den gesamten Raum auf mich zuging. Er ignorierte alle, die ihn links und rechts auf dem Weg ansprachen und anhalten wollten, und ließ sich in keiner Weise beirren. Bei mir angekommen, umarmte er mich mit seiner grandiosen rechten Hand. Wir wechselten ein paar wenige Worte, er schenkte mir einen letzten Blick und ging dann an seinen Tisch zurück, der sich am Eingang befand. Und ließ mich erneut sprachlos und mit tränengefüllten Augen zurück. Ich kann Howard Bingham nicht genug dafür danken, dass er diesen Moment, als Ali mich mit seiner Rechten umarmt, fotografiert hat. Nicht, um es allen zu zeigen, nicht, um damit anzugeben, sondern, weil es einer der bewegendsten Momente meines Lebens war. Das Bild hängt bis heute in Barcelona und ist einer meiner größten Schätze.

Muhammad Ali sagte mal, es gäbe etwas Gutes an seiner Krankheit: So könnten die Menschen sehen, dass auch er nur ein Mensch sei, einer von ihnen und nicht Superman. Das ist das Heroischste, was jemand mit solch einem Leben, in solch einer Situation, mit solch einer tückischen Krankheit sagen kann. Er ist und war nicht umsonst der GOAT, »Greatest Of All Time«, und er wird es immer bleiben. Er hat sich diesen Titel selbst gegeben, im Alter von zweiundzwanzig Jahren, als er noch nichts geleistet hatte – außer an sich zu glauben, weil es sonst niemand tat.

Schlag auf Schlag

Als ich zehn Monate zuvor Springer & Jacoby verließ, stand ich ähnlich allein da, ohne Leute, die an mich glaubten – und ohne Vertrag: [redacted], einige Verantwortliche bei [redacted] meinen Vertrag tatsächlich auf Eis legten. [redacted] DDB und damit mein neuer Arbeitgeber den Mediaetat von Mercedes-Benz verwaltete, also die Gelder für die Veröffentlichungen der Kampagnen in TV, Print und Co. besaß, während Springer & Jacoby den Werbeetat für Mercedes-Benz hatte, also die Kampagnen konzipierte und produzierte. [redacted].

Automobilkommunikation war zumindest in Deutschland damals absolute und einzige Königsklasse, zudem hatte Bill Bernbach in New York doch mit seiner Werbung für den VW Käfer die Branche revolutioniert. Dass DDB [redacted], war leider nicht so verwunderlich – nur etwas beschämend. Denn während die Agentur nun dastand und weder ein noch aus wusste, Tonio den Vertrag anbot, mich aber noch hinhielt – fingen wir kurzerhand an zu arbeiten. Richtig verstanden: ohne Vertrag, ohne Sicherheit, ohne Ahnung, was passieren würde.

Aber passieren musste etwas: Tonio und ich wollten nicht nur die Führung dieser Agentur. Wir waren auch noch hohes unternehmerisches Risiko eingegangen, da wir anstelle von hohen Gehältern erst mal nur Anteile der Agentur erhielten: Waren wir erfolgreich, wurden die Anteile wertvoll, so einfach war die Rechnung. Zumindest für mich, denn ich war überzeugt davon, dass ich, dass wir es schaffen würden, sonst hätte ich den Job wohl kaum ohne jegliche Sicherheit angenommen. Womöglich sollte ich hier zugeben, dass »überzeugt« relativ ist: Wir rechneten uns eine Erfolgschance von etwa einem Prozent aus. Das reichte mir.

Für diesen Erfolg mussten wir zunächst Volkswagen als Kunden retten. Dieser stand auf der Kippe, da VW den Werbeetat, den DDB seit 1959 verwaltete, international ausschrieb. Automobilwerbung war nicht nur die Königsklasse der Werbung, sondern für DDB Deutschland die einzige – denn die Agentur hatte sonst keine vergleichbaren Kunden. Offen gesagt hatte sie kaum Nennenswertes: Viele Leute waren matt und müde, das Management hatte seine Munition mehr oder weniger längst verschossen. Und das lief seit vielen Jahren schon so. Da fragte man sich, warum VW überhaupt noch mit DDB zusammenarbeitete.

Doch dies lag an der langen Geschichte, die Volkswagen mit Bill Bernbach und seiner Agentur in den USA verband. Nachdem er es geschafft hatte, Automobilwerbung in den Sechzigerjahren auf ein neues Kreativniveau zu heben, setzte VW damals alles auf diese Karte und sagte: »Macht das, was ihr in den USA gemacht habt, auch in Europa!« Und DDB tat es eine Dekade lang mit großem Erfolg. In den Siebzigern jedoch flauten die Erfolge ab, die Luft schien raus zu sein, die Kreativität fast verloren. Und so dümpelte die Werbung vor sich hin, drei Jahrzehnte lang. Als wir 2003 einstiegen, tat sie es in drei Dependancen in Düsseldorf, Berlin und Hamburg mit insgesamt etwa achtzig Leuten und arg miesen Zahlen. Ich sagte ja, ein Prozent Wahrscheinlichkeit. Aber auch hundert Prozent Anspruch, an die Leute, an meinen Kompagnon, an mich. Und zugegebenermaßen hatten wir mit VW ein VIP-Ticket zur großen Party: In Deutschland war ein Automobiletat nötig, um in Erscheinung zu treten, denn nur, wer Autowerbung machte, spielte bei den Großen mit.

Wir pitchten eine hervorragende Kampagne für den Golf V, das war unser Startschuss. Und der unserer Nacktwetten: Von Beginn an durfte ich mir immer wieder anhören, dass etwas nicht funktionieren werde, dass die Idee Mist sei, die Kampagne nicht umsetzbar, das Konzept scheiße, der Slogan zu frech, ich zu unkonventionell. Meine Position ließ mir nun genug Raum, um meine Ideen durchzusetzen, doch Führung bedeutete viel mehr – zudem sollte ich nicht der Einzige sein, der gute Arbeit ablieferte. Also preschte ich mal wieder vor: Wer auch immer ab jetzt meinte, etwas ließe sich nicht umsetzen, musste eine Wette eingehen und der Verlierer nackt durch das Brandenburger Tor rennen.

Es hätte Hunderte gegeben, die wir so hätten ablichten können. Doch ich verzichtete ein ums andere Mal auf die Einlösung, die Verlierer unverhüllt durch die Menge laufen zu lassen. Es ging mir um etwas ganz anderes: Hört auf zu zweifeln, hört auf, ständig alles (und mich) infrage zu stellen, sondern traut euch endlich etwas, traut euch etwas zu! Es ist absoluter Blödsinn, immer erst Nein zu sagen, bevor man es ausprobiert, dafür gekämpft hat. Das Ganze wurde zum Running Gag und blieb es sehr lange, auch wenn wir drei Jahre später zu Kaviarwetten übergingen – das passte besser zu unseren Erfolgen.

ES IST ABSOLUTER BLÖDSINN, IMMER ERST NEIN ZU SAGEN, BEVOR MAN ES AUSPROBIERT, DAFÜR GEKÄMPFT HAT.

Wir stellten die gesamte Agentur neu auf und bauten dabei immer auf das Fundament Bernbachs, besannen uns auf diese Wurzeln und richteten unsere Vision danach aus. Wir motivierten die Mitarbeiter oder ließen sie gehen, fanden neue, die besser passten und frischen Wind hineinbrachten. Um trotz der Größe der Agentur beweglich zu bleiben, gründeten wir kleine Einheiten und platzierten dort die Verantwortung, damit sie selbstständig agieren konnten. Zudem gaben wir erneut selbst Vollgas und lebten vor, in welche Richtung es gehen sollte. Dem gesamten Team machten wir deutlich, was wir wollten – und dass wir in sechs Monaten die Besten sein würden. Das glaubten nicht alle, entsprechend fielen die ersten Reaktionen aus. Und so entstand die Nacktwetten-Idee in meinem Kopf, denn alle lachten, das Team und alle außerhalb: Kaum jemand glaubte, dass wir uns auch nur auf Mittelmaß halten könnten. Doch wir konnten.

Wir waren mutig und dachten vieles neu. Wir stellten VW ab dem ersten Pitch zufrieden, zogen jede Menge und auch große Neukunden an Land. Der Slogan »Aus Liebe zum Automobil« dürfte vielen noch im Ohr sein – er stammte von uns und wurde ein Riesenerfolg. Volkswagen begann wieder mehr Reichweite zu erlangen, neue Kunden zu gewinnen, sich in der Topriege zu platzieren. Das Vertrauen des Autobauers in uns wuchs kontinuierlich, und er hatte Freude an unseren Ideen. Gut, nicht immer und nicht sofort – Himmel, was musste ich kämpfen für Kampagnen, die schließlich zu den besten gehörten –, aber doch stetig.

So mancher erinnert sich an die zwei Jungen, die vor einem Haus auf den Treppen saßen und sich mit lauten Brumm-Geräuschen und den Händen an fiktiven Lenkrädern ein Rennen lieferten. Während der eine für das nötige Schalten in den nächsthöheren Gang sein Brummen immer wieder kurz unterbrach – hörte der andere einfach nicht auf, immer weiter und immer höher zu brummen: Er musste mit dem neuen VW mit Automatik nicht mehr schalten. Der Clip war in erster Linie amüsant, der Junge lief schließlich rot an und drohte in Ohnmacht zu fallen vor Atemnot. Doch er wollte partout nicht aufhören – ganz wie der imaginäre VW. Das wirkte auf den zweiten Blick, auf der dahinterliegenden Ebene schlicht beeindruckend, das Auto rückte in den Vordergrund, regte an, machte Spaß und blieb in Erinnerung.

Mit einer ganz anderen Idee schossen wir einen weiteren Erfolgsvogel ab: Wir veröffentlichten für die Autos Gedichte, um die »Liebe zum Automobil« in Worte zu fassen. Als wir jedoch nur wenige fanden, die uns gefielen und die zu der Kampagne passten, begann ich, unter dem Pseudonym »Diego Armando« – nach einem der größten Fußballspieler aller Zeiten, Maradona – selbst welche zu entwerfen. Diese kamen so gut an, dass nicht nur die Kampagne zum Erfolg wurde. Jahre später noch fanden sich einzelne dieser lyrischen Werke gar auf Hochzeitskarten. Das war Werbung, wie ich sie liebte: Sie trug sich fort, verselbstständigte sich in den Köpfen der Menschen, trieb neue Ideen voran, nahm neue Felder ein. Fein, klein, aber tief. Oder so flach wie Horst Schlämmer.

Ich sah Hape Kerkeling in dieser Paraderolle im Mai 2006 bei *Wer wird Millionär?*, als wir bei Freunden die Show mit einem Auge verfolgten. Damals war er seit etwa einem Jahr als dieser Prototyp von altem weißen Mann unterwegs und hatte damit grandiosen Erfolg: Horst Schlämmer war der fiktive stellvertretende Chefredakteur des ebenso fiktiven *Grevenbroicher Tagblatts*, und er war eingebildet, leicht widerlich, ein Mann von Grevenbroich anstatt von Welt – und so urkomisch dabei, dass wir diesen Spiegel gern annahmen, weil niemand sich wirklich selbst gemeint und damit angegriffen fühlte. Im Zweifel kannte man einen entfernten Onkel, der doch auch solch eine schreckliche Herrenhandtasche besaß oder solche dummen Sprüche riss, während man selbst in Fremdscham versank. Ich liebte ihn auf den ersten Blick. Und hatte sofort eine Idee, wie wir ihn für Volkswagen einbinden konnten: Horst Schlämmer hatte (wie ich) keinen Führerschein und sollte ihn nun im VW Golf machen. Was mit dieser brillanten Idee einherging, lässt sich erahnen: Widerspruch.

In der Agentur lachten zunächst alle, weil mein Einfall so widersinnig daherzukommen schien. Horst Schlämmer war ein Trampel, derbe, stillos, chauvinistisch, ein Dorfdepp ohne Niveau. Er durfte auf keinen Fall mit Volkswagen in Verbindung gebracht werden! Und DDB Deutschland stand mit dieser Meinung nicht allein da. Als ich trotz Gegenwehr in den eigenen Reihen mit der Idee zum Kunden ging, schlugen Verantwortliche bei VW, für die wir zu dem Zeitpunkt schließlich unschlagbare Kampagnen produziert hatten, die Hände über dem Kopf zusammen: »Dieser Prolet?! Sag mal, bist du völlig wahnsinnig geworden? Nie im Leben! Wir verkörpern Stil, Qualität, Moderne, er das genaue Gegenteil!« Doch genau das reizte mich daran, genau das sollte ein neues Licht auf VW werfen, neue, jüngere Zielgruppen aufmerksam machen. Entsprechend konzipierten wir die Kampagne nicht als platte Werbespots fürs Fernsehen, sondern als unterhaltsame Geschichte, als sogenannten »Branded Content« fürs Internet – viele Jahre bevor jemand auch nur davon sprach.

Horst Schlämmer sollte bei seinem Fahrunterricht in Grevenbroich mit Kameras begleitet werden, die jedoch nicht auf Hochglanz und guten Schnitt mit viel Tamtam abzielten. Stattdessen sollten flotte Videoclips aus der Hand entstehen, spontan und improvisiert – wie wir sie heute in schier irren Massen vorfinden, nur eben richtig smart –, die wir dann auf einem YouTube-Kanal und unter dem Label VW ins Netz stellten. Das war 2007 ein Novum, ein provokantes dazu, das war mir durchaus bewusst, schließlich war Horst Schlämmer keine Sympathiefigur. Doch er packte die Leute, besonders jüngere, und blieb haften. Genau aufgrund dieser subversiven Art sollte die Kampagne nicht im Fernsehen laufen, sondern im Internet platziert werden.

Das Ganze schlug ein wie eine Bombe. Bis dahin jedoch – geschlagene anderthalb Jahre – musste ich zu so ziemlich jedem rennen, der etwas zu sagen hatte oder es zumindest meinte, und meine Idee erläutern, sie verteidigen, um sie kämpfen. Die Freigabe erfolgte dieses Mal nicht nur aufgrund meiner Willensstärke, nicht aufgrund meiner Position oder aufgrund meines Durchsetzungsvermögens, sondern dank eines glücklichen Zufalls und des richtigen Timings.

Wolfgang Bernhard war damals Mitglied des Vorstands der Volkswagen AG. Auch ihn hatte ich bereits mehrfach mit der Kampagnenidee zu packen versucht, bis Januar 2007 ohne Erfolg. Als ich es jedoch dieses letzte Mal versuchte, hatte sich etwas verändert. Zwar schien er den Gedanken noch immer zu verabscheuen, Horst Schlämmer mit VW in Verbindung zu bringen, doch nun war seine Antwort eine andere: »Herr Kassaei, das ist die dümmste Idee, die ich je gehört habe, und das habe ich Ihnen schon mehrfach gesagt. Aber wissen Sie was? Machen Sie doch, was Sie wollen!«

»MACHEN SIE DOCH, WAS SIE WOLLEN!«

Noch nie war eine Sintflut, die ihm folgen sollte, so herrlich wie diese. Mit Bernhards Okay starteten wir fast zeitgleich die Kampagne – und ihren grandiosen Erfolg. Sie wurde zur meistausgezeichneten Kampagne in der Geschichte des ADC, dem erwähnten Art Directors Club Deutschland, und gewann in allen Kategorien Gold. Die Webseite war besser besucht als die der *Bild*-Zeitung, was damals tatsächlich eine Marke darstellte. Dieser Kampagne und ihrem Erfolg kam lange Zeit nichts nahe, trotz zigfacher Versuche und Versionen.

Wir wollten der Kampagne im Olympiajahr 2008 mit einer Fortsetzung ein wahres Denkmal setzen: Horst Schlämmer sollte mit einem Golf nach Peking fahren – und auf halber Strecke in Kasachstan Borat mitnehmen. Die Kunstfigur von Sacha Baron Cohen war so anders und doch ganz ähnlich: frauenfeindlich, alt, dazu noch ein Arschloch par excellence. Das perfekte Pendant, könnte man meinen. Der erste Film dieser Figur entlockte der Welt 2006 einen Aufschrei, der uns zugleich lachen und weinen ließ. Wir wollten die beiden nach Peking reisen und dort für etwas Aufsehen sorgen lassen, vor allem für VW. Die Dialoge der beiden während der Fahrt hätte das wahre Leben nicht abstruser schreiben können, davon war und bin ich überzeugt. Nach dem Erfolg unserer ersten Kampagne mochte sich kaum jemand wehren, aus diversen Gründen kam diese Konstellation dennoch nicht zustande. Auch ohne Borat und ohne Horst Schlämmer – rasten wir einfach weiter.

Wir machten VW zum internationalen Klienten von DDB Worldwide und hoben diese ohnehin schon längste Agentur-Kunden-Beziehung aller Zeiten auf eine neue Erfolgsebene, die weit über klassische Werbung hinausging. Der Turnaround der Agentur gelang in jeder Hinsicht und mit vielen Kunden, ob neu oder alt. 2007 gewannen wir in Deutschland auch Telekom – die Telekom, für die ich zwanzig Jahre zuvor in meinen ersten Monaten bei Springer & Jacoby nichts zustande gebracht hatte. Nun ersonnen wir für den Kommunikationsdienstleister den neuen Slogan »Erleben, was verbindet«, der erst 2023 abgelöst wurde. Wir machten Henkel wieder glücklich, holten weitere große und kleine Werbekunden zu uns und trieben DDB Richtung Weltspitze. 2005 wurden Tonio Kröger und ich zu den Agenturmännern des Jahres gekürt und erhielten den Horizont-Award. In den Jahren darauf wurde DDB Deutschland so erfolgreich und so oft ausgezeichnet wie keine andere Agentur. Der Dornröschenschlaf war vorbei.

Innerhalb weniger Jahre wurden aus den etwa sechzig Angestellten einige Hundert, und die Agentur, die zuvor richtig Miese gemacht hatte, war wieder im grünen Bereich. 2009 war DDB Deutschland die Nummer eins in Deutschland in Bezug auf Preise, Kunden, Profite und eine der besten Agenturen weltweit. Mit vielen engagierten Mitarbeitern hatten wir einen Koloss hochgezogen, der sich aber agil zeigte, mutig, humorvoll und kreativ. Damals war der Unterschied zwischen inhabergeführten, nationalen und weltweit agierenden internationalen Agenturen zumindest in Deutschland noch relevant: Erstere waren meist erfolgreicher, da kleiner und wendiger. Dass eine internationale Network-Agentur sich ebenso flink und sogar flinker zeigen konnte, hatte selbst ich nicht erwartet.

Denn nachdem 2003 die großen Wechsel passiert waren und Kemper und ich Springer & Jacoby verlassen hatten (und die Agentur sieben Jahre später nicht mehr existierte), hatten die meisten auf André Kemper und Hubertus von Lobenstein gesetzt: Sie würden BBDO als neuen Überflieger platzieren (sie stiegen nach weniger als einem Jahr wieder aus), während Tonio Kröger und ich bei DDB Deutschland versacken würden, ganz sicher. Meine Kritiker lernten es einfach nicht, unterschätzten den kleinen Perser immer und immer wieder. Und ich lehnte mich stets zurück, denn das Karma war und blieb auf meiner Seite. Schon während des grotesken Rausschmisses bei Springer & Jacoby dachte ich: »Ich werde auf ihren Gräbern tanzen.« Und ich tanzte, das erste Mal schon ein Jahr später. Eigentlich habe ich keine martialische Ader in mir, aber wer mir als Starspieler damals noch zeigen wollte, wie man richtig spielte, schaufelte sich sein Grab schließlich selbst.

Bevor ich tanzte, stand ich immer noch jeden Morgen um vier Uhr auf, schuftete jeden Tag achtzehn Stunden lang, flog durch Deutschland, als wäre da oben etwas zu finden. Von Berlin nach Düsseldorf nach München nach Wolfsburg nach Frankfurt nach Berlin. Wer mich fragt, ob mir diese Zeit Spaß gemacht hat, erntet einen leeren Blick – denn ich verstehe die Frage nicht. Es war Leidenschaft pur, es war mein Leben, es war alles für mich, in der Agentur zu sein und immer neue und immer bessere Kampagnen zu entwickeln. Das ist doch das größte Glück, das man erleben kann: die eigene Berufung zum Beruf machen oder umgekehrt. Dafür bedarf es doch wesentlich weniger Kraft

ICH BIN VON NATUR AUS AUF KOKS.

als für Aufgaben, die man hasst oder eher ungern erledigt. Ich bin von Natur aus auf Koks, immer im Flow, wenn ich Werbung gestalten darf. Was es dafür noch braucht, sind allerdings Ordnung, Disziplin, Organisation – mein altes ODO-Konzept. Sonst bricht das Gerüst irgendwann zusammen, verknoten sich die vielen Verbindungen, erdrücken einen die vielen Verantwortungen. Natürlich war auch ich mal müde, erschöpft, genervt, sauer. Das gehört dazu, zu jeder Leidenschaft, ließ sich jedoch mit Ordnung, Disziplin und Organisation recht gut handhaben.

Was ich wiederum nicht handhaben konnte, war meine Ehe. Mit meinem Umzug nach Berlin schöpfte ich zunächst Hoffnung, denn ich war noch nicht gewillt, unsere Familie aufzugeben. Die Stadt schien dabei zu helfen. Für mich ist Berlin die einzige wahre Großstadt mit internationalem Flair in Deutschland, sie war es zumindest vor zwanzig Jahren. Das Wetter war im Winter zwar genauso lausig wie in Hamburg, aber in Berlin ließ sich das wesentlich besser ertragen. Alles sah nach Punkrock aus und roch auch so. Alles war echt, offen, jung oder jung geblieben und irgendwie on fire. Heute ist am Prenzlauer Berg fast nichts mehr hip, sondern vor allem Hipsterscheiß. Und völlig uninteressant.

Damals jedoch sehnten wir uns nach einem schönen Zuhause für uns, und mit meiner bereits erwachten Leidenschaft für Architektur erwarb ich in dem Kiez eine Wohnung aus der Gründerzeit. Während der drei Jahre, die es brauchte, bis das Apartment umgebaut war, kam im Dezember 2004 meine dritte Tochter Ornella zur Welt. Ich war begeistert und glücklich, doch es sollte nicht reichen: Schon 2005 musste ich mir endgültig eingestehen, dass ich erneut privat gescheitert war. Ich war noch immer der arbeitswütige und distanzierte Typ, der kaum anwesend war und weder seine eigenen Gefühle noch die seiner Liebsten lesen, einordnen, umsetzen konnte. Ich konnte nicht aus meiner Haut, konnte nicht mehr geben.

Kreisliga eben. Und so entschieden wir, dass Glück in gleichen Maßen für alle zusammen nicht machbar war. Wir trennten uns, und ich stürmte weiter.

Zwei Jahre zuvor hatte ich Marion kennengelernt, als wir beide aus beruflichen Gründen – sie als Produzentin von Werbefilmen – in Cannes waren. Sie lebte damals in Düsseldorf und zog 2006 nach meiner Trennung zu mir in die frisch fertiggestellte Wohnung. Diese bescherte mir neben viel Spaß noch immer Schulden, doch insgesamt verbesserte sich meine Situation natürlich von Job zu Job. Die ersten Jahre bei Springer & Jacoby waren hart, ja, aber seit den ersten Aufstiegen in der Agentur hatte ich nicht wirklich schlecht verdient, vor allem durch die jährlichen Boni. Meine neue Position bei DDB Deutschland war ebenfalls recht gut bezahlt, trotz unseres Deals mit den Anteilen. Es reichte auf jeden Fall für den Kredit für die neue Wohnung – und für einen gesicherten, entspannten Alltag. Wir waren nicht reich, aber finanzielle Sorgen um die Kinder waren kein Thema, und Essen gab es ohnehin immer genug auf dem Tisch.

Als Marion 2007 schwanger wurde, war unsere Freude riesig. Ich hatte eigentlich beschlossen, nie wieder zu heiraten oder Kinder zu kriegen, aber solch ein Vorhaben kann man nur allein realisieren. Zudem waren wir glücklich, jung, gut situiert. Ich hatte zwar noch immer jede Menge Schulden, aber auch einen hervorragenden Job und Aussicht auf weiteren Erfolg, Marion ging es nicht anders. Und so zeigten wir uns beide bodenständig: Geld ist kein Garant für Glück oder Gelingen, es ist ein Mittel zum Zweck, aber nicht das Allheilmittel, und gerade bei Emotionen alles andere als ausschlaggebend. Wir verstanden uns, wir waren reifer, und wir wussten: Echte Sicherheit gibt es nicht, schon gar nicht im Privaten. Also warum nicht, dachte

> **VIELLEICHT WERDE ICH BEIM ZWEITEN MAL BESSER. WURDE ICH NICHT.**

ich mir da. Vielleicht werde ich beim zweiten Mal besser. Wurde ich nicht.

Entsprechend ist es nicht allzu verwunderlich, dass ich 2009, ein Jahr nach der Geburt meines vierten Kindes, meinte, die Zeit zu finden, Vorsitzender des ADC Deutschland zu werden. Dieser Fachverband für Kreative hatte mich schon 1993 in Wien mit seinen Jahrbüchern in den Bann der Werbung gezogen, und seinerzeit bestand er wahrlich aus den Besten der Besten. Man musste schon extrem gute Arbeit geleistet und richtig was geliefert haben, um Mitglied zu werden, wobei es nicht nur um Werbung ging: Ob Fotografie, Gestaltung, Events, Design, Art Direction, alle, die kreativ gestalteten, hatten das Potenzial, dem Club anzugehören. Man musste sich mit einer Mappe bewerben und beim Vorstand vorsprechen, das war durchaus ein hartes Auswahlverfahren – und ein Ansporn für alle, die Teil dieser Elite werden wollten. Hinzu kamen der Austausch untereinander, das Feedback, die Kontakte eines solchen Netzwerks, vielleicht auch die Auszeichnungen und Feiern.

Als ich jedoch 2000 Mitglied wurde, schien diese exklusive Party bereits vorbei zu sein – oder anders: Es ging nur noch darum, zu feiern, und zwar sich selbst. Exklusiv war gar nichts mehr, und statt weniger Hundert Mitglieder tummelten sich nun fast tausend Menschen, die irgendjemand mal kreativ geschimpft hatte. Jede Pizzabäckerin und jeder Taxifahrer schienen plötzlich Mitglied zu sein, und damit will ich diese Berufe nicht schmälern. Aber ich will infrage stellen, wie relevant Kreativität im ADC wirklich war und welche Interessen eigentlich noch vertreten wurden – die der Kreativen eher nicht.

Dennoch habe ich in den Jahren bei Meetings und Veranstaltungen spannende Menschen getroffen, der Austausch war fruchtbar – Verbände fördern schließlich per se, sich verbunden zu fühlen, dazuzulernen, sich und seine Branche weiterzuentwickeln. Das sollten sie zumindest als Anspruch haben. Als ich Ende 2008 von Matthias Kindler und Hans-Peter Albrecht, zwei der damaligen Vorstände (die beide ein paar Jahre später, wie ich, lautstark gingen), gefragt wurde, als Vorsitzender zu kandidieren, sagte ich zu. Es waren nicht die Position an sich, nicht der Ruhm, nicht die zusätzliche Arbeit, die mich dazu trieben. Es war das Gefühl, ein Vehikel gefunden zu haben, mit dem ich noch mal anders gehört würde, mit dem ich etwas bewegen könnte. Denn zu diesem Zeitpunkt war das Unheil androhende Donnern in meinem Kopf bereits unüberhörbar geworden. Die Zeit war reif, die Werbebranche aufzurütteln und sie auf einen neuen Weg zu führen.

Fassaden, Fundamente, Fehlkonstruktionen

Bei all den Erfolgen hatte sich bei mir schon länger ein anderes Gefühl als Freude eingeschlichen: Etwas stimmte im Werbeland nicht, ganz und gar nicht. Mir waren Preise und Auszeichnungen schon immer relativ gleichgültig: Ich freute mich über sie, das ja, aber wie ein Schulterklopfen ermunterten sie mich, weiterhin engagiert zu arbeiten. Sie zeigten, dass etwas richtig war, bewegend, in der Welt ankam. Dachte ich zumindest – und so war es früher, als noch echte Kampagnen beurteilt wurden. Doch seit einigen Jahren passierte etwas anderes: Die Awards wurden für Kreative und ihre Agenturen so wichtig, so erstrebenswert, dass sie begannen, alles dafür zu tun. Wirklich alles, sogar, sich von der Realität zu verabschieden: Es wurden Kampagnen eingereicht und gar ausgezeichnet, die die wahre Welt nie zu Gesicht bekam. Sie fanden dort gar nicht statt, sie wurden nie gedruckt, nie gezeigt, nie gesendet. Das muss man sich erst mal auf der Zunge und im Hirn zergehen lassen, *Matrix Reloaded* im schlimmsten Sinn.

ETWAS STIMMTE IM WERBELAND NICHT, GANZ UND GAR NICHT.

Diese Erkenntnis kam mir nicht plötzlich, sondern ganz langsam, als ließe sich die Wahrheit nicht auf einen Schlag ertragen. Doch ich konnte schnell nicht mehr wegschauen, mich selbst verarschen, mir mit all den tollen Preisen die Augen zuhalten. Vor allem, weil unsere gesamte Werbebranche immer mehr von dem abwich, was wir seit Bill Bernbachs kreativer Revolution anstrebten: die Welt mitzugestalten, sie zu bewegen und ein treibender Teil von Gesellschaft und Kultur zu werden. Wir Marketingleute hatten unsere Integrität geopfert, um einen Cannes-Löwen in den Händen zu halten, und noch einen und noch einen. Wir fragten nicht mehr, wofür wir ihn erhielten, wie die Welt, die

Kunden, die Zielgruppe darauf reagierten – weil die Antwort nicht mehr zählte. Es zählte nur noch die Anzahl der Löwen, Nägel und Co.

Ich habe weit mehr als tausend dieser und anderer Auszeichnungen erhalten, sie liegen verstreut in Kellern, Kammern und Wohnungen. Sie verloren in dem gleichen Maß an Wert, je mehr wir alle davon besaßen – und doch benötigten wir sie wie eine Droge, um weiterzumachen. Welch Unsinn uns da antrieb! Welch Selbstbeweihräucherung uns glücklich machte! Immer kürzer, immer weniger, aber dennoch. Der nächste Coup war schon in der Produktion, vollkommen egal, ob ihn irgendjemand brauchte. Zunächst wirkten die Preise auf mich völlig logisch, sie gingen einher mit meinen Erfolgen, die sich enorm summierten: Wir waren eine der international erfolgreichsten Agenturen, fast jedes der DDB-Worldwide-Büros gehörte zu den am häufigsten ausgezeichneten. Auf dem Cannes Lions Festival of Creativity gewannen wir mehr Grand Prix als jede andere Network-Agentur.

Doch als diese Preise wie Sand am Meer sich in unseren Büros auftürmten, begannen die Alarmglocken zu läuten. Immer lauter, immer klarer. Konnte das denn sein, ergab das überhaupt noch Sinn? Und wo spiegelten sich diese Auszeichnungen in der realen Welt wider? Das hatten wir auf der wilden Fahrt vergessen, die Menschen auf der Strecke verloren – und es wurde immer unwichtiger. Mit dieser Erkenntnis brach mir mein Werberherz. Das war nicht der Plan, das war doch nie das Ziel. Wir mussten zurück zu unseren Wurzeln finden, zurück zu etwas Substanziellem, das es wert war, ausgezeichnet zu werden, weil es ausgezeichnet war.

Da der ADC seine Auszeichnungen besonders inflationär verlieh, in immer neuen Haupt- und Unterkategorien, sah ich hier meine Chance, als Vorsitzender den Hebel umzulegen und unsere Aufmerksamkeit wieder in die richtigen Bahnen zu lenken. Ich war dabei nicht der Einzige: Mein ganzes Vorstandsteam im Verband war zunächst gewillt, den Wandel mit mir anzustoßen, das interne Motto für unser Programm lautete: »Weg von der Dienstleistung hin zu kreativer Unternehmensberatung.« Die Idee schwirrte schon länger in meinem Kopf umher: Wir Werber mussten uns auf ein Terrain wagen, das den Fokus wieder auf Wertigkeit legte, auf Substanz, etwas, das wirklich wichtig war. Wir waren mehr als Reklamemacher – wir konnten Unternehmen wirklich dabei helfen, relevant zu sein oder es zu werden.

Das hieß zugleich, dass wir uns wieder darauf besinnen mussten, was grundsätzlich mit Macht einhergeht: Verantwortung. Wir waren diejenigen, die die Menschen mit unserem Handwerk dazu verführten, etwas zu kaufen. Etwas, das sie sich entweder immer öfter nicht leisten konnten oder gar nicht erst brauchten, sich jedoch einreden ließen, dass sie sonst abgehängt und bar jeder Teilhabe seien. Die neueste Waschmaschine, die flottesten Klamotten, das dickste Auto, das nächste Abo.

Gleichzeitig verkümmerte unser Job zur billigen und austauschbaren Massenware, zur Commodity, die immer mehr auf Quantität setzte, nicht auf Qualität. Schon lange konnte es sich kein nennenswertes Unternehmen mehr leisten, keine Werbung zu schalten, sodass in diesem Overkill keine relevanten Messwerte mehr erhoben wurden – dabei sein war schließlich alles. Und unsere Branche rieb sich die Hände. Da waren wir also: Wir verkauften mit der vierzigtausendsten Kampagne den vierzigtausendsten Joghurt. Und gewannen mit der vierzigtausendundersten Kampagne, die nie verkauft und nie veröffentlicht wurde, einen weiteren schicken Preis. Während wir unsere Verantwortung vergaßen, manipulierten wir die Menschen, wo wir konnten, niveaulos, ohne Mehrwert. Außer vielleicht für unsere Kunden – doch auch diese sahen uns nicht mehr als gleichrangige Mitspieler, sondern als Handlanger, als Fensterreiniger: Wir hatten im Grunde nur dafür zu sorgen, dass ihre Produkte gesehen wurden. Fertig, nicht weiter der Rede wert. Wie vor Bill Bernbach.

Sie hatten leider nicht ganz unrecht, denn das war schließlich das Problem: Wir Werber wurden immer unwichtiger, weil immer oberflächlicher. Dadurch gerieten wir in eine Abwärtsspirale: Als Fensterreiniger besaßen wir kaum noch Augenhöhe, kein Mitspracherecht, keinen Einfluss. Wir brachten noch immer richtig gute Kampagnen zu VW, die zudem verdammt teuer waren. Als ich eine für den neuen Golf VI, an der wir anderthalb Jahre gearbeitet hatten, einem Vorstandsmitglied präsentierte, musste ich mich nach dreißig Sekunden wie ein Schulkind unterbrechen lassen – um mir elend lange Vorträge über irgendwelche Details der Autos anzuhören. Diese sollte ich doch lieber auf Plakaten platzieren, statt so merkwürdig kreative Werbung zu gestalten. Ob das die Kunden interessierte, ob diese Form der »Kommunikation« Sinn ergab, war vollkommen gleichgültig. Es war das reinste Elend. Was mir damals klar wurde: Wir hatten unseren Platz am Tisch verloren, und das durch unser eigenes Gebaren.

ALS FENSTERREINIGER BESASSEN WIR KAUM NOCH AUGENHÖHE.

Dabei war nicht das Produkt das Problem, es war eben nicht der vierzigtausendste Joghurt, der sich einreihte und der niemanden interessierte, sondern ein Spitzenprodukt, so viel kann man VW zugestehen. Doch dass der Konzern gute Autos baute, hieß nicht, dass er auch zu kommunizieren verstand. Das wäre unsere Aufgabe gewesen, nicht der Verkauf – gute Produkte brauchen dafür keine Werbung, Volkswagen verfügte zudem in Europa über dreitausend Händler, die für diese Aufgabe optimal aufgestellt waren. Doch die VW-Kunden verstehen, sie zu treuen Freunden machen, ihnen wirklich etwas bieten, ihr Leben zu verbessern, sie begeistern, das war unser Job. Wäre es gewesen, doch nun saßen wir am Katzentisch – während VW sich unbekümmert auf Dieselgate zubewegte.

Nichtsdestotrotz sah ich die Chance, das zu ändern, den Werbekarren aus dem Dreck zu ziehen, ihn in eine neue oder eben alte, nämlich Bernbachs Richtung zu lenken. Doch allein konnte ich das natürlich nicht schaffen. Also begannen mein Vorstandsteam und ich damit, unser ADC-Ranking aktiv umzugestalten: Seit Langem zählte allein die Zahl der Auszeichnungen, was den Fokus in die völlig falsche Richtung lenkte. Um wieder Wertigkeit in unsere Arbeit zu bringen, mussten wir neue Kriterien entwickeln, nach denen Leistungen bewertet wurden – und sie sollten sich um das drehen, was Kreativität wirklich sein kann: Problemlösung.

Die Aufgabe des Marketings musste wieder lauten, Kunden dabei zu unterstützen, ihre Herausforderungen zu meistern und nicht sinnlose Dinge ohne Wert zu verkaufen. Kreative Unternehmensberatung eben: Werbeagenturen mussten die Produkte und Unternehmen wieder verstehen wollen, sie auch hinterfragen, gar mitgestalten: Was wollten die Leute wirklich? Wo lag ihr Schmerz, wie konnten Hersteller wie VW diesen lindern? Waren die Produkte ernsthaft relevant, hatten sie eine Geschichte, die ihre Existenz untermauerte, oder gab es sie nur, um Gewinn zu machen?

Kreativrankings sollten sich eben daran orientieren und Auszeichnungen nicht allein aufgrund schöner Bilder mit viel Chichi in die Massen geworfen werden, unabhängig davon, ob potenzielle Käufer die entsprechende Kampagne je zu Gesicht bekommen hatten. Die Jurys hätten vielmehr prüfen sollen, wie die Problemlösung funktionierte: welche Strategie für welche Zielgruppe entwickelt wurde und dort auch ankam, wie ein Neugeschäft hochgezogen wurde, wie wertig sich Produkt und Kommunikation und deren Zusammenspiel zeigten, wie kreativ die Lösungen wirklich waren. Doch dafür eine Taskforce innerhalb des ADC zusammenzustellen war schon ein ziemlich hoffnungsloses Unterfangen – an kreative Unternehmensberatung im Großen war kaum zu denken.

Zudem kamen mit dem ADC-Vorsitz noch ganz andere, für mich ungeahnte Mächte und Gebilde ins Spiel: Politik. Obwohl das Team um mich vor der Wahl geschlossen hinter dieser Idee stand, bröckelten kurze Zeit danach dessen Zuspruch und Engagement für die Sache, sicher auch wegen meines Tempos und Stils. Gleichzeitig zeigte sich die böse Fratze einiger anderer, die in dem Ganzen nur ein Ego-Rennen sahen und sich zu positionieren versuchten. Ich sagte bereits, dass ich kein Talent besitze, aber was ich noch viel weniger aufweisen kann, ist politisches Kalkül: linkes Spiel, stille Absprachen, lautes In-den-Arsch-Kriechen, unlautere Geschäfte, soweit das Auge reichte. Eine opportune Hand wäscht die andere, und keine bleibt sauber – das war nie meins. Ich bin kein Karnevalist, mir aber sicher, dass dort smarter geklüngelt wird. Denn wann immer ich geneigt war zu sagen, dass der ADC sich zum mickrigen Karnevalsverein degradiert hatte, der sich zudem regelmäßig dreizehn Vorstandsmitglieder gönnte, schien mir dies eine Beleidigung all dieser Clubs.

LINKES SPIEL, STILLE ABSPRACHEN, LAUTES IN-DEN-ARSCH-KRIECHEN, UNLAUTERE GESCHÄFTE, SOWEIT DAS AUGE REICHTE.

So vielen »Kreativen« konnte ich allerdings nicht absprechen, dass sie dieses Spiel wesentlich besser spielten als ich und damit [redacted]. Ob [redacted], sie alle waren wirklich gut darin, ihr taktisches Kalkül zu nutzen, das erkannte ich schon immer an. Sie hatten ihre eigene Agenda, ihre eigenen Ziele, sie wussten vor allem genau, wie sie diese erreichten – und machten mir [redacted] Antichristen [redacted].

[redacted] war zudem erzkonservativ, trocken, spießig [redacted] und das genaue Gegenteil von mir: [redacted] schien vieles, was ich tat, als unsinnig abzutun. [redacted] handelte meist diametral, eben trocken, vernünftig. [redacted] Freifahrtschein schlechthin zu sehen, über alles erhaben zu sein. Und ja, [redacted] war erfolgreich, [redacted] biederen Klientel, die [redacted] auf Innovation oder Kreativität aus war. Doch schon das [redacted] beinahe irrelevant. Dennoch beherrschte [redacted] dieses Strippenziehen wie wenige und kritisierte mich und meine Arbeit oder meine Ansichten [redacted] subtil hinter [redacted].

Während [redacted] ihre Ziele sicherten, stand ich kopfschüttelnd daneben – und sagte ein ums andere Mal: »Nein, danke!« So wollte ich nicht ans Ziel kommen. [redacted] Schlangengrube, in der der beste Freund schnell zum schärfsten Feind werden konnte, sobald man den nächsten Preis erhielt. Jeder kämpfte gegen jeden, freundlich, anstoßend, lachend und doch mit dem Dolch in der Hand und später im Rücken. Niemand war mehr darauf aus, andere zu befruchten, zu stärken, anzustecken mit Ideen. Alles roch nach Missgunst und Neid, keiner Kritik war zu trauen, keinem guten Rat zu folgen.

Und es waren nicht nur die Leute aus den eigenen Reihen: Bei der Fachpresse biss ich ebenfalls auf Granit, sie lebte schließlich auch von unserer Branche und von Schlagzeilen. Hier gewonnen, da gewonnen, dort an der Börse, hier übernommen, der eine geht, die andere kommt. Von Fundament, Substanz, Relevanz keine Spur. Nachher hätte sie selbst noch nachdenken und sich aus ihrem Fensterchen lehnen müssen. Also ließen auch viele Journalisten keine Chance aus, mich zu diskreditieren, als übergeschnappt und nestbeschmutzend darzustellen, als unsinnigen Spinner, der jetzt komplett durchdrehte. Da half meine laute und provokante Art nicht weiter, ganz im Gegenteil verwendeten sie sie gegen mich, so wie sie mich zuvor gefeiert hatten. Immer wieder wurde angemerkt, dass ich schließlich die meisten dieser Preise, die ich nun verteufelte, selbst mal gewonnen hatte, und gefragt, ob das nicht seltsam sei. Wenn ich nachvollziehen konnte, warum immer weniger junge Menschen in die Werbebranche gingen, galt plötzlich ich als der Grund dafür, schließlich würde ich mit meinen Aussagen alles schlechtreden und weniger attraktiv machen. Es war grotesk: Der Überbringer der schlechten Nachricht wurde noch immer hingerichtet. Aber wie so oft schon war es mir im Grunde egal, was andere sagten. Denn ich wollte in meiner heißgeliebten Branche wirklich etwas zum Besseren verändern, alle wecken, mitreißen – aber nicht um den Preis, mich selbst zu verbiegen, mich mit welchen Mitteln auch immer anzubiedern, wie wir es bei unseren ach so prämierten Kampagnen taten. Ohne Seele. So wollte ich gar nicht ans Ziel kommen.

Apropos Karma: Ein Jahr bevor ich Vorsitzender des ADC Deutschland wurde, hatte ich immerhin das freudige Glück, Karl Lagerfeld zu interviewen – und zu genießen, wie richtig, wie wertvoll unangepasste Menschen sind, die etwas bewegen. Im April 2008 sollte Lagerfeld beim ADC-Festival »Gipfel der Kreativität« interviewt werden. Was soll ich sagen: Der Mann beeindruckte mich auf den ersten Blick mit seiner Aura, seinem ernsten Strahlen, seiner Sicht auf Kreativität – und seiner Ehrlichkeit.

»HERR KASSAEI, SIE SEHEN IN NATURA VIEL BESSER AUS ALS AUF FOTOS!«

Er begrüßte mich gänzlich unbefangen mit den Worten: »Herr Kassaei, Sie sehen in natura viel besser aus als auf Fotos!« Mir blieb kaum Zeit zu grübeln, ob das ein Kompliment

Karl Lagerfeld und ich beim ADC-Festival 2008
»Gipfel der Kreativität«

sein sollte, und es war mir auch gleichgültig – denn das Interview war fantastisch! Mir machte es enorm viel Spaß – obwohl ich zugegebenermaßen mit meiner Nervosität zu kämpfen hatte –, mit solch schnellem und hellem Kopf zu diskutieren, und ihm ging es nicht anders. Er hatte ja schon viel zu viele Interviews gegeben und genoss umso mehr den frischen Wind unseres Gesprächs. Anders als all die professionellen Journalisten stellte ich eben nicht die üblichen Fragen zu Werdegang, Mode, Paris. Am Ende lud er mich sogar zu sich nach Paris ein: Ich solle in sein Atelier kommen, er würde mich so gern fotografieren. Ich fühlte mich sehr geschmeichelt, war mir allerdings nicht sicher, was für eine Art von Shooting das werden sollte – und ob er das nicht im Eifer der Freude gesagt hatte, ihm aber ebenso wie mir schlicht die Zeit fehlte für solche Späße. So lehnte ich freundlich ab und vergaß diese Idee. Er hingegen erinnerte mich nach fast einem halben Jahr daran, dass er nichts vergaß.

Als ich wieder in Berlin in meiner Agentur war, erhielt ich einen Anruf vom Empfang: Gerade sei ein riesiges Paket von Chanel für mich geliefert worden. Noch bevor ich mir einen Reim darauf machen konnte – mir fiel und fällt wirklich nicht ein, bei Chanel zu shoppen –, holte ich es ab und riss die Verpackung auf. Es war ein Foto der Seine, geschossen von Karl Lagerfeld selbst, herrlich gerahmt, mit einer Widmung von ihm. Es ist ein wunderschönes Bild, das ich sehr liebe. Es erinnert mich zudem an diesen großen Mann – und manchmal leider auch an die vielen kleinen, die mir in diesem verflixten Jahr beim ADC im Weg standen.

Erster Stein und zweite Chance

All das half mir dabei, aus diesem schwachsinnigen Spiel auszusteigen und es hinter mir zu lassen. Ich hatte es ehrlich versucht und an die Idee geglaubt, dass wir etwas ändern könnten, ändern müssten. Aber ich hasse Politik, das war das stärkste Learning: Gremien, Verbände, Seilschaften und Redenschwingen, ohne etwas zu sagen, all das ist einfach nichts für mich. Doch gerade weil ich mich diesen Spielchen verweigerte, wurde ich zur Projektionsfläche, dank derer sich alle auf mich stürzen konnten, anstatt sich mit den großen Problemen und unserer Untätigkeit auseinanderzusetzen. Eine bekannte Abwehrreaktion, und so unnötig wie Fußpilz, vor allem, weil ich nicht darauf aus war, Leute grundlos fertigzumachen, sondern mit ihnen Lösungen zu entwickeln.

Als ich mich noch dazu von immer mehr meiner eigenen Vorstandskollegen beschimpfen und gar anschreien lassen musste, weil ich die Wahrheit sagte, fiel meine Entscheidung – während meine Gedanken bei Ali waren, der zu seinen Kontrahenten mal gesagt hatte: »Was interessiert mich, was ein Automechaniker sagt, wenn ich mit einer Rakete zum Mond fliegen will? Er weiß noch nicht mal, was eine Rakete ist!« Noch während meines Vorstandsjahrs trat ich zurück und ein paar Jahre später als Mitglied aus dem ADC aus – wenn, dann ganz, und damit gut. Werfe ich den Blick zurück, steht an jedem Meilenstein, an jeder Entscheidung: Karma is my bitch.

Von meiner Idee der kreativen Unternehmensberatung blieb damals jedoch zu viel, um sie schon aufzugeben. Es handelte sich um ein riesiges Unterfangen, eine ganze Branche umzukrempeln, das war selbst mir klar. Das konnte weder innerhalb kurzer Zeit noch allein oder ohne Qualen gelingen. Es brauchte eine Strategie, einen Plan, der den Weg skizzierte. Angefangen bei den Kreativrankings über eine neue Definition von Werbung und den Aufgaben der Agenturen, die sich auf die alten Werte besannen, hin zu einer erstarkten Position von uns Werbern im Gesamtgefüge. Ein langer Weg, bestimmt, und doch der richtige, davon war ich überzeugt. Vor allem während der Wirtschaftskrise 2008/2009 zeigte sich doch, dass wir so nicht weitermachen konnten.

Als sie ausbrach, forderte ich, die Mitschuld von uns Werbern an dem ganzen Desaster anzuerkennen: Es waren nicht allein die Banker, die den Mist verzapft haben. Wir waren die Handlanger, die dreckige Wäsche als wertvoll ablichteten, als unbedingt erstrebenswert, damit die Finanzjongleure ihr Werk verrichten konnten. Haben, haben, haben – erst dann bist du ein wahrer Mensch. Dass wir uns das eigene Grab schaufelten, konnte jedes Kind sehen, ebenso wie unsere Untätigkeit. Gleichzeitig ging mir auf, dass das System uns die Schaufeln für ebenjene Gräber bereitwillig in die Hände drückte. Während ich also weiter an der kreativen Unternehmensberatung arbeitete, kam ich nicht umhin, die Ebene darüber mitzudenken, die politisch-gesellschaftliche. Denn solange unsere Form des Kapitalismus, unser Wahn um Wachstum um jeden Preis uns und sich weiter selbst auffraß, würde nichts besser werden. Eine Lösung gab es bereits, wenn auch bislang nur theoretisch: qualitatives Wachstum.

HABEN, HABEN, HABEN – ERST DANN BIST DU EIN WAHRER MENSCH.

Grundsätzlich basiert das Monster Kapitalismus, wie wir es heute kennen, auf diesem Prinzip, sollte es zumindest meiner Meinung nach: Der Markt entscheidet, aber nicht nach Masse, sondern nach Qualität. Unternehmen, die etwas Brauchbares, Wertvolles produzieren, setzen sich durch – und dürfen und sollen Gewinne machen, auch an der Börse. Aktuell koppeln wir den Wert eines Unternehmens und damit seine Gewinne allerdings an die Menge des Verkaufs: Je mehr ich verkaufe, desto wichtiger bin ich, desto mehr Geld erhalte ich.

Was ich verkaufe, was ich dafür tue und gegebenenfalls zerstöre, ist hierbei völlig irrelevant, der vierzigtausendste Joghurt hat dieselben Chancen wie ein hochinnovatives Instrument, das unsere Lebensqualität verbessert. Was, wenn dem nicht mehr so wäre? Wenn wir die Wertigkeit von Produkten und Firmen neu dächten?

Für solch ein System bräuchte es neue Kriterien, die diese Firmen nicht nach Umsatz bewerten, sondern nach dem Mehrwert, den sie uns bieten – weg von der Masse hin zur Klasse. Die Politik könnte dafür Vorgaben machen, die Spielregeln von ganz oben ändern, neue Vorgaben für Erfolg definieren, neue Faktoren dafür erschließen, der Markt regelte dann den Rest. Tun wir das nicht, rutschen wir in so trauriger wie sicherer Regelmäßigkeit in ähnliche Schlamassel wie 2008/2009.

Bevor jemand auf falsche Ideen kommt: Ich habe nichts gegen Kapitalismus, ganz im Gegenteil glaube ich, dass diese Wirtschaftsordnung die einzig praktikable ist, zumindest in einer freien Gesellschaft. Doch es gibt diverse Auslegungen und ideologische Strömungen, und jene, die wir gerade leben, ist krank, korrumpierbar und zerstörerisch. Drehen wir jedoch an den richtigen Stellschrauben, entsteht eine Win-win-Situation für hochwertige Unternehmen und sinnsuchende Kunden. Gut, die Gierlappen auf beiden Seiten gewinnen zunächst nicht, doch ihnen stehen Tür und Tor offen, auf Qualität, Nachhaltigkeit und Mehrwert umzusteigen. Und endlich etwas mitzugestalten, das sich lohnt: Wohlstand.

Vorsicht: Ich meine nämlich nicht Bling-Bling-Wohlstand à la Trump oder Musk, nicht mehr, mehr, mehr, eben nicht diese stupide Quantität, die auf Ungleichheit basiert, wir nur wohlhabend sein können, wenn viele andere weniger haben als wir selbst. Sondern »wohl« im Sinne von wahrhaftigem Glück, echter Zufriedenheit, hoher Lebensqualität. Wann erreichen wir diese? Offensichtlich nicht mit täglichem

Fleischverzehr, wöchentlichen Flugreisen, Fast Fashion oder mehreren Autos in der Garage. Diese Leute sind nicht glücklich, ihnen ist nicht wohl – und noch dazu verlieren ihre Besitztümer täglich an Wert, oder sie brauchen zu ihrem kurzen Glück immer mehr von ihnen. Ein E-Auto, das nach drei Jahren kaum mehr verkäuflich ist, weil die Batterie wertlos wird, ist nicht nachhaltig. Billigfleisch, das man sich jeden Tag reinpfeift, als gäbe es kein Morgen, hat nichts mit Wohlstand zu tun, schafft keine Zufriedenheit. Diese Konzepte sind nicht auf Minuten oder Tage ausgelegt, nicht durch Materielles definiert – sondern auf ein geteiltes Wertesystem, das alle einbindet.

Klingt progressiv sozialdemokratisch? Check. Deshalb war ich nicht verwundert, als mich die SPD 2009 ansprach und bat, einen Vortrag zum qualitativen Wachstum zu halten. Ein Parteimitglied hörte mich auf einer Konferenz sprechen und schien angetan – ebenso wie ich: Die Sozialdemokraten waren in meinen Augen grundsätzlich progressiv, innovativ und sozial veranlagt, sie könnten diese Idee umsetzen. Andrea Nahles war damals im Vorstand der Bundestagsfraktion, wurde Ende des Jahres 2009 Generalsekretärin. Sie saß vorn, als ich sprach, hörte aufmerksam zu, schrieb fleißig mit. Und setzte, soweit ich weiß, absolut nichts davon um. Tja, das war 2009, wir kennen den Rest, sehen, was daraus geworden ist. Läuft.

KLINGT PROGRESSIV SOZIALDEMOKRATISCH? CHECK.

Ich stieß bis 2010 etwa zwei Jahre lang mit dem Thema qualitatives Wachstum wie auch mit der kreativen Unternehmensberatung auf zwar aufmerksame, aber letztlich untätige Zuhörer – und konnte doch nicht davon lassen. Also beschloss ich, selbst Hand anzulegen und kreative Unternehmensberatung in die Tat umsetzen, schließlich war Werbung mit Substanz mein Metier. Womöglich ließe sich gar zeigen, wie qualitatives Wachstum aussähe. Dass ich damit quasi allein vor dieser Aufgabe stand, war weder neu noch bremsend.

Angedockt an DDB gründete ich mit Kollegen 2010 Hubble Innovations: Dem Namen folgend, sollte Hubble unser Teleskop in die neue Welt sein, zumindest aber den nötigen Perspektivwechsel einläuten. In diese Welt, die auch dank Digitalisierung nicht auf einfallslose, triviale Werbung hereinfiel, sondern mehr forderte. Hubble sollte das Leben einfacher, effizienter und lebenswerter machen, und zwar für alle Seiten: Unternehmen wollten wir helfen, wirklich gute und sinnvolle Produkte zu entwickeln, den Käufern, diese zu verstehen und zu nutzen. Dieses Open-Source-Netzwerk war eng verknüpft mit dem Hasso-Plattner-Institut in Potsdam sowie der dort angesiedelten School of Design Thinking. Mit diesem Thinktank wollten wir endlich ganzheitlich und qualitativ hochwertig alle zusammenbringen, die in unserer heutigen Welt Produktivität und Anspruch neu denken.

Schnell hatten wir einen spannenden Kunden: Reebok. Der Sportartikelhersteller war seit 2005 in den Händen von Adidas, das den amerikanischen Markt mit Reebok erobern und Nike auf seinem Thron herausfordern wollte, bislang aber mehr schlechte als rechte Zahlen schrieb. Wir gewannen den Etat und gingen neue Wege: Wir versuchten nicht, eine weitere Kopie von Nike oder Adidas oder weitere »normale« Sportbekleidung mit alten Strukturen und Attitüden zu konzipieren. Gemeinsam mit allen Beteiligten ersannen wir eine innovative Mischung aus Fitness- und Performance-Marke, definierten sozusagen Sport als Lifestyle neu und führten Reebok damit näher an Kunden und deren Leben. Wir entwickelten so die Unternehmensstrategie mit, gingen die Probleme – die roten Zahlen, das Desinteresse der Zielgruppen, die mittelmäßigen Produkte – von allen Seiten an und schufen Lösungen auf hoher Qualität: nicht nur Umsatz und Gewinne um jeden Preis, nicht Manipulation ohne Verstand, sondern neues Denken, neue Ziele, neues Unternehmen. Wir banden alle Player und Beteiligte inklusive der Käuferschaft ein, nutzten jedes Netzwerk und Wissen, das uns so zur Verfügung stand. Wir prüften jeden Schritt, ließen jede Frage zu, machten Fehler und lernten dazu. Wir trauten uns – und konnten erste Erfolge aufweisen. Drei Jahre lang entwickelte sich Reebok wieder aufwärts, war Adidas zufrieden. Bis die Falschen übernahmen, sich auf Crossfit und damit einen irrelevanten und nicht nachhaltigen Trend fokussierten – und Reebok in eine substanzlose Nische steuerten.

Meine Kritiker und Neider sind meist geneigt zu sagen, all das wäre wieder mal ein Beweis dafür, dass ich unrecht hatte, dass ich das Problem bin, nicht die Branche, nicht die Leute, die Gier, die Kurzsichtigkeit. Nun, ich sehe das natürlich anders. Auch Hubble war seiner Zeit voraus, auch in diesem Fall waren die Widerstände unsinnigerweise so groß, weil viele lieber die Kraft aufbringen, etwas nicht wahrnehmen zu müssen, als sich der Wahrheit zu stellen und eigene Fehler zu beheben. Doch sei es drum, ich machte einfach immer weiter, auf allen Ebenen.

Meine Flugfrequenz nahm in dieser Zeit ungeahnte Ausmaße an. Es gibt wenige, die im Miles-&-More-Programm der Lufthansa den exklusivsten Status des HON-Circle-Mitglieds erhalten, wenn sie vornehmlich Inlandsflüge unternehmen. Doch ich saß schon vor den wöchentlichen Besuchen der Reebok-Büros im amerikanischen Boston jede Woche so oft in Flugzeugen, dass mich nahezu jede Stewardess namentlich kannte. Mit Reebok wurden die Flüge zudem länger, meine Abneigung gegenüber Airports größer, meine Zeit knapper. Doch abgehalten hat es mich von nichts. Ich flog immer weiter und höher. Sogar im Privatleben.

Denn während ich beruflich mit all diesen Dämonen kämpfte und mich gegen die träge Masse zu stellen versuchte, zeigte mein Privatleben sich alles andere als träge und vor allem fruchtbar: Vito, mein erster Sohn, kam 2008 gesund und munter in Berlin zur Welt. Da war nun dieses vierte Kind, das vom ersten Augenblick an meine Liebe ebenso erhielt wie seine Schwestern vor ihm – obwohl ich mir doch noch vor gar nicht langer Zeit geschworen hatte, keine Kinder mehr zu zeugen, keine Frau mehr zu heiraten. Das war Unsinn, und hier das Leben. Auf die Frage, ob ein Sohn nach drei Töchtern in mir ein neues Gefühl erweckte, fiel mir nie eine Antwort ein, bis heute. Sie sind alle so wichtig und so fantastisch, so meine Kinder – und so unterschiedlich, dass ich dieses Detail so gut wie nie wahrnehme.

DAS WAR UNSINN, UND HIER DAS LEBEN.

Mit Vito im Arm schafften Marion und ich es ein Jahr nach seiner Geburt sogar irgendwie, während einer meiner Zwischenstopps nahe Berlin zu heiraten, auf einem schönen Gehöft etwas außerhalb der Stadt. Das Fest war groß und alle happy – zumindest alle Anwesenden: Während Chiara sich mit uns und ihrem Bruder freute, waren meine Töchter Olivia und Ornella leider nicht dabei. Damals schmerzte mich das sehr, doch seit wir uns ein paar Jahre später alle zusammengerauft haben und seitdem gemeinsam Feste feiern und Urlaube verbringen, verblasst dieses Gefühl. Ich kann nur zu gut verstehen, dass nicht jeder so denkt, fühlt und handelt wie ich, und schon gar nicht in dem Tempo. Damals ließ zudem das Tempo meiner Arbeit diese Gedanken recht schnell verklingen. Denn es sollte noch schneller gehen, und höher. Viel höher.

GIPFEL

2011–2015

New York

»MACH ALLES, WAS DU HASST, GENAUSO LEIDENSCHAFTLICH WIE DIE DINGE, DIE DU LIEBST.«

Primus inter pares deluxe

Genauer gesagt in den elften Stock in der Madison Avenue, Manhattan, New York. In das Corner-Office von Bill Bernbach, dem Mann, der die kreative Revolution ausgerufen hat, der mich seit Jahrzehnten antrieb. Dort saß ich Anfang 2011, angekommen auf dem Gipfel, auf jeden Fall auf dem Gipfel von DDB Worldwide. Es war die nächste Etappe dieser wohl unsinnigsten Achterbahnfahrt aller Zeiten: Ich lieferte brillante Arbeit ab, doch seit Jahren pöbelte ich zudem herum, machte mir Feinde, verschreckte Freunde, kritisierte die Arbeit unserer Branche, unser Vorgehen als falsch – und bekam nun den größten Job angeboten. Das war durchaus überraschend. Und amüsant, zumindest für mich.

Dieser Aufstieg begann, wenn auch langsam und im Stillen, bereits 2010, als Bob Scarpelli, der bisherige Kreativchef der Agentur, aus gesundheitlichen Gründen kürzertreten

Ich glaube, ich habe mehr Zeit im Flugzeug als in meinem New Yorker Büro verbracht.

musste. Nach etwa einem Jahr war noch immer nicht sicher, wann er wiederkäme, es schien gar wahrscheinlich, dass dies nie mehr geschähe. Die Aufregung seinerzeit war groß, DDB Worldwide war eine der größten Netzwerkagenturen, ein Gigant der Omnicom Group, und wurde von der gesamten Branche beäugt: Wer würde den Riesen jetzt führen? Was würde sich ändern? Zudem hatten auf diesem Chefsessel bislang nur drei Männer gesessen, inklusive Bernbach, und sie alle waren Amerikaner gewesen. Da leckten die einen Blut, witterten die anderen ihre Chance.

Schnell überschlugen sich die Gerüchte, wer in die engere Auswahl käme, alles war möglich. Viele waren sich sicher, es bliebe bei einem Amerikaner, andere setzten auf den ersten Europäer. Bob Scarpelli und Chuck Brymer, damals bereits CEO von DDB Worldwide, der es auch bleiben wollte und somit seinen neuen Partner an der Spitze suchte, nannten mich jedoch recht schnell als Favoriten: Ich sei ihnen als Erstes in den Sinn gekommen, dank meiner kreativen, innovativen und inspirierenden Seiten, auch als Führungskraft. Damit öffneten sie mir eine weitere Tür, die ich weder gesucht noch an der ich geklopft hatte.

EINE WEITERE TÜR, DIE ICH WEDER GESUCHT NOCH AN DER ICH GEKLOPFT HATTE.

Für mich war 2010 eher unaufgeregt, vielleicht etwas zu unaufgeregt. Auf der einen Seite zwei, drei Jahre voller Kämpfe, Gegenwehr und Unverständnis in meiner Branche: Mein Engagement für die kreative Unternehmensberatung war in Deutschland an seine Grenzen gestoßen und etwas ermattet, Hubble hatte ich mit meinen wenigen Mitkämpfern schließlich bewusst nicht in Deutschland platziert, ich suchte das internationale Spielfeld, wollte groß, zumindest aber größer denken. Eine neue Stelle anzunehmen, die mich um die Welt treiben sollte, schien in dem Augenblick ein passender Move.

Auf der anderen hieß es seit Jahren »volle Fahrt voraus« bei DDB Deutschland: Wir hatten alles erreicht, was man mit dieser Agentur erreichen konnte, sie stand jetzt auf einem starken und stabilen Fundament. Sie konnte seit Längerem auch unabhängig von Tonio Kröger und mir smart agieren, erfolgreiche Kampagnen erschaffen, große Kunden gewinnen und halten. Die Teams waren eingespielt auf höchstem Niveau, und sie hatten Anspruch, an sich, ihre Ideen, ihre Ergebnisse. Ich konnte der deutschen Agentur nicht mehr bieten, kannte jeden Mitarbeiter, jeden Kunden, jedes Problem mit jeder Lösung. Es war nicht langweilig, das keineswegs, aber gewissermaßen abgeschlossen. Wir machten uns wie geplant redundant, zumindest theoretisch. Als Chuck Brymer mich fragte, ob ich Scarpellis Posten übernehmen wollte, machte ich es auch praktisch.

Nichts sprach dagegen: New York war zwar weit weg, aber ich flog sowieso ständig in die USA, konnte von überall aus führen, musste dann ohnehin regelmäßig zu allen Büros auf jedem Kontinent. Marion war sofort begeistert, da sie New York aus ihrer Jugend kannte und seit Längerem vermisste. Vito war erst drei Jahre alt, entsprechend neugierig und nur auf uns fixiert. Meine Töchter waren es gewohnt, von mir aus Wien oder Berlin abgeholt oder besucht zu werden, Big Apple klang für sie reizvoll, neu, aufregend. Berlin sollte außerdem ein Zweitwohn- und -arbeitssitz werden, die Stadt blieb ein optimaler Start- und Landepunkt für internationale Geschäfte. Ich zögerte nicht lange, verhandelt kurz, regelte die Umzüge – und wir drei verließen Berlin. Wir waren wirklich glücklich, trauten uns all das zu, alles schien richtig, ich ganz oben angekommen.

WIR WAREN WIRKLICH GLÜCKLICH, TRAUTEN UNS ALL DAS ZU, ALLES SCHIEN RICHTIG, ICH GANZ OBEN ANGEKOMMEN.

Während Marion sich direkt damit befasste, ein neues

Zuhause für uns zu finden, stand ich an meinem ersten Tag in meinem neuen Büro und ließ mich kurz von Erinnerungen treiben. Dieser noch kahle, leere Raum, gerade verlassen von Bob Scarpelli, erinnerte mich an die Büros von Springer & Jacoby zur Jahrtausendwende. Diese waren weiß, nichts als weiß: Wände, Tische, Stühle. Keine Blumen, kein Schnickschnack, keine privaten Bilder, keine persönlichen Dinge auf den Schreibtischen. Wir sollten uns konzentrieren in der Kaserne, uns fokussieren auf die Arbeit, nichts sollte uns ablenken. Das kann man bewerten, wie man mag – die Wahrheit bleibt: Der Laden war damals einer der besten weltweit. Ich schickte meine Leute parallel regelmäßig nach draußen, sie sollten Menschen, Leben, Alltag wahrnehmen, die Welt. Und mit den Eindrücken arbeiten, nicht mit lustigen Sprüchen an der Kaffeemaschine. Die brauchte man nur, wenn der Fokus fehlte, die Prokrastination rief.

Die Büros von DDB Deutschland der letzten Jahre in Berlin waren anders, doch sie funktionierten ebenfalls. Viel Holz, viel Grün, ob in den Einzel- oder Großraumbüros, sie waren wärmer, freundlicher, doch auch sie luden hauptsächlich zum Arbeiten ein. Gute Atmosphäre schafft man mit den besten Innenausstattern nicht, wenn die Moral nicht stimmt, die Freude am Arbeiten fehlt. Ich habe die Büros alle gemocht, aber eigentlich kaum wahrgenommen, so wie ich Tages- und Nachtzeiten nicht wahrnahm, wenn ich arbeitete. Seit ich jedoch Führungsaufgaben innehatte, achtete ich wesentlich stärker darauf, dass meine Leute unabhängig davon den Raum erhielten, den sie für ihr Potenzial benötigten. Nicht individuell, nicht auf Fun und Wohlfühlen bezogen – das ermöglichten die großen Büros all der Agenturen der letzten Jahre ohnehin –, sondern darauf, dass sie die meiste Zeit ihres Tages dort verbrachten und stets alles geben wollten. Dafür brauchte es eine auch emotionale Umgebung, die den Menschen erlaubte, in den Räumen anzukommen und ihr Bestes zu geben.

Doch nun saß ich hier, in diesem Office in Manhattan, das leer stand und auf die eine oder andere Art eingerichtet werden musste. Die Agentur gab grünes Licht für alles, was mir einfiel. Mir fiel der Keller ein: Dort sollten noch die alten Möbel von Bill Bernbach eingelagert sein. Das gefiel mir, schließlich wollte ich »back to the roots«, wollte seinen Geist wiederbeleben. Also ging ich runter, fand die Möbel – und Geschichte.

Neben Ledersesseln, Sofas und grandiosen Tischen aus den Sechzigerjahren lagen dort die mannshohen Plakate der ersten Kampagne, die DDB groß machte und die kreative Revolution ins Leben rief: »How to sell a Nazi car to Jewish Manhattan.« Damit hatte ich nicht gerechnet, wie mir meine lange währende Gänsehaut bestätigte. Diese alten Artefakte zeugten von der Ära, in der sich Bernbach etwas getraut hatte, in der er es gewagt hatte, etwas Neues zu gestalten, Kreativität neu zu denken, die Macht der Werbung zu erwecken und die Verantwortung, die mit ihr einherging, zu tragen. Ich konnte mir kein besseres Omen denken als diesen Ausflug in den untersten Stock. Ein weiteres setzte ich selbst an die Wand: Es ist das Zitat aus der Apple-Werbung, das in dieses Buch als Widmung einfloss. In riesigen Lettern ließ ich die Worte über eine ganze Wand ziehen, um mich und alle anderen an meine Vision, Berufung und meinen Anspruch zu erinnern.

Viele andere Zeichen standen nicht weniger schlecht, oder sagen wir es so: Für mich fügte sich alles ganz wunderbar. Es war absolut unglaublich, dass ich diesen Posten erhielt, ich war mit zweiundvierzig Jahren für viele zu jung, als Nichtamerikaner für viele zu fremd, als Nestbeschmutzer der letzten Jahre für viele nicht loyal (oder blind) genug. An meinem nicht vorhandenen Talent zweifelten die Kritiker weniger, auch wenn gemunkelt wurde, dass es doch nun wirklich Bessere gäbe als mich. Weise, wer dies auf ebenjenes Talent bezog – doch es bedurfte auch und vor allem in solch einer Spitzenposition mehr als nur hinreichender Fachqualifikationen.

Zum einen erkannten die beiden Entscheider Scarpelli und Brymer meine Stärken als Führungskraft: Hier standen über fünfzehntausend Mitarbeiter, verstreut in aller Herren Länder, die die optimale Mischung aus Fordern, Fördern, Vorleben, Mitnehmen und Freilassen brauchten, um noch besser zu werden. Ich musste mich selbst zurücknehmen, um sie zu motivieren, um das Beste aus ihnen herauszuholen. Gleichzeitig gab ich alles, war immer und überall, wo ich gebraucht wurde, wo ein Macher fehlte oder zumindest der Mut zum Machen. In den vergangenen Jahren hatte ich bewiesen, dass ich dieses Händchen besaß, dass ich Menschen zu Höchstleistungen bewegen konnte. Weil ich sie dazu brachte, es selbst zu tun, ihnen sozusagen die Hilfe zur Selbsthilfe bot: Ich sagte ihnen nicht ständig, dass sie es schaffen konnten. Sondern brachte ihnen bei, es sich selbst zu sagen und es dann auch zu tun. Jeden Tag, bei jedem Zweifel, bei allen, die sich gegen sie stellten.

Zum anderen brachte ich die rasende Leidenschaft mit, die solch ein Frachter von Agentur benötigte: Keiner war so wahnsinnig wie ich, keiner hätte den Laden so getrieben geführt, niemand hätte sich getraut, den Job so zu machen. Es war auch diese Qualität, die Scarpelli und Brymer reizte, denke ich, die Freude daran, es mal anders zu machen. Dass es die Gegenposition gab, ist nicht verwunderlich, schließlich wollten so einige den Job – und mich loswerden. Das Beste an ihrer Missgunst war aber, dass sie für mich noch immer Antrieb war: Sie war die Story meines Lebens. Ich brauche Gegenwind, Skepsis, Unglaube, sie machen mich zu dem, der ich bin, sie treiben mich an, sie machen Spaß. Und ich kann einstecken. Womöglich wäre ich nervös geworden, hätten sie sich alle auf meine Seite gestellt – denn dann hätte ich keine gehabt, hätte in der Mitte gestanden oder gar im Nichts, ohne klare Position. Erst wenn man Leute gegen sich aufbringt, sagt man doch etwas von Wert, mit Position, wer keine Kontroverse entfachen kann, sagt nichts. Und kann schon gar nichts verändern.

Erträgt man aber das Feuer, den Schmerz, den ganzen Mist, der einen erst aufhält und dann stärker macht, lernt man gar, den Schmerz zu lieben, kann er einem nichts mehr anhaben, nur noch motivieren. Dann ruft man nach Kritik, nach Shitstorms: Ich will, dass die Leute kotzen, erst dann kommen sie wirklich aus ihren Ecken, ihren sogenannten Komfortzonen, die oft nichts anderes sind als Käfige. Erst dann entsteht Raum für Neues, für meine Arbeit, für meinen Kampfgeist. Erst dann wird aus dem Rebellen der Lösungsfinder, der aus allem Energie macht. Das klingt vielleicht etwas emotional, und das ist es auch: Ich nehme es persönlich, denn dann nehme ich es ernst.

ICH WILL, DASS DIE LEUTE KOTZEN.

Ich ließ meine Kritiker entsprechend geflissentlich witzeln, zweifeln, motzen, ich bedankte mich leise bei ihnen für dieses Seelenfutter – und machte mich an die Arbeit. Weniger operativ, mehr strategisch, distanziert, motivierend. Gab es Probleme unter Zeitdruck, stand ich sofort kreativ zur Stelle, ansonsten aber eher im Hintergrund, unsere Leute daran erinnernd, dass wir der Ferrari unter den Agenturen waren, dass wir die Misfits unter den Angepassten bleiben wollten – und dass die Welt nicht wie bislang an der Westküste der USA aufhörte: »Worldwide« sollte auch weltweit heißen, unsere Büros in Dubai, Sydney oder Paris erhielten von mir die gleiche Aufmerksamkeit wie die Büros in den USA, Ideen wurden geteilt, Interessen geweckt, Gewinne vermehrt. Für diesen Job gab es ohnehin keine Stellenbeschreibung, niemand hatte eine klare, konkrete, eindeutige Erwartung. Ich nahm an, legte los, führte. Wenn ich etwas liebe, mache ich es gut. Hasse ich es, werde ich besser – und liebe es dann.

Vollgas auf Verschleiß

Gleichzeitig wehrte ich mich nicht gegen die Anerkennung und das Vertrauen einiger wahrlich relevanter Leute. Als der Omnicom-Chef John Wren mir sagte, »Amir, du hast keinen Chef«, war ich nicht böse drum, suchte nicht irgendeine fiktive Kontroverse. Das tat ich nie, ich nahm sie nur an, wenn sie mir vorgelegt wurden. Diese Kombination von Respekt und Neid aber führte zu erneuten Höchstleistungen bei mir – und in Konsequenz in unseren Büros, bei unseren Leuten auf der ganzen Welt. Vom Vertrauen abgesehen spielten natürlich meine bisherigen Erfolge eine wichtige Rolle: Omnicom hatte bereits an den Zahlen von DDB Deutschland gesehen, was zu leisten ich imstande war, und mich schon damals in Ruhe und ohne Vorschriften arbeiten lassen. Chuck Brymer war als CEO theoretisch mein direkter Vorgesetzter bei DDB Worldwide, doch auch er war erfahren und smart genug, mich als Kollegen zu sehen und mich meine Arbeit als Kreativdirektor so wahrnehmen zu lassen, wie ich es am besten konnte: intuitiv, kreativ, selbstständig. Okay, sie alle hatten auch an diversen Stellen gesehen, was passierte, wenn man sich mir in den Weg stellte, und suchten diese Konfrontation gar nicht erst. Doch insgesamt war bei diesen Leuten mehr Ver- als Misstrauen im Spiel, schließlich wollten wir alle dasselbe.

»AMIR, DU HAST KEINEN CHEF.«

Meine Arbeit verlagerte sich immer stärker ins Management, ich arbeitete vermehrt am Unternehmen, nicht im. Mir gefielen die Herausforderung und die Aufgaben, ich lernte und wuchs, hielt DDB Worldwide in meinen acht Jahren stets unter den Top Drei der kreativsten Agenturen der Welt. Der Respekt, der mir schließlich entgegengebracht wurde – wenn auch nie von allen –, war daneben die beste Anerkennung für mich. Ich brauche keine netten Worte oder ein Klopfen auf die Schulter. Das kriegen auch Deppen, und niemand weiß, wie echt dies ist. Ich bin hierbei nicht arrogant, sondern mir selbst bewusst: Gehen die Menschen fair und respektvoll mit einem um, weiß man, woran man selbst und mit seiner Arbeit wirklich ist.

Ja, es ging auch mal abwärts, doch zunächst nur kurz – und das muss so sein. Mit Erfolgen kommen immer ein paar Rückschläge, Fails und fiese Hiebe. Mir war klar, dass nicht immer alles glatt verlaufen konnte, das wollte ich auch gar nicht. Als Führungskraft stand man immer im Gegenwind, meist allein, und wenn man nicht in das System passte, sowieso. Zudem waren die Probleme, die ich in den Jahren zuvor bezüglich unserer Rolle und des Werteverlusts unserer Arbeit angeprangert hatte, nicht verschwunden, meine Worte nicht vergessen. Unsere Position am Tisch mit unseren Kunden blieb schwierig, regelmäßig wurden wir zu Befehlsempfängern degradiert, mussten langweilige Ergebnisse liefern. Unsere Hinweise, meine Kritik daran wurden ebenso wenig ernst genommen. Doch noch gab ich nicht auf, hakte solche Situation ab, machte weiter.

Es gab ab und an auch schlichtes Scheitern, wenn wir Etats in den Sand setzten. Doch das gehörte dazu, das ließ sich nie ausschließen, dazu waren der Job und die Aufgaben, die Zielgruppen und die aktuellen Kontexte zu wechselvoll, zu schnelllebig. Wir können vielleicht mit Wahrscheinlichkeiten arbeiten, aber nicht mit Garantien. Welche Fehlerkultur in einem Unternehmen herrscht, hängt von vielen Faktoren ab. Doch gerade bei Werbung als so kreativem Metier ist es womöglich noch schwieriger. Was uns nicht davon abhielt, erheblich mehr Erfolge einzufahren. Bei uns steppte der Bär. Und tickte die Bombe. Denn während ich in diesem Irrsinnstempo durch die Welt raste, bildeten sich

BEI UNS STEPPTE DER BÄR. UND TICKTE DIE BOMBE.

unwiderrufliche Sollbruchstellen, ohne dass ich diese und meine Materialschwächen erkannte.

So stieß ich langsam an Grenzen in mir, die ich bislang nicht wahrgenommen hatte. Es war womöglich eine Kombination aus Stress, Frust, Energie, Anspruch und Alter, die mich hier und da packte. Zudem erlebte ich aberwitzige Situationen, die in diesem Höllentempo eine neue Qualität mit sich brachten, insbesondere das ewige Fliegen. Es ist nur eine Anekdote, und doch passte sie in diese Jahre, zu meiner Position am Gipfel, die sich dennoch ganz nah am Abgrund zeigte oder an der Vergangenheit. Ich saß dank meiner neuen Rolle gar noch öfter in Fliegern als zuvor, befand mich noch länger in der Luft, über Ozeanen, auf Flughäfen. Besonders diese waren furchtbar, jeder war anders und doch genau wie der letzte, alles war streng, eng, stressig, kalt. Seit 2001 wurde es für Leute wie mich aber noch schlimmer: Mit 9/11 kam der Generalverdacht aller, die entweder nicht weiß waren oder aus Ländern kamen, die kaum ein Amerikaner auf der Landkarte zeigen konnte, oder beides. Für mich begann dieser Spießrutenlauf mit Hubble und später Reebok 2010 und wurde mit dem Job in New York untragbar.

Ich flog in stoischer Regelmäßigkeit alle paar Tage in die USA – und wurde ein ums andere Mal herausgewinkt, in einen kleinen Raum ohne Fenster geführt und stundenlang befragt: »Was wollen Sie in den USA? Woher kommen Sie? Wieso haben Sie einen österreichischen Pass? Wie lange wollen Sie bleiben? Wann waren Sie das letzte Mal hier?« Und so weiter und immer wieder. Es war zum Verrücktwerden, schließlich verschwendete ich schon so unfassbar viel Zeit mit diesen Reisen. Jede Minute, die ich unnötig aufgehalten wurde, raubte mir den letzten Nerv. Jedes Mal – abgesehen davon, dass meine Termine naturgemäß brutal eng getaktet waren, sonst hätte das alles so nicht funktionieren können. Dann jedes Mal für die immer gleiche Scheiße seine Zeitpläne über den Haufen zu werfen war unerträglich.

Ebenso himmelschreiend schien mir die Tatsache, dass mir regelmäßig schwarze Polizisten den Weg versperrten und mich als potenziellen Terroristen behandelten. Gerade bei ihnen hatte ich, scheinbar völlig naiv, erwartet, dass ihnen dieses so groteske wie traurige Spiel missfiel, sie es doch irgendwie kritisieren würden. Ich wurde ja auch aufgrund meiner Hautfarbe diskriminiert. Gut, hier in Kombination mit meinem Geschlecht, meinem Alter, meinem Geburtsort, aber das machte die Diskriminierung nicht weniger offensichtlich. Jeder Mann im Alter zwischen zwanzig und fünfzig Jahren, der aus dem Nahen Osten kam oder stammen konnte, war extrem verdächtig. Ich hasste den Iran, liebte den Wiener Schmäh, war Europäer durch und durch, arbeitete für eine internationale Werbeagentur – und ich musste fast jede Woche glaubhaft nachweisen, dass ich kein Terrorist war.

ICH MUSSTE FAST JEDE WOCHE GLAUBHAFT NACHWEISEN, DASS ICH KEIN TERRORIST WAR.

Ich konnte nicht glauben, mit welchem Desinteresse und welch mangelnder Empathie vorgegangen wurde. Anscheinend hatten sämtliche Amerikaner vergessen, dass sie nicht nur Feinde hatten und dass auch alle anderen Menschen Respekt verdienten – und Besseres zu tun hatten, als zigfach ihren sturen, militärisch repetitiven Vorsichtsmaßnahmen zu folgen. Als mir nach ein paar Monaten erneut ein schwarzer Polizist seine Leier entgegenmotzte, riss mir der Geduldsfaden. Ich fragte ihn, ob ihm nicht auffiele, dass er als jemand, der selbst aufgrund seiner Hautfarbe immer benachteiligt wurde, gerade Menschen aufgrund ihrer Herkunft diskriminierte. Ob er nicht im »land of the free« lebe, ob das der Beweis sei, ob er wirklich Menschen nach ihrer Hautfarbe oder ihrem Herkunftsland bewerten wolle. Er war konsterniert, brauchte ein paar Sekunden, schüttelte dann den Kopf und ließ mich gehen.

Im Nachhinein denke ich, die Chancen standen fifty-fifty, dass ich in Guantánamo hätte landen können, im orangefarbenen Anzug und mit verbundenen Augen.

Ich will den USA nicht absprechen, wie traumatisierend 9/11 war, dass sie Feinde hatten und haben, dass sie nun mal nach irgendwelchen Kriterien vorgehen mussten. Aber bis heute wurde all das nicht reflektiert, wurde eine Linie gezogen: Amerikaner und Weiße gegen den Rest. Dass mir das nach all den Jahren, nach all den erlebten Diskriminierungen sowie all den Erfolgen passierte, empfand ich als surreal. Es änderte sonst nicht viel, ich dachte wie immer in solchen Situationen: »Mich kriegt ihr nicht klein«, und machte weiter. Doch sie blieb hängen, diese Gewissheit, dass nichts sicher war, dass es an Respekt und Anstand anderen gegenüber und an der Konsequenz aus Wissen und Erfahrung mangelte. Und dass ich bei etwa zweihundertachtzig Tagen im Flieger pro Jahr wirklich keine Zeit dafür hatte. Ich flog weiter – und fragte mich immer öfter, wohin es vom Gipfel aus eigentlich geht.

Privat gab ich wie immer alles, was ich hatte und konnte – und vergaß wie immer, dass das meist nicht reichte. Wann immer ich konnte – oder ohnehin an einem Flughafen in der Nähe war –, sah ich meine Töchter, holte sie ab, sammelte sie ein, brachte sie zusammen. Vito war zu Beginn der New-York-Ära noch zu klein, um ständig im Flieger zu sitzen, doch später fand er Gefallen daran, nach Europa zu kommen, besonders Ibiza machte die Entscheidung einfacher. Bis dahin war ich in Wien bei Chiara oder in Berlin bei Olivia und Ornella, später ging auch Chiara nach Berlin. Ich düste jeden Montagmorgen weiter, ob nach New York oder zum nächsten Büro in Polen, Dubai oder Brasilien. Das war anstrengend, aber tragbar. Für mich.

Leider nicht für meine Frau Marion. Sie hatte sich schnell eingelebt, ihr altes Feeling in und für New York gefunden, die Stadt für sich wiederentdeckt, doch das reichte nicht für eine gute Ehe. Wir sahen uns aufgrund unserer Arbeit ohnehin kaum, mit den »Freizeitreisen« zu den Kindern wurde es fast unmöglich, ein ruhiges und wirklich privates Gespräch mit Nähe und Vertrauen zu führen. Gab es die Gelegenheit dazu, bastelte ich auf Ibiza an der Finca oder arbeitete nebenbei. Was passieren musste, ist aus heutiger Sicht logisch. Für mich war es das nicht – doch wie sollte es auch: Ich hatte keine Sekunde für die Gegenwart, wie sollte ich da eine für die Zukunft finden?

ICH HATTE KEINE SEKUNDE FÜR DIE GEGENWART, WIE SOLLTE ICH DA EINE FÜR DIE ZUKUNFT FINDEN?

Was mich heute manchmal schmerzt: dass nichts von alledem gereicht hat, auch dieses Rasen um die Welt für die Kinder. Ich habe es versucht, und wir hatten herrliche Zeiten mit Spiel, Spaß, Kino, Pizza und vielen Urlauben. Aber ich war nicht da, wenn sie hinfielen, sie jemand in der Schule beleidigte, sie eine gute oder schlechte Note erhielten, mal Fieber hatten, Liebeskummer, Prüfungsangst. Es war der Alltag mit einem Vater, den ich ihnen nie gegeben habe, Vielflieger hin oder her. Wir alle haben bezahlt, und während meine Kinder sicher vieles ändern würden, könnten wir die Zeit zurückdrehen, muss ich mir erneut eingestehen, dass ich wohl wieder versagen würde. So selbstreflektiert war ich schon immer: Ich weiß, was ich kann, und ebenso, was ich nicht kann.

Was ich auch noch immer nicht konnte, war, meine Branche aufzugeben. 2012 wurde ich Präsident des ADC Europe, dem Dachverband des Karnevalsvereins ADC Deutschland, erkannte erneut eine Chance, meine Kollegen wachzurütteln, etwas zu ändern. Doch ich sah weiterhin nichts anderes als den Absturz der Werbung und die Überheblichkeit unserer eigenen Zerstörung gegenüber. Noch immer warfen wir mit Preisen um uns, wurden wir immer unwichtiger, unsere Werbung immer substanzloser. Künstliche Intelligenz winkte fröhlich aus der

Entfernung, und wir winkten zurück, betrunken von der Vergangenheit, blind für die Zukunft. Die letzte Wirtschaftskrise lag doch ein paar Jahre zurück, und siehe da: Es ging wieder aufwärts, das System fraß seine Kinder nicht, es biss sie nur manchmal? Ich kann unmöglich der Einzige gewesen sein, der das arg bezweifelte. Es müssen auch andere gesehen haben, dass wir und unsere Kunden uns an den Rand der Relevanz drängten. Doch 2015 hatte noch ganz andere Katastrophen auf Lager, und zwar nicht nur für mich.

Masters of Desasters

Zunächst nämlich für Volkswagen. Dieselgate wirkt rückblickend wie ein schlechter Film. Das tun zwar viele geschichtsträchtige Ereignisse und Skandale, aber wenn man so nah dran war, es live erlebt hat, die Protagonisten wild umherrennen sah, fällt es einem noch schwerer zu verstehen, wie das genau so und so ungeschickt passieren konnte. Als die Bombe platzte, blickte die ganze Automobilwelt gerade auf die Internationale Automobil-Ausstellung IAA, die im September 2015 in Frankfurt stattfand. Autonomes Fahren wurde heiß diskutiert, vernetztes ebenso, zudem alle neuen (und alten) technischen und KI-Features, die man in Autos einbauen konnte und in Zukunft wollte. Elektrofahrzeuge wurden von diversen Herstellern vorgestellt – und ignoriert, weiterhin. Zu teuer das Ganze, zu vage die Akkulaufzeit, zu abgefahren die Idee, in den Köpfen oft verbunden mit diesen seltsamen, fremdartigen Tesla-Fahrzeugen.

Damals durfte man »Diesel« nicht nur offen aussprechen, man kaufte Dieselautos en masse. In Deutschland war 2015 fast jeder zweite neu zugelassene Wagen einer. Entsprechend laut war der Knall, als Volkswagen am zweiten Tag der Messe offiziell zugeben musste, dass der seit Längerem bestehende Verdacht der Manipulation der Abgaswerte seiner Fahrzeuge stimmte: Nur auf Prüfständen reinigten einige Fahrzeugmodelle mit bestimmten Motorentypen ihre Abgase so stark, wie der Konzern angab, und konnten dadurch in den USA und anderswo die Abgasnormen scheinbar einhalten. Bei der normalen Nutzung wurden die Abgasreinigungsanlagen von den betroffenen Autos hingegen in bestimmten Situationen automatisch abgeschaltet. Viel schlimmer hätte es nicht kommen können für den Autobauer. Dachte ich damals in New York, als ich mich sofort nach Bekanntwerden des Debakels auf den Weg nach Wolfsburg machte, um die Krisenkommunikation in Angriff zu nehmen. Die nächsten Wochen verbrachte ich fast jeden zweiten Tag dort und kämpfte dafür, einem unserer größten, langjährigsten und wichtigsten Kunden zu helfen.

Der Skandal war echt, real und passiert, wir konnten dies als Kommunikationsagentur weder rückgängig machen noch juristisch oder technisch klären. Doch wir sahen unsere Aufgabe darin, Volkswagen dabei zu unterstützen, die Verbindung zu seinen Kunden nicht vollends zu verlieren, das verlorene Vertrauen wiederzuerlangen und nicht restlos zu verspielen. Das Beste aus der Situation zu machen: Während der Konzern aufklärte, optimierte und reparierte, würden wir sein Bild in der Öffentlichkeit zurechtrücken. Doch hier begannen schon die Probleme, zunächst mit den Anwälten, dann mit der Konzernführung.

DER SKANDAL WAR ECHT, REAL UND PASSIERT.

Unsere Idee war gut, weil ehrlich und klar. Wir schlugen vor, zur besten Primetime im Fernsehen einen Spot zu schalten, der das VW-Logo mit dem Slogan des Autobauers zeigte: »VW. Das Auto.« Eine Off-Stimme sollte in etwa Folgendes sagen: »Sehr geehrte Damen und Herren, wie Sie wissen, haben wir jahrelang behauptet, wir sind ›das Auto‹«: Das Beste in der Kategorie, mit den besten Technologien, damit Ihr Leben einfacher und besser wird. Wie Sie wissen, haben wir in den letzten Jahren riesige Fehler gemacht. Deshalb sagen wir: Wir haben es nicht mehr verdient, ›das Auto‹ zu heißen. Solange wir nicht wieder auf dem Weg sind, die besten Produkte mit bestem Wissen und Gewissen zu produzieren, haben wir das nicht verdient. Erst müssen wir wieder so gut werden und Ihr Vertrauen zurückverdienen.« Die beiden Wörter »das Auto« sollten unter dem Logo vom Bildschirm verschwinden.

Damit hätte sich die Realität nicht geändert, das war doch alles ohnehin schon in der Welt – aber die Juristen schrien auf, der Konzern war voller Panik. Obwohl er solche Eklats eigentlich ganz gut kannte, erst 2005 hatte es mit der Korruptionsaffäre einen ähnlichen Aufreger gegeben. Doch Volkswagen blieb (womöglich zu Recht) dabei, dass sich vieles aussitzen ließe: Der Automobilhersteller entschuldigte sich kurz nach Bekanntwerden der Ausmaße – irgendwie. Es hieß, es täte ihm unendlich leid, dass er das Vertrauen der Kunden enttäuscht habe. Das ist heute ja zum Standard geworden, diese Pseudoentschuldigungen für eventuell verletzte Gefühle, nicht aber konsequent für die eigenen Handlungen oder Aussagen. So oder so konnten wir damals niemanden umstimmen, nicht vermitteln, dass dies kurzfristig und nicht nachhaltig gedacht war, dass Volkswagen Gefahr lief, seine eigene DNA zu verkaufen. Es half nichts: Wir waren nicht in der Position, uns durchzusetzen. In diesem verfluchten Jahr 2015 war dies für mich nur ein weiterer Schlag.

Faszinierend waren jedoch die Konsequenzen für den gesamten Markt, inklusive Politik und Energiewende. Niemals hätte Letztere ohne den Schub von Dieselgate seine heutige Relevanz erhalten. Niemals hätten die Autobauer die Kehrtwende weg vom Diesel hin zu E-Autos so schnell und so undurchdacht vollzogen, wäre Tesla dort, wo es jetzt ist. Was die Politik von da an so kurzsichtig angefeuert hat, erntet heute verschimmelte Früchte einer Ideologie, die bei solchen Themen keinen Raum erhalten sollten. Als wir damals versuchten, die Kommunikation von Volkswagen zu retten, hatten Meinungen oder Weltanschauungen dort ebenso wenig verloren: Es ging nur um Lösungen, und zwar um gute, sinnhafte. Unsere Aufgabe war es, dem Kunden zu helfen, im bestmöglichen Sinn für ihn. Ich wollte nicht gewinnen, nicht zeigen, wie geil wir waren, nicht meine Überzeugungen durchbringen, sondern die Situation retten. Es ging aber leider auch um Mut, darum, Rückgrat zu zeigen, zu sich und den Konsequenzen zu stehen.

Was passierte und noch immer passiert, ist Greenwashing. Denn diese ganze Idee der Energiewende ist eine Lüge. Ja, es ist okay, solch einen Bruch in der Geschichte der Autobauer zu nutzen, um etwas anzustoßen. Aber wenn es so groß werden soll, muss man das doch zu Ende denken. Oder zumindest bis zum dritten Schritt, zum zweiten wenigstens. Die Autobauer ließen hingegen zu, dass die Begriffe »Diesel« und »Verbrenner« zu Schimpfwörtern wurden, bauen bis heute an E-Autos, die zu teuer sind, denken ab und zu an die Infrastruktur, die es dafür braucht, aber nicht gibt – und haben keine Ahnung, wo der Strom herkommen soll. Und die Politik? Rast sehenden Auges auf eine Mauer zu, doch anstatt zu bremsen, hupt sie nur.

Der Bundeswirtschaftsminister ruft noch immer, wir brauchen E-Autos – und steckt schnell den Kopf in den Sand. Weil er weiß, dass wir nicht genug regenerativen Strom haben und haben werden. Dass die Energiewende ein riesiger Hoax ist, die Parolen an Propaganda grenzen. Dass er keine Ahnung hat, wie das alles funktionieren soll. Und dass gerade sein Metier, die Wirtschaft, den höchsten CO_2-Ausstoß aufweist – doch wehe, die Wirtschaftsprognosen zeigen nach unten. Das bedeutet zwar weniger Emissionen, aber gleichzeitig eine schwächelnde Wirtschaft. Ups. Während dieses Paradoxon in der Luft hängt, der nächste Streich: Die Subventionen für E-Autos werden urplötzlich gestrichen – und die Politiker sind enttäuscht, dass die Bürger ihnen nicht trotzdem helfen wollen, die Welt zu retten. Die Bürger müssen aber erst mal zur Arbeit kommen und sich das Auto überhaupt leisten können. Wer zum Geier zahlt denn aus freien Stücken das Doppelte für ein Fahrzeug, vor allem, wenn er es sich nicht leisten kann? Menschen kaufen in erster Linie Autos, weil sie eins brauchen, nicht weil sie Ökos sind. Selbst die Besserverdienenden sehen sich nicht als Retter der Welt, wenn Kraftstoffe für Flieger und Schiffe noch immer billig sind und kein Wandel hin zu regenerativen Energien absehbar. Das muss man doch größer denken, verdammt.

Als ich 2009 vor der SPD über qualitatives Wachstum sprach, hätte ich meinen können, dass die Grünen die bessere Adresse gewesen wären, denn machen wir uns nichts vor: Ohne eine neue Definition von Wohlstand kommen wir vom Konsum nicht weg, und unser aktueller Konsum lässt uns keinen Raum für nachhaltiges und umweltfreundliches Handeln. Die Energiekrise kriegen wir nicht in den Griff. Nicht, wenn wir weiterhin so viel verbrauchen, fliegen, fressen. Aber auch diese Partei wagt keinen holistischen Neustart, wagt keine neue Form des Wohlstands, zeigt keinen Mut dafür, keine Vision und schon gar keine Idee für die Umsetzung.

NICHT, WENN WIR WEITERHIN SO VIEL VERBRAUCHEN, FLIEGEN, FRESSEN.

Und die Gesellschaft? Ist genervt von den Verbotsparteien – und wünscht sich mehr Autorität in Form einer AfD oder FPÖ. Echt jetzt? Es ist so grotesk und doch stimmig: Keine Partei handelt im Sinne der Wähler, alle scheinen korrupt, die Umsetzungen defekt. Wie soll man denn noch an repräsentative Demokratie glauben, wenn deren Repräsentanten einfach nicht mehr mit uns sprechen oder so schlecht kommunizieren, dass wir hoffen, sie würden aufhören? In mir schlummert ein riesiger Öko und Demokrat, ich habe vier Kinder, denen ich wirklich gerne eine lebenswerte Welt hinterlassen möchte. Ich weiß, dass es so nicht weitergehen kann. Aber was gerade passiert, hilft leider auch nicht. Ich sagte bereits, dass Politik nichts für mich ist, doch das sollten vielleicht noch ein paar andere einräumen.

Ich musste mir schon vor Dieselgate und den damit verbundenen Dramen eingestehen, dass mein Leben sich bereits in einem Desaster einfand, das kaum zu händeln war. Im Mai verließ mich folgerichtig meine Frau. Es ergab einfach keinen Sinn mehr für sie, an uns zu glauben. Es gab damals wahrscheinlich gar kein Wir mehr, es war nicht mehr möglich, uns zusammenzuraufen, ein normales Gespräch zu führen. Wir versuchten es, aber es war aussichtslos. Es ist ja immer schon zu spät, wenn man es merkt – und vor allem, wenn ich es merke, weil ich darauf aufmerksam gemacht werde. Sie hatte mit allem recht, ich war noch immer ein Versager, was Liebe, Nähe, Alltag anging. Das Fatale war wohl, dass ich es gewohnt war, dass ich Leben nicht anders kannte. Allein überleben, allein kämpfen, allein machen und dazu ständig im Kopf woanders, bei der Arbeit. Ich wollte besser werden, aber ich war dafür nicht gemacht. Bin es noch immer nicht, auch wenn es wehtut. Familie soll auch Heimat sein, doch wenn man dieses Konzept nicht kennt, niemals verinnerlichen konnte, verliert man sich immer wieder und die Geliebten gleich mit.

Ich verließ recht schnell New York. Die Stadt war ohnehin nicht meine, saugte mich nur aus, während Marion sie bis heute liebt. Wir brauchten Abstand – und ich ein Mittel, aus meiner Misere herauszufinden. Meine Wohnung in Berlin war dafür ein guter Ort, ich fühlte mich dort wohl, mochte die Stadt – und schaffte es endlich, eine Therapie zu beginnen, einen externen Ausgang zu finden. Das war mühsam, tat weh, dauerte, raubte Kraft. Und zeigte doch bald Wirkung. Denn ich hatte mir seit vielen Jahren nie die Zeit genommen, mich meinen Problemen zu stellen. Jetzt tat ich es, verarbeitete viele Geschichten, die mich stets in den Tiefen meiner Seele begleiteten. Wie gesagt, es heilte mich nicht, es machte die Welt nicht zum Paradies, mich selbst nicht zum Helden oder zumindest ganz normalen Menschen, schuf keine Tabula rasa, auf der ich völlig neu anfangen konnte. Aber sie machte mich etwas stärker, ließ mich vieles besser verstehen, mich besser verstehen, reduzierte die Wut. Und ließ die Trauer um all die Verluste zu. Denn fast zur gleichen Zeit, als ich Marion verlor,

verlor ich auch meine andere Liebe. Laut, öffentlich, und zwar nicht sofort, aber final.

Als ich Ende Juni 2015 auf dem International Festival of Creativity, also der Verleihung der Cannes-Löwen – vergleichbar mit den Oscars für die Filmbranche –, meine letzte große Rede hielt, lag bereits mein halbes Leben in Trümmern vor mir. Nichts ging mehr. Oder doch: Grundsätzlich ging alles weiter, doch irgendwie ohne mich. Ich war fertig. Und hatte keine Muße, diesen Vortrag noch witzig zu gestalten, mir eine furchtbar hochtrabende Form einfallen zu lassen. Ich wusste, was ich zu sagen hatte – und sah wieder einmal keinen Grund, dieser Wahrheit eine Verpackung aufzuzwingen, um sie leichter verdaulich zu machen. Dafür war sie zu wichtig, die Gefahr zu groß, dass die Zuhörer sich auf die Form stürzen und darüber den Inhalt vergessen würden. Das wäre aberwitzig zynisch gewesen, fast schon wieder genial, aber darum ging es nicht. Es ging um mehr: um alles.

Ohne Chichi, ohne große Einführung, aber mit einer kurzen Erklärung, warum ich so knapp und klar direkt zur Sache kommen wollte, stieg ich in meine Rede ein. Gab zu, dass ich in einer harten Lebenskrise steckte, es mir wirklich schlecht ging, ich aber nichtsdestotrotz etwas loswerden und alle zum Nachdenken bringen wollte. Nämlich darüber, dass wir endlich aufwachen mussten, bevor wir – und zwar selbstverschuldet und sehenden Auges – unsere Branche gegen die Wand fuhren, weil wir jeglichen Bezug zur Realität verloren hatten. Dass es fast zu spät war, wir kaum noch gewinnen konnten. Dass wir, wenn wir uns alle besännen, dennoch das Ruder herumreißen und wieder den richtigen Weg einschlagen könnten. Und nicht mehr bloß den Weg zu einer weiteren Auszeichnung. Jetzt hieß es: Do this or die.

DO THIS OR DIE.

Ich fokussierte mich auf Wahrheit, Liebe und Zweck,

um zu verdeutlichen, was alles schieflief. Wie wir wie die Lemminge, nur dabei dumm grinsend, auf einen Abgrund zusteuerten, es uns aber egal war, weil wir eine weitere Auszeichnung in den Händen hielten. Eine, die uns noch schneller in die Tiefe zog, aber was soll's, scheiß drauf, wir hatten ja noch einen sinnlosen Wettbewerb gewonnen, einen Award ergattert. Wofür bloß? Und war das überhaupt wichtig? Ja, verdammt, mir war es wichtig, und ich wollte, dass es allen anderen auch wieder wichtig würde. Wichtig sollte wieder werden, wie wir etwas in der Welt, der Gesellschaft, im Alltag der Menschen ändern könnten. Ich saß jeden Morgen in New York in der U-Bahn und sah genau diese Menschen: Krankenschwestern, Bauarbeiter, Mütter, die vor der Arbeit ihre Kinder zur Schule brachten. Sie brauchten kein Chichi, sie benötigten kein weiteres Gerät, keine Technik, keine Marken und Produkte, die so redundant waren wie ein Kaugummi am Schuh. Sie wollten, dass genau das Leben, welches sie gerade lebten, einfacher würde, besser, effizienter. Dafür hätten sie sicher ein gut gemachtes Plakat oder eine Werbespot verkraftet. Sie hätten womöglich sogar geschmunzelt oder gelacht. Vor allem aber hätten sie das, was wir dort vermarktet hätten, gebraucht und gekauft.

Wir aber redeten seit langer Zeit nur noch von Mist, unseren Kunden erzählten wir, ihr Mist sei ganz wunderbar und wir würden ganz wunderbaren Mist dazu machen: lügen, betrügen, Preise abräumen. Und uns dann manchmal doch wundern, warum wir nicht mehr ernst genommen würden, warum die Menschen nicht mehr hinsahen, nicht mehr reagierten. Ich zeigte die erste Folge von *Mad Men*, in der in anderen Worten gesagt wird, dass es Liebe nicht gebe – sie sei nur eine Erfindung, um Nylonstrümpfe zu verkaufen. Das war schon hart, aber immerhin wertiger gearbeitet als alles, was wir seit Jahren produzierten. Wir rannten nun herum und bauten ach so geile Kampagnen für NGOs, liefen mit Kameras durch Slums in Indien, suchten nach Elend, das sich gut ablichten ließ, gewannen dafür den Löwen – und schmissen das Ganze in den Müll. Während wir uns feierten.

Ich habe es genau so gesagt: Was wir machten, war kriminell. Punkt. Betrug an der Sache, an den Menschen, an unseren Kunden, an uns selbst – denn das war doch nicht das Ziel gewesen! Ja, wir waren auch nur Menschen, die dieser ewig drohenden Plage der Selbstbeweihräucherung verfallen konnten, jede Sekunde. Aber wir könnten auch aufwachen, wenn wir es erkennen. Könnten uns besinnen, schütteln und wieder dort ansetzen, wo wir falsch abgebogen waren. Oder nicht? Könnten wir? Ich spielte zum Schluss einen kurzen Ausschnitt aus einem Interview mit Steve Jobs ein, als er – damals noch jung und bei NeXT – uns beschwor, nicht zu glauben, was die Welt uns weismachen wollte: dass wir nur Rädchen im Getriebe waren, die die Welt so nehmen mussten, wie sie war. Diese Welt war von Menschen gemacht worden, die nicht schlauer waren als wir – und selbst die haben etwas verändert. Also konnten wir es auch. Wir konnten aufstehen, »verrückt sein« und etwas tun, was so noch nie jemand gemacht hat. Oder eben doch, aber vor langer Zeit, vor vierzig Jahren.

WAS WIR MACHTEN, WAR KRIMINELL.

Wir konnten wieder anfangen, unseren Kunden zuzuhören, mit ihnen zu verstehen, was die Welt draußen, außerhalb der Verkaufsgier, wirklich brauchte, und ihnen dabei zu helfen, das zu verwirklichen. Wir konnten wieder ein relevanter Teil der Gesellschaft werden, wenn wir die Gesellschaft zurück in den Mittelpunkt brachten. Den Fokus darauf richteten, was zählte, wieder Substanz in die Welt brachten. Ich wollte uns auf die Bahn zurückbringen, die Bill Bernbach uns gewiesen hatte. Klar, als ein Puzzleteil eines Wandels, der sich auf vielen weiteren Ebenen zeigen musste. Wir konnten die Welt nicht allein ändern, aber dafür kämpfen. Doch gerade diesem Wandel verweigerten wir uns mit allen Kräften – für noch einen Preis. Und den Stempel »kriminell«.

Wer so etwas in der Öffentlichkeit, vor seiner gesamten Branche und in aller Wahrhaftigkeit sagt und weiterhin allein dasteht, kann nicht damit rechnen, danach so weitermachen zu können wie bislang und einfach eine der weltweit größten und wichtigsten Agenturen zu leiten, als sei das alles nur ein Scherz gewesen. Das wollte ich auch nicht, selbst wenn mein finaler Abgang dann doch noch fünf Jahre auf sich warten ließ und ich bis dahin weiterhin alles gab und viel erreichte. Diese Rede war dennoch ein Befreiungsschlag, ein weiteres Abfackeln der Brücken hinter mir. Um den Weg nach vorn zu sehen: ein Leben ohne Werbung. Dafür musste ich diese Minen legen. Vielleicht war es eben der einzige Weg vom Gipfel hinunter, wieder mit Vollgas, wieder mit Gegenwind, aber mit allem, was ich hatte. Das war schrecklich, schrecklich schmerzhaft. Doch ich wusste, dass ich auch das überleben würde, dass ich erneut meinen Weg gehen und mein Leben bestimmen, ich selbst bleiben würde. Denn ich hatte schon ganz andere Minenfelder überlebt.

GRENZGEBIETE

1980–1983

Niemandsland

**»ICH SOLLTE NICHT HIER SEIN.
ALLES SEIT MEINEM FÜNFZEHNTEN
GEBURTSTAG IST DIE KÜR.«**

Mit Korangesängen

Bevor ich die Minenfelder betrat, krochen Vorboten des Kriegs in meine Stadt, in meine Kindheit, unerschütterlich und stur. Schon mit der Islamischen Revolution, etwa anderthalb Jahre bevor der Erste Golfkrieg 1980 begann, wurden uns diese als Inhalte in der Schule eingetrichtert: Religionsunterricht eskalierte zum Sektenwahn, Geografie und Geschichte zur ideologischen Heimatkunde. Unglaubwürdig, langweilig, sinnlos, das war in etwa mein Fazit der ersten Monate. Als ich nach den Sommerferien von unserer Europareise mit der Familie wiederkam, kippte die gesamte Atmosphäre immer weiter in die falsche Richtung: Ohne es als Zwölfjähriger wirklich zu verstehen, bemerkte ich diesen kalten Wandel, und er bescherte uns ein beklemmendes Unbehagen. Allein, weil alles ernster wurde, die Menschen angespannter waren, weniger lachten, sich mehr sorgten. Es sollte nicht lange dauern, bis ich wesentlich konkretere Anzeichen dafür zu spüren bekam, dass sich mein Leben – bisher ein Traum auf Erden – gravierend verändern sollte.

UNGLAUBWÜRDIG, LANGWEILIG, SINNLOS, DAS WAR IN ETWA MEIN FAZIT DER ERSTEN MONATE.

Im April 1980 rief der Revolutionsführer und nunmehr höchste Autorität im Iran, Ajatollah Chomeini, dazu auf, die irakische Regierung zu stürzen, vorgeblich, weil der Irak und Saddam Hussein angeblich den Islam zerstören wollten. Der Irak seinerseits fühlte sich im Vorteil, da der Iran durch die Revolution politisch und militärisch geschwächt war – und begann den Ersten Golfkrieg im September. Hussein wollte diese vermeintliche Schwäche nutzen, die Ölfelder einnehmen und die Position des Iraks in der Region sowie international stärken. Die Vorgeschichte zu alldem ist komplexer, geht Jahrhunderte zurück und dreht sich um alles Mögliche, am Ende aber um Öl und Macht. Und der Irak hatte die Rechnung ohne die iranischen Mullahs gemacht: Denn die besaßen zwar kaum Waffen oder eine starke Armee, aber sie hatten Menschen. Und keine Scham, sie einzusetzen.

Die Militarisierung an den Schulen erfolgte langsam, beinahe subtil, schließlich befanden wir uns im Krieg, hörten regelmäßig die Bomben in der Stadt einschlagen, versteckten uns in Kellern. Es schockte uns nicht allzu sehr, dass plötzlich Männer in seltsamen Uniformen im Unterricht vor uns standen und uns zu erklären versuchten, wie man sich bei Bombenalarm verhielt, eine Waffe bediente oder sich selbstlos für die große Sache opferte. Soweit ich mich erinnere, waren das bereits die Monster der Revolutionsgarde. Sie waren nicht die bestausgebildeten Soldaten, dazu war der Umbruch, die Revolution und das mit ihr einhergehende Misstrauen des neuen Regimes unter Chomeini gegenüber der Armee noch zu frisch, die Revolutionsgarde noch zu unbeholfen. Dennoch nicht weniger unmenschlich, als sie es heute als größte militärische Einheit des Landes ist.

Es wäre gelogen, würde ich hier von Pazifismus oder Abneigung gegen den Umgang mit Waffen sprechen. Beides hatte ich nicht, als zwölfjähriger Junge fand ich es spannend, ein Gewehr in der Hand zu halten, damit zu zielen, es auseinanderzubauen, die orientalische Version von Cowboy und Indianer. Eine gewisse Faszination packte zunächst viele von uns, es war wie ein neues Spiel, wenn auch ein scheinbar ernstes, gemessen an den Mienen der Soldaten. Doch wirklich begeisterte es mich nicht, ich wäre sicher nicht freiwillig in die Armee gegangen oder in den Krieg gezogen. Die gottesfürchtige Ideologie, die dies begleitete, machte mich stutzig, die Geschlechtertrennung, die Kopftücher, das ewige Aufsa-

ICH WAR EIN RABAUKE, WOLLTE FUSSBALL SPIELEN UND HERUMTOLLEN.

gen der Koranverse. Ebenso fiel mir die aufkommende Hetze gegen alles Nichtirakische und westlich Orientierte auf: Wir mochten die USA und ihre Produkte, Filme, Autos – mir leuchtete nicht ein, warum das plötzlich des Teufels sein sollte. Ich war ein Rabauke, wollte Fußball spielen und herumtollen. Die Soldaten und ihre Regeln waren aufgeräumt, systematisch, strukturiert, okay. Aber jetzt sollte ich bei alldem ernst sein, beten, nicht denken. Ich war dagegen. Doch nicht alle Kinder dachten wie ich.

Viele Menschen im Iran waren auf der Seite der neuen Machthaber, viele waren religiös. Ihre Kinder dachten entsprechend ähnlich – und fielen auf die Propaganda herein: Wir könnten Helden werden, unser Land verteidigen, für Allah sterben, im Himmel Honig genießen und Jungfrauen treffen. Wer damals in ärmlichen Verhältnissen aufwuchs oder auf andere Art und Weise abgehängt war, verfiel dieser horrenden Lüge von Hoffnung noch schneller und leidenschaftlicher. In meiner Schule waren das nicht so viele, aber ich sah dennoch einige, deren Augen aufleuchteten, wenn die Revolutionswächter eintraten. Für mich wurden Waffen und Soldaten schnell uninteressant, und mit ihnen diese ewigen Wiederholungen und die Gottesfurcht.

Zu Hause bekam ich keine weitere Verführung oder Verhetzung zu spüren, sondern wachsende Ängste. Meine Eltern hielten sich noch mehr zurück als ohnehin, wenn es um politische und religiöse Attitüden ging. Wir sprachen nicht viel darüber, doch es war spürbar, dass niemand von uns sich mit der Entwicklung wohlfühlte, auch wenn niemand aus meiner Familie aufstand und dagegen kämpfte. Und so vergingen die Wochen und Monate: In der Schule übte ich mein Geschick an Waffen und plapperte den Lehrern nach, wenn sie uns Koranverse im immer gleichen Ton aufsagten, während wir daheim immer lauter schwiegen und immer öfter nachts in den Keller liefen.

Meine Eltern, mein kleiner Bruder und ich, lange vor dem Krieg.

Teheran war eine der ersten Städte, die vom Irak angegriffen wurden, dennoch schlugen nie Bomben in unserer unmittelbaren Nähe ein, zumindest soweit ich mich erinnere. Wir hörten sie oft, das schon, doch sie blieben abstrakt, ließen im schlimmsten Fall den Boden erzittern. Die Stunden oder Nächte im Keller – es war kein Bunker oder Schutzraum, sondern unser normaler Keller – waren ebenso befremdlich, doch für mich noch immer keine akuten Vorboten der folgenden Phase. Das waren erst die Revolutionswächter, die plötzlich mit einem Bus vor der Schule standen und uns befahlen, einzusteigen.

Die Kriegsparteien lieferten sich fast von Beginn an monströse Grabenkämpfe und fügten sich furchtbare Verluste zu, ohne Rücksicht auf die eigenen zu nehmen. Doch schon davor hatten die Mullahs beschlossen, Kinder und Jugendliche einzuziehen, um sie für das Land kämpfen zu lassen, sie zu opfern. Zu Beginn wurden sie als Helden gepriesen, wenn sie sich mit Sprengstoff am Körper vor irakische Panzer warfen, doch schnell brauchten sie uns für ein anderes Defizit: Dem Iran mangelte es an Waffen und Technik ebenso wie an Soldaten, während in den Kampfgebieten der Irak vorrückte und alles vermint wurde. Sie brauchten uns als bewegliche Weichziele, die anders als Hunde und Esel nicht schreiend in alle Richtungen davonstoben, sobald die erste Mine hochging. Chomeini war ohnehin der Meinung, das Leben sei nicht der relevante Teil unseres Seins, sondern der Tod der Beginn von etwas wahrlich Wichtigem. Damit war der Weg hin zu Kindern als Kanonenfutter offen, und die Garde beschritt ihn ohne Zögern.

SIE BRAUCHTEN UNS ALS BEWEGLICHE WEICHZIELE, DIE ANDERS ALS HUNDE UND ESEL NICHT SCHREIEND IN ALLE RICHTUNGEN DAVONSTOBEN.

Alle Jungen ab dem Alter von vierzehn, manchmal auch nur dreizehn oder gar zwölf Jahren sollten nun also die Ehre erhalten, sich für Allah, Chomeini oder sonst einen seltsamen Herrn, der selbst nicht aktiv in den Krieg ziehen mochte, zu opfern. Offiziell galten Kinder ab fünfzehn Jahren plötzlich als volljährig und damit praktisch als ideale Soldaten, deren Eltern man nicht mehr überzeugen musste. Ich mag das zynisch sehen, doch damals gab es tatsächlich viele Jungen und ihre Familien, die es als Ehre empfanden. Mit dem »richtigen« Blick auf die Welt funktioniert solch ein Denken auch heute noch, das Opfer für die große Sache ist keiner Religion oder Ideologie fremd.

Als die Revolutionsgarde schließlich mit Bussen vor der Schule aufkreuzte und uns mitnahm, gaben sie unseren Eltern erst später Bescheid, vorher schien es ihnen aufgrund dramatischer Gefühlsausbrüche oder möglicher Fluchtversuche wohl zu anstrengend. So schauten wir nur konsterniert, aber folgten den Soldaten brav in die Busse, als sie uns dazu aufforderten.

In einer Kaserne am Stadtrand ließen sie uns raus, zeigten uns unsere Schlafplätze und erklärten, morgen begänne unser Training. Ich habe nie Details zu rekonstruieren versucht, aber es muss eine normale Kaserne für Soldaten gewesen sein, kalt und funktional. Wir schlichen durch die Gänge, wagten kaum, in offene Türen zu blicken, standen vor den Etagenbetten aus Metall mit dünnen Matratzen und einer Decke und wussten nicht recht, was das alles bedeutete. Aber das lernten wir noch. Als wir ein paar Tage später unsere Eltern anrufen durften, dominierte stummes Entsetzen auf beiden Seiten. Oder Weinen bei den Müttern. Ich sprach nicht viel, es gab nicht viel zu sagen, noch war ich ja in der Nähe, bekam etwas zu essen, war nicht krank. Alles gut also.

Wir erhielten eine »normale« Grundausbildung in etwa sechs Wochen, die überdies verbunden war mit ideologischem Wahnsinn und dogmatischem Gefasel von heiligen Kriegen, heiligen Allahs, heiligen Jungfrauen, alles absolut unverständlich und unsachlich, triefend von Selbstbetrug und mangelnder Logik. Hielten diese Unmenschen sich mal an die Realität, ging es vornehmlich um Truppenkunde, Schießausbildung, Formaldienst, Erste Hilfe, Physis. Uns wurde erläutert, wie wir uns an der Front verhalten sollten, welche Befehle was bedeuteten, wie wir uns und unsere Mitkämpfer schützen konnten, wie der Rucksack zu packen war und was unsere Aufgaben sein würden – wobei sie hier nicht allzu konkret wurden: den Truppen helfen, die Soldaten unterstützen, für Gott kämpfen eben.

Unsere Ausbilder waren keine Profis, weder im Krieg noch in der Ausbildung. Sie schienen ebenfalls zur Revolutionsgarde zu gehören, sicher aber zu den schlimmsten Menschen der Welt. Als Erwachsener sah ich später die Gräuel der SS im Zweiten Weltkrieg, sie hatten den gleichen Ausdruck im Gesicht, waren besessen von ihrem Glauben, ihrer Ideologie, der Gier nach Sieg. Die Soldaten der Mullahs besaßen ebenfalls absolut keine Empathie oder sonstigen menschlichen Züge. Es gab für sie nur das Ziel, ihren Gottesstaat zu errichten – wir waren für sie ein kleiner Preis, den es zu zahlen galt, diese paar kleinen unwichtigen Leben fielen nicht ins Gewicht.

Wann ich wirklich begriff, dass ich in den Krieg ziehen musste, weiß ich nicht. Ich denke auch nicht viel darüber nach, das kann ich gar nicht. Aber ich glaube, dass wir diese Frage dort nicht mehr stellten oder die Antwort nicht hören wollten. Weil sie uns vielleicht hätte einknicken lassen, uns Kraft geraubt hätte, die wir ohnehin nicht ausreichend besaßen. Es war eine panikgetriebene, aber lebensrettende Ohnmacht: Wir konnten nichts sagen oder fragen, denn wir konnten nichts ändern, nichts ausrichten. Die Jungs, die nachts weinten und nach ihrer Mutter riefen, waren am nächsten Tag weder ausgeschlafen noch glücklicher, geschweige denn zu Hause. Also hörten auch die Letzten bald damit auf. Wenn ich es mir recht überlege, weinten wir aber alle, immer, still, tränenlos, durchgehend.

Allerdings gab es in der Kaserne einige Jungs, die mit naiver Freude und blinder Überzeugung dabei waren, und selbst an der Front gab es sie. Ob sie weniger traumatisiert heimkamen, mag ich nicht beurteilen, sie kamen sicher nicht öfter heim, denn sie starben genauso wie wir. Sie konnten aber immerhin mit der Ideologie und dem propagierten Heldentum mehr anfangen, schrien die Koranverse nur so raus, kannten sie alle auswendig. Durch die Kasernenflure trugen sie ihren Stolz in großen Schritten und mit erhobenem Kinn. Erst an der Front war davon nichts mehr zu sehen.

BIS HEUTE HABE ICH DAS GEFÜHL, ICH LEBE MEIN LEBEN FÜR IHN MIT.

In der Truppenunterkunft blieb ich zunächst noch mit meinen Schulkameraden zusammen, doch insgesamt waren wir zu viele, um nicht verloren zu gehen. Ich konnte das Gewimmel schwerlich überblicken, es müssen aber sicher Hunderte gewesen sein, die mit mir auf den Krieg vorbereitet wurden. Als wir schließlich an die Front mussten, verloren wir uns fast alle aus den Augen, kamen und gingen neue Jungs. Nur Ali blieb eine ganze Zeit bei mir. Wir kannten uns, seit wir sechs Jahre alt waren, spielten damals Fußball, wann immer wir konnten, gingen zusammen zur Schule. Bis heute habe ich das Gefühl, ich lebe mein Leben für ihn mit. Denn er ist auch für mich gestorben.

Ohne Worte

Als die Soldaten uns nach den etwa sechs Wochen Training mitteilten, dass wir nun bereit wären, für unser Land zu kämpfen, blieben wir in unserer Schockstarre. Mit leeren Augen standen wir vor ihnen, als seien wir bereits tot. Bis sie uns anschrien, wir sollten unsere Sachen packen, beten und dankbar sein. Ersteres taten wir und verbrachten eine letzte Nacht in der Kaserne. Niemand weinte laut, niemand revoltierte, niemand konnte einen klaren Gedanken fassen. Die Garde hatte ihr Ziel erreicht: Wir waren willenlose Weichziele, die jetzt ihre Aufgabe erfüllen sollten. Im Krieg gab es keine Reserve – wir waren ohnehin nichts, was als Reserve zu bewahren wert gewesen wäre. Abmarsch für Allah.

Die folgenden Monate habe ich aus meinem Gedächtnis und meinem Leben zu löschen versucht. Wann immer sie an die Oberfläche kommen, drohen sie mich zu zerstören, meinen Kopf zu sprengen. Verdrängung ist ein natürlicher Schutzmechanismus, kaum jemand, der aus dem Krieg kommt, redet über ihn, niemand will Worte für all das haben, was er sah oder erlebte. Deswegen waren so viele Männer, die nach den Weltkriegen heimkamen, jahrzehntelang stumm. Sicherheit, Vertrauen, Therapien können helfen, aber man bleibt doch allein mit diesen Bildern, der Panik, dem Unbeschreiblichen – den Dämonen. Sie hervorzuholen gleicht einer Wiederholung, der sich niemand stellen mag oder kann. Ich kann es kaum.

Gleichzeitig baut man eine pathologische Gleichgültigkeit auf, einen alternativen Schutzschild: Wir adaptieren, arrangieren uns, trennen uns von den wahren Ausmaßen. Nur so lässt sich das Geschehen überstehen, all die Zeitzeugen, die so gefasst und ruhig davon erzählen, haben es nur deswegen überlebt. Wir konnten nicht schreien, nicht weinen – das wäre angemessen gewesen, aber es hätte uns nirgends hingebracht. Schlimmer noch, wir konnten diese Gefühle nicht zulassen, sie hätten uns umgebracht. Panik ist ein akuter, punktueller Zustand, der nicht auf lange Strecke ausgelegt ist. Wir mussten sie loswerden, wir mussten sie und uns gleich mit abschalten, um zu überleben. Das tun viele bis heute, mich eingeschlossen.

Ich bin seit sehr vielen Jahren stabil, habe Mechanismen erlernt, um all das zu begraben. Darüber zu sprechen ist eher kontraproduktiv. Folglich sind es Versatzstücke, Ausschnitte, Episoden, die ich wiedergeben kann, kein detaillierter Tatsachenbericht mit Daten und Zahlen. Manche Wochen verflogen, manche Stunden dauerten Jahrtausende, die ersten Toten waren individuell, die folgenden reihten sich nur noch ein auf einer Liste, die niemand verfolgte. Was ich erzähle, ist das, was ich noch ertrage zu erzählen – und selbst das nur bedingt. Ich bevorzuge, diese Zeit nicht hervorzuholen, zumindest aber so selten wie möglich. Sie ist noch immer lebensgefährlich, heute anders, aber dennoch mit dem Potenzial, mich kaputtzukriegen. Ich werde wirklich extrem selten krank, aber als ich an diesem Teil des Buchs schrieb, hatte ich Fieber, das mich über Tage quälte. Wer weiß, was sich alles in mir wehrte. Aber diese Geschichte gehört zu mir, zu meinem unsinnigen Leben, sie hat mich geprägt – und eben nicht zerstört. Deswegen gehört sie hierhin.

DIESE GESCHICHTE GEHÖRT ZU MIR, ZU MEINEM UNSINNIGEN LEBEN, SIE HAT MICH GEPRÄGT – UND EBEN NICHT ZERSTÖRT.

Wir wurden von der Kaserne ein paar Stunden lang Richtung Süden gekarrt, dann mussten wir weiterlaufen. Schon in den ersten Wochen waren wir nahe der Front, aber wir wurden den Kanonen noch nicht vorgesetzt. Zunächst brachten wir den erwachsenen Soldaten Munition, kümmerten uns um die Ausrüstung, die Schlafplätze, das Essen. Wir wurden eingestimmt, das Gerede von Jungfrauen und Koranversen häufte sich, die Anspannung stieg. Gleichzeitig entwickelte sich so etwas wie ein Alltag: Wir hatten einen fast geregelten Tagesablauf mit wiederkehrenden Aufgaben. Das tat gut, ließ uns kurzweilig sicher fühlen, immerhin wussten wir, was jetzt, in zwei Stunden, am Abend passierte. Routinen wirken beruhigend, gerade in solchen Situationen und nach Wochen der Kämpfe und des Sterbens sowieso.

Wenn wir dem Feind näher kamen, wurde darauf geachtet, dass jeder von uns sein Stirnband umhatte. Eigentlich sollten wir zudem unsere Helme ordentlich tragen – auch auf diesen standen irgendwelche Sprüche und Verse, die uns den Eingang ins Paradies sichern sollten –, aber es gab nicht genug von ihnen, daher wechselten wir uns beim Tragen ab. Das Gleiche galt für unsere Waffen: Es mangelte an AK-47, nicht jeder erhielt eine eigene. Meist teilten wir uns eine zu zweit, was uns half, sie zu bändigen und zu benutzen. Diese Sturmgewehre waren schwer, über vier Kilogramm. Ich dachte lange, sie seien sogar größer als ich und viele andere gewesen. Aber sie waren nur achtundachtzig Zentimeter lang. Wir waren, wir mussten größer gewesen sein, zumindest die meisten von uns, da bin ich mir heute sicher. Damals war ich es mir nicht.

In den Kampfgebieten wurde es laut, der Gegner war regelmäßig zu sehen, aber unwirklich, ebenso die Gräben, in denen er hockte. So wie wir in unseren. Die ersten Toten gab es schnell, auf beiden Seiten. Es war nur keine Zeit, das zu realisieren, sich zu entsetzen, sich zu wehren. Wir rannten herum, brachten den Soldaten vorn Munition oder schossen selbst, so zielsicher wir konnten. Wenn wir trafen, trafen wir. Ich kann nicht sagen, ob sich irgendjemand von uns darüber je freute. Es blieb stets ein Grauen, aber je nach Angstlevel mag es sich erleichternd angefühlt haben, diese Gegner waren schließlich lebensgefährlich. Zu dieser Zeit setzten sie zwar noch kein Giftgas ein, aber sauber oder fair lief es keinesfalls, und töten wollten sie uns ebenso. Trotz der Bedrohung, die von diesem Feind ausging – er war sichtbar. Der andere Gegner nicht. Ihm mussten wir anders begegnen.

Als wir das erste Mal vor den Minenfeldern standen, waren wir schon so abgestumpft, dass kaum jemand sich entsetzte. Die Bereiche waren groß, breit, weit, wie riesige Fußballfelder. Wir wurden in geraden Reihen aufgestellt, unsere roten oder grünen Stirnbänder und Helme leuchteten im Tageslicht. Es herrschte absolute Stille, zumindest gefühlt. Bis die Soldaten anfingen, Koranverse zu brüllen. Das sollte wohl eine Art Teambuilding-Maßnahme sein, unser Ansporn, die Motivationsrede in Gottes Worten – es konnte nichts schiefgehen, entweder leben oder für Allah ins Paradies aufsteigen.

Bereits nach den ersten Metern explodierten vor mir Minen – und mit ihnen die Kinder, die auf sie traten. Der Lärm war ungeheuerlich, das Dröhnen hallte noch Stunden in unseren Ohren nach. Es mag einige gegeben haben, die erleichtert sahen, dass in ihrer Reihe jemand vor ihnen auf eine Mine trat, das reduzierte schließlich die Wahrscheinlichkeit, dass man es selbst tat. Aber ich glaube nicht, dass es viele waren, die noch so denken konnten, die überhaupt denken konnten. Wenn ein eigener Schritt gelang, blieb keine Zeit, sich zu freuen. Denn jeder Schritt, der uns nicht umbrachte, führte zwangsläufig zum nächsten, der den Tod bringen konnte, vielleicht sogar immer wahrscheinlicher brachte. Es war ein paradoxer Ablauf, der uns in den Wahnsinn trieb.

Mitunter war es unsere Aufgabe, die Erkennungsmarken einzusammeln, und wir verstanden schnell, was es mit diesen auf sich hatte, warum es zwei waren, wofür sie gut waren. Sie halfen uns zu erkennen, ob das, was wir auf den Feldern liegen sahen, Menschen waren, wie viele es waren, was zu wem gehörte. Wir stapften durch diese Massen, stocherten in dem Fleisch, bis wir die Marken fanden. Wir befreiten sie an unserer Kleidung grob von Dreck, Blut und was sonst daran haften mochte, und gaben sie am Ende des Einsatzes bei den Gardisten ab. An manchen Tagen waren es nicht so viele, es gab Tage ohne, an anderen wieder hörten wir schnell auf zu zählen.

Fluchtversuche kamen selten vor, oder sie blieben unsichtbar, lautlos. Die meisten von uns hätten eh nicht gewusst, wohin sie fliehen sollten, wo keine Minen oder feindliche Truppen waren – und wo unsere eigenen Leute sie als Deserteure erschießen würden. Sie überwachten uns permanent, ließen uns so gut wie nie aus den Augen. Auf den Minenfeldern schrien sie wie verrückt, wenn einer von uns nicht weiterging oder seine Linie zu verlassen drohte. Das waren bizarrerweise die einzigen Augenblicke, in denen wir meinen konnten, wir besäßen einen Wert: Wir waren unersetzlich, zumindest unsere Füße, unser Gewicht, unser Tod auf einer Mine.

WIR WAREN UNERSETZLICH, ZUMINDEST UNSERE FÜSSE, UNSER GEWICHT, UNSER TOD AUF EINER MINE.

Am stärksten wird uns wohl die Gehirnwäsche von der Flucht abgehalten haben, unsere Ohnmacht und der Stumpfsinn, der uns auf der anderen Seite vielleicht auch am Leben hielt. Viele von uns kamen womöglich gar nicht auf den Gedanken, dass es einen anderen Ausweg geben könnte. Oder dass es überhaupt noch etwas gab, was erstrebenswert wäre. Wir waren viele, aber jeder auf sich allein gestellt, das hatten diese Monster der Revolutionsgarde geschafft. Und Hilfe schien da draußen unerreichbar.

Wie viele starben und wie viele lebten, kann ich nicht sagen, auch nicht, wie viele ich von den anderen ein bisschen näher kannte. Wir verbrachten Wochen und Monate zusammen, aber wir waren mehr Zombies als Menschen, geschweige denn Kinder. Wir redeten selten, das Grauen ließ sich ohnehin nicht in Worte fassen, für Geschichten aus der Vergangenheit fehlte uns die Kraft. Dennoch oder gerade deswegen fühlten wir uns verbunden. Jeder von uns schaffte sich eine kleine

Familie, mit der man enger zusammenblieb. Wir stärkten uns schweigend den Rücken, teilten den Horror ohne Worte. Wir haben unser Dasein, unsere Menschlichkeit, Kindheit, Freude verloren, aber das gemeinsam. Und sind nach Tagen auf den Feldern gemeinsam am Leben geblieben, auch das schweißt zusammen. Es ist das Einzige, was mich manchmal denken lässt, dass diese Phase meines Lebens weniger schlimm war als die ersten Monate in Wien. Dort war ich allein, absolut und auf ganzer Front, hier nicht.

Wir schliefen, wo wir gerade kämpften, aßen, wo wir gerade waren. Es war oft unerträglich heiß, da die Front sich im südlichen Teil des Irans befand, in wüstenähnlichen Gebieten. Kälte bekamen wir ebenfalls zu spüren, schließlich mussten wir dort ein ganzes Jahr mit allen Witterungen durchleben. Diese geradezu romantischen Momente von Späßen am Feuer, geteilten Zigaretten oder Gesprächen über die Zukunft gab es nicht, zumindest bei uns Kindern nicht, das passiert vornehmlich in Hollywood-Filmen, um sie erträglich zu machen und gleichzeitig Empathie zu wecken. Selbst Ali und ich redeten kaum, auch wenn wir viele Tage und Kilometer zusammen ertrugen. Wir hatten keine gemeinsame Zukunft, aber immerhin eine Vergangenheit, die wir hätten herauskramen können, um das Elend zumindest für ein paar Minuten zu vergessen. Aber wir taten es nie. Und dann war Ali weg.

Er ging etwa fünfzig oder hundert Meter links vor mir durch ein Minenfeld. Ich sah, wie aus meinem Freund nichts als Fleisch und Blut wurde, das auf die anderen direkt neben ihm herunterregnete. Nichts ist von ihm geblieben. Außer seine Erkennungsmarke – und sein Gesicht in meinem Gedächtnis. Es ist bis heute gestochen scharf und schön, jung, naiv, liebevoll. Es bleibt unvergessen in mir. Damals aber blieb mir nichts anderes übrig, als weiter-

NICHTS IST VON IHM GEBLIEBEN.

zugehen. Schritt für Schritt, während sich immer mehr Kinder links und rechts auflösten. Bis wir zum Abbruch aufgefordert wurden. Dieses Feld war nicht zu bewältigen, hieß es. Nicht, dass es um uns ging, aber es schien absehbar, dass wir nicht reichen würden, um den Soldaten den Weg freizuräumen.

Auf Anfang

Nach etwa einem Jahr an der Front wurden wir erneut in Busse verfrachtet und auf eine Reise geschickt, der sie eine groteske Bezeichnung gaben: Heimaturlaub. Falscher geht es nicht, weder Heimat, wie wir sie kannten, noch Urlaub in seiner minimalistischsten Form sind greifbar, wenn man seinen Kopf aus der Hölle strecken darf. Dennoch: Sie schickten uns kurz heim. Man könnte meinen, dies war der einzige Hauch an Menschlichkeit, den diese Monster je zeigten – doch es war nur praktisches Denken, wie bei den Erkennungsmarken. Wir waren am Ende. Die, die noch lebten, waren selbst als Kanonenfutter nicht mehr zu gebrauchen, geschweige denn als Munitionsbringer oder Wächter. Sie mussten uns und sich wieder sortieren, die Logistik nachziehen, sich neu organisieren, neue Leute holen, uns erst wieder kampffähig machen lassen. Auch die echten Soldaten, die Erwachsenen, wurden nach Hause geschickt, wenn sie unbrauchbar wurden. Vielleicht hatten sie in den letzten Wochen zu viele dieser verdammten Erkennungsmarken eingesammelt. Alles, was dort und in den meisten Kriegen passiert, ist absoluter Wahnsinn – aber an solchen Dingen wie Hundemarken und Heimaturlaub erkennt man, dass selbst der Wahnsinn System hat, dass selbst die schlimmsten Untiere strukturiert sind.

Also riefen sie unsere Eltern an, warfen uns in Teheran raus und sagten, sie kämen uns bald wieder holen. Was in diesen Tagen passierte, weiß ich nicht mehr. Meine Mutter weinte, mein Vater raufte sich die Haare, alle schwiegen, selbst meine Oma war da und doch nicht da – aber ich glaube, das lag an mir: Ich war unnahbar, sprach nicht, weinte nicht, war nicht mehr das Kind, das damals nicht aus der Schule nach Hause kam. Es war nicht so, dass ich sie gern umarmt hätte, aber nicht konnte. Ich war so tief in mir selbst vergraben, ich vergaß, dass es so etwas wie Nähe, Wärme oder Sicherheit gab.

Nach wenigen Tagen bot sich mir die unfassbare Chance, mit einem Schlepper zu fliehen und nicht mehr in die Minenfelder zurückkehren zu müssen. Ich war sicherlich erleichtert, doch gleichzeitig öffnete sich das nächste Höllenloch: Ich musste fliehen, allein. Was das überhaupt bedeuten sollte, war mir nicht mal annähernd bewusst und ließ die Panik in mir nur weiter wachsen. Doch ich verstand, dass das die einzige Möglichkeit war, zu entkommen: Ich musste ganz und gar, vollkommen verschwinden.

Ich verbrachte diese letzte Zeit zu Hause schweigend, vor der Entscheidung und auch danach. Mir fiel zu alledem nichts ein, ich war paralysiert. Doch für meine Eltern muss es noch schlimmer gewesen sein, mich so zu sehen, mir nicht helfen zu können. Nach ein paar weiteren Tagen begann ich unauffällig, meinen kleinen Rucksack zu packen. Es war schrecklich, denn es wurde greifbar, unausweichlich, real. Ich überlegte nicht viel, wählte nicht groß aus – es gab ohnehin nicht viel Platz in dem Rucksack, zudem wurde mir immer klarer, dass ich ihn auch tragen können musste.

Der Schlepper brachte mich mit einem Auto bis zur türkischen Grenze. Dort durfte ich jedoch nicht bleiben, 1983 war das Land kein sicherer Ort für einen Deserteur aus dem Iran oder von sonst wo. Ich musste es nach Österreich schaffen, das war mir recht schnell bewusst, dort würde man sich meiner annehmen, könnte ich friedlich leben – bis ich wieder nach Hause dürfte. Wobei – so weit konnte ich nicht vorausschauen oder denken. Mir war das nicht gleichgültig, aber ich war viel zu sehr damit beschäftigt, mich vom Terror der letzten Monate nicht überwältigen zu lassen, oder von dem nächsten Abschied, oder von dem, was auf mich zukam.

Ich konnte mich mental einfach nicht auf diese nächste Etappe vorbereiten. Nicht in meinem Zustand, nicht mit den wenigen Kenntnissen darüber, was passieren sollte. Heute denke ich, ich hätte diese Tage zum Trauern nutzen können, zum Weinen, Wehklagen, zum Festhalten. Doch ich kann mich daran nicht erinnern. Ich war wahrscheinlich schon zu weit weg, meine Mutter wollte mir ihr Leid, ihre unbändige Angst ohnehin nicht ständig zeigen, mir vielleicht Mut machen mit einem Lächeln, auch wenn sie die meiste Zeit still weinte. Zudem waren es nur ein paar Tage, vielleicht zwei Wochen, dann hieß es erneut Abschied nehmen.

Als der Schlepper mich abholte, nahm er meinen Rucksack, schmiss ihn auf die Rückbank, befahl mir einzusteigen und fuhr los. Ich kannte den Namen des Fahrers nicht, er nannte ihn nicht, fragte mich nicht nach meinem, sprach ohnehin kaum während der langen Fahrt, dabei saßen wir beide allein im Auto, weit mehr als zehn Stunden lang. Erst die Stadt und dann die Landschaft glitten an uns vorbei, es wurde dunkel, holpriger, langsamer, bis wir schließlich bei Sonnenaufgang an einem kleinen Übergang an der grünen Grenze ankamen. Er stieg aus, öffnete mir die Tür, ließ mich raus, wünschte mir viel Glück und verschwand. Da stand ich nun, allein vor der türkischen Grenze. Ich schaute noch einmal zurück, es war das letzte Mal. Dann lief ich einfach los, immer weiter Richtung Istanbul.

DANN LIEF ICH EINFACH LOS, IMMER WEITER RICHTUNG ISTANBUL.

Wo sich diese Stadt genau befand, wusste ich nicht, doch dass dort das österreichische Konsulat war. Vor der Abreise hatte ich eine Landkarte gefunden und mir den Weg angeschaut, die Karte schließlich eingesteckt. Das mag heute, mit Google Maps und Live-Standorten unvorstellbar klingen, damals war es die einzige Chance, die ich hatte. Ich lief sicher unzählige Kilometer Umweg, aber das fiel bei der Entfernung kaum mehr ins Gewicht, mein Orientierungssinn machte zumindest grob einen guten Job. An jedem Ortsschild suchte ich die Namen auf der Karte und versuchte herauszufinden, welche Straßen – wenn man sie denn so bezeichnen konnte – gen Westen führten. Hinzu kamen all die Menschen, die ich unterwegs in Dörfern, auf Straßen und Pfaden, an Flüssen und Bergen traf und die mir den Weg für ein paar weitere Kilometer wiesen.

Es handelte sich zum Teil um Dorfbewohner und Bauern, die vor Ort lebten, zum Teil waren es Flüchtende wie ich. Iraner, Kurden und andere Gruppen, die ich damals nicht zuordnen konnte. Wir liefen manchmal ein paar Kilometer, manchmal ein paar Tage gemeinsam, dann trennten wir uns wieder, aus welchen Gründen auch immer. Jeder hatte seine Geschichte, sein Ziel, sein Trauma, keiner war allzu redselig. Viele gaben mir etwas zu essen, doch niemand fand es fragwürdig, einen unbekannten Jungen mutterseelenallein weiterlaufen zu lassen. Das war okay für mich, ich fühlte mich dort nie bedroht oder gefährdet – zumindest nicht durch diese Menschen. Dass sie mich nicht bei sich aufnahmen, war verständlich: Wo und wie sollten sie das auch tun?

Mit den Dorfbewohnern verhielt es sich ähnlich: Sie waren überwiegend nette Menschen, versorgten mich mit einer Mahlzeit, einem Stück Brot, einem Glas Milch, erklärten mir den Weg. Doch sie lebten in armen Verhältnissen und sahen ständig Flüchtlinge vorbeiziehen, ihr Entsetzen über Schicksale wie meines hatte sich schon lange abgenutzt. Es war mir recht; Gastfreundlichkeit muss und kann nicht immer aus Rundumversorgung bestehen, mir war ohnehin nicht nach Kontakt oder Nähe. Ich nahm alles an, was ich bekam, bedankte mich und zog weiter.

Ein paar Mal schlief ich in einem Stall oder Schuppen, doch das war selten, meist hatte ich den Himmel über mir, nutzte meine Jacke als Kopfkissen, wenn die Witterung dies zuließ. Die Wege kreuzten oft kleine Bäche und Wasserläufe, die mir ermöglichten, meinen Durst zu stillen und mich zudem zu waschen. Das Wort klingt falsch, ich hatte keine Seife oder Zahnpasta, Körperhygiene geht anders, aber ich konnte den gröbsten Schmutz loswerden und mich erfrischen. Krank war ich vielleicht ein- oder zweimal, hatte Fieber, Durchfall, Erbrechen, natürlich unzählige Blasen an den Füßen. Und immer wieder Hunger. Aber es blieb mir nichts, als weiterzulaufen. Es müssen täglich weit über dreißig Kilometer gewesen sein. Ich führte kein Tagebuch und zählte nicht ständig, wie weit es noch war – das hätte mich umgebracht –, aber um eintausendsiebenhundert Kilometer in etwa sieben Wochen hinter sich zu bringen, muss es wohl so gewesen sein.

Ich war fünfzehn Jahre alt und körperlich entsprechend fit. Vor allem stellte sich nicht die Frage, ob ich es schaffe oder nicht – es war meine einzige Chance, sie war alternativlos. Immerhin hatte ich keinen Zeitdruck, wurde nirgendwo erwartet, konnte nicht zu spät kommen. Allerdings war ich ungeduldig, das war ich schon immer. Mich trieb der Gedanke, diesen Teil meines Lebens und den Iran hinter mich zu bringen, so weit wie möglich hinter mir zu lassen. In den letzten Tagen wurden die Pfade zu kleinen Straßen, diese zu mehrspurigen und asphaltierten Bahnen. Am Horizont sah man, dass die Luft sich änderte, dass es abends heller war, die Metropole sich ankündigte.

Sie war schön. Erschlagend zwar, da so laut und schrill und bunt und schnell, das war nach den Wochen auf dem Land zunächst überwältigend. Aber ich fühlte mich wohl dort, fand mich schnell zurecht, bestaunte den Alltag, dem alle außer mir zu folgen schienen. Meine Eltern hatten mir vor der Flucht etwas Geld gegeben, das ich bislang nicht gebraucht hatte, denn es war für Istanbul gedacht: Hier konnte und sollte ich nicht mehr draußen übernachten, hier würden die Menschen nicht mehr so freigiebig mir gegenüber sein, wenn es um Essen ging. Also fand ich zunächst eine Absteige, die mich für ein paar Nächte aufnahm, kaufte mir etwas zu essen – und suchte das österreichische Generalkonsulat.

Dort angekommen, erklärte ich meine Situation, überreichte ihnen die Papiere, die ich von zu Hause mitgenommen hatte, und bat um Asyl. Die Mitarbeiter waren durchweg nette und offene Menschen, anders kann ich das nicht sagen. Sie versuchten aufrichtig, mir zu helfen, verstanden meine Fluchtgründe – und mussten doch den gigantischen Apparat der Bürokratie zufriedenstellen. Es dauerte etwa zwei Wochen, bis ich endlich das Okay erhielt und kurz darauf ein Flugticket in Händen hielt. Bis dahin ließ ich mich in der Stadt treiben, beobachtete die Menschen, ohne nur mit einem einzigen zu sprechen, und wartete, bis auch dieser Teil der Reise sein Ende nahm und ich in Wien ein neues Leben beginnen würde.

Vom Konsulat aus durfte ich mit meinen Eltern telefonieren. Ehrlich gesagt wäre ich nicht darauf gekommen, doch die Mitarbeiter boten es mir an, fragten mich nach der Telefonnummer, brachten mich in einen ruhigen Raum. Als meine Mutter meine Stimme hörte, stockte ihr der Atem, sie schluchzte auf und weinte. Und ich? Sagte, ich sei nach Istanbul geflohen, schon im Konsulat, die Papiere würden bald kommen, alles sei ganz gut. Ich sagte das nicht, um sie zu beruhigen – oder um mich zu beruhigen. Nach den letzten anderthalb Jahren fand ich nur diese Lösung, es zu überstehen.

ICH SCHAUTE NACH VORN: IN RICHTUNG DIESES UNSINNIGEN GESCHENKS MEINES LEBENS, DAS ICH DAMALS PACKTE UND SEITDEM NICHT MEHR LOSLIESS.

Der menschliche Verstand hat nicht viele Optionen, dies zu tun. Für mich war es: verneinen, vergessen, verdrängen, nichts von dem Geschehenen an mich heranlassen. Denn ich lebte. Das war eigentlich absolut unglaublich. Ich hatte den Krieg überlebt, die Massaker überstanden, die Einsamkeit, die Angst. Ich war dem Tod entkommen. Alles, was jetzt passieren sollte, war ein Geschenk, die Kür. Sie würde ich nutzen, auf sie waren meine Augen gerichtet. Ich schaute nach vorn: in Richtung dieses unsinnigen Geschenks meines Lebens, das ich damals packte und seitdem nicht mehr losließ.

Dieser Krieg war absolut sinnlos, ebenso, dass er acht Jahre dauerte und – allein auf iranischer Seite – mehr als neunzigtausend Kindern und bis zu fünfhunderttausend erwachsenen Soldaten das Leben kostete. Doch das Sinnloseste an der ganzen Sache war, dass sich nach diesen Gräueln nicht das Geringste geändert hatte: Niemand hatte gewonnen oder verloren, die Grenzen blieben wie gehabt. Status quo ante bellum, Zustand wie vor dem Krieg.

Wozu dann das Ganze? Wofür sind all diese Kinder gestorben, wurden die Familien auseinandergerissen, Existenzen ausgelöscht? Krieg ist schon ein Albtraum, aber das ist einer in Dauerschleife. Das ist kein Unsinn mehr, das ist gar nichts. Mir geht dieser Gedanke nicht aus dem Kopf. Seit ich selbst Vater bin – und vor allem, seit mein Sohn Vito in meinem damaligen Alter ist.

LEBEN

Was für ein Leben möchtest du leben?

Wenn ich Vito heute betrachte, sehe ich nichts als das: Leben. Ihn mir in meiner damaligen Situation vorzustellen, ist für mich unmöglich, und das ist auch gut so. Niemand sollte so etwas durchmachen. Das Leben meines Sohns ist davon extrem weit entfernt. Er lebt in New York, kennt Europa, hat ein herrliches Zuhause, eine große Familie, ist gesund, genießt eine gute Schulausbildung, hat Hobbys. Das bedeutet für mich auch: Er ist privilegiert, wie alle meine Kinder. Und sie wissen es, das ist wichtig. Ihre Voraussetzungen, sich ein gutes Leben aufzubauen, haben so nicht viele. Ein wenig Demut dieser Tatsache gegenüber öffnet uns die Augen, lässt uns spüren, was wir haben, und das wertschätzen, nicht einfach nur mitnehmen oder gar immer mehr wollen.

Meine Kinder kennen meine Lebensgeschichte, auch wenn ich ihnen nicht viele Details erzählt habe, ob aus dem Krieg, von der Flucht oder den anderen schweren Zeiten. Es ging nicht darum, sie abzuhärten oder ihnen Angst oder Respekt vor dem Leben einzuflößen, so funktioniert das nicht. Aber mir war immer wichtig, dass sie verstehen, woher ich komme, dass nichts selbstverständlich ist – und dass nichts wichtiger ist, als wahrhaftig zu sein.

Mein Leben war verrückt, der reinste Unsinn. Gefährlich, schmerzhaft und atemraubend, im guten wie schlechten Sinn. Aber ich war die längste Zeit – ich. Den krassen Bruch meines Lebens habe ich überlebt, meine Familie mit allem, was mir zur Verfügung stand, aufgebaut und beschützt. Ich liebe und hüte sie voller Dankbarkeit und Liebe. Meinen Job, meine Leidenschaft habe ich gelebt wie kaum jemand, mit voller Verantwortung, voller Leistung, vollem Willen. All die Qualen, Kämpfe, schlaflosen Nächte waren Beiwerk der Ergebnisse, ich habe sie genauso genossen wie alles andere, denn sie waren der Beleg dafür, dass wir auf dem richtigen Weg waren. Das war das reinste Glück. Für mich. Für meine Kinder muss das noch lange nicht gelten.

Die Zeiten heute sind so schnell, so unbeständig, so wandelbar, dass es kaum möglich ist, jungen Menschen zu sagen, wie sie ihr Leben leben sollen, aber das war es wohl nie. Wir Älteren haben keine Vorstellung davon, wie es ist, jetzt aufzuwachsen. Altkluge Ratschläge zu verteilen ergibt keinen Sinn. Wir können nicht wissen, wir müssen nicht verstehen, warum sie das mögen, was sie mögen, das kennen wir doch selbst aus unserer Jugend. Aber auf einer abstrakteren Ebene bleibt etwas anderes ebenfalls Realität, und zwar für alle Generationen und Zeiten: Wenn du dir selbst nicht treu bist, wirst du im Sterbebett deine schlimmste Erkenntnis haben. Das kann ich allen sagen, das trifft auf uns alle zu: Du hast nur dieses eine Leben, mach das Beste draus.

DU HAST NUR DIESES EINE LEBEN, MACH DAS BESTE DRAUS.

Meine Lebensgeschichte ist meine ganz allein, und sie war weder planbar noch gewollt. Sie war mein Unsinn des Lebens, aber eines Lebens, von dem ich überzeugt bin, dass ich es stets gut gehändelt habe. Wäre etwas anderes geschehen, ich mal anders abgebogen, hätte ich andere Leidenschaften entwickelt, hätte ich auch dann das Beste daraus gemacht. Weil in mir schon immer dieser Wille saß, diese Kraft, aufzustehen und alles, was ich beeinflussen und ändern kann, entsprechend anzupacken. Ich besitze keinen Schlüssel zur Weisheit, mein Weg ist nicht der einzig Richtige, aber ich weiß: Glück kann nur durch diese Wahrhaftigkeit entstehen.

Meine Kinder können alles machen, was sie möchten – sie tun alles, was sie möchten, ich kann ihnen ohnehin nichts verbieten. Aber ich dränge sie dazu, sich selbst und ihre Entscheidungen zu hinterfragen. Ich will, dass sie in jedem Moment sicher sind, ihren eigenen Weg zu gehen. Das kann Mainstream sein oder Misfit, nur wahrhaftig, echt, lebendig muss es sein. Wenn sie es schaffen, auf eigenen Beinen zu stehen, ihrer Leidenschaft zu folgen, vernunftgemäße Gedanken zu haben, freie Entscheidungen zu treffen, sind sie sie selbst. Ob sie Karriere auf welchem Gebiet auch immer machen, ist mir egal, solange sie ehrlich und glücklich sind. Meine Karriere war schließlich auch nie geplant oder gewollt – ich wollte nur meiner großen Leidenschaft folgen, sie leben, alles andere war nebensächlich.

Diese eigene Passion zu finden ist heute mindestens so schwierig wie früher. Die Welt schreit uns von allen Seiten an, will uns ständig formen, vorgeben, was wir mögen oder haben wollen. Dabei sind wir es, die sie gestalten sollten, gestalten können. Dazu müssen wir uns aber selbst kennen, immer wieder in den Spiegel schauen und uns selbst finden, auf die Meinungen anderer keine Rücksicht nehmen. Auf Wissen, auf Erfahrung, auf Fakten, ja, unbedingt, aber doch nicht auf irgendwelche Leute, denen aus Angst, Neid oder Wut nicht gefällt, dass jemand anders ist.

Dafür braucht es allerdings Mut, richtig viel Mut. Um aus der Masse auszusteigen, um Nein zu sagen, um rebellisch zu sein – oder nur seinen eigenen Rebellen in sich zu entdecken und freizulassen. Es braucht Mut zu erkennen, dass wir in der substanzlosen Menge keine Sicherheit erhalten. Mit Blick auf die Welt heute sind noch nicht mal Freiheit, Selbstbestimmung oder Frieden sicher. Aber eines doch: die eigene Wahrhaftigkeit. Wenn wir den langen Weg, den harten, gehen, und uns immer wieder fragen: Was für ein Leben will ich leben? Wie will ich es leben? Und wo? Diese drei Fragen bieten Leitplanken für diesen Weg zu sich selbst.

Wie möchtest du es leben?

Niemandem wünsche ich den Mist, den ich erleben musste. Aber ich bleibe dabei: Es war für mich die beste Schule. Weil sie mich gestählt hat, weil sie mich hat an mich glauben lassen. Und wenn du selbst an dich glaubst, tun es irgendwann alle anderen. Sie können nicht anders, ob sie wollen oder nicht. Gleichzeitig sehe ich eine Entwicklung in den jungen Generationen, die mich wundern lässt, wohin unsere Gesellschaft treibt: Es ist diese Idee, dass es ohne Anstrengung geht, und zwar alles – arbeiten, denken, lieben, leben. Doch das ist ein Irrglaube, eine falsche Schlussfolgerung aus ihren Erfahrungen – an denen wir Älteren wahrscheinlich beteiligt sind, weil wir sie als Eltern zu sehr verwöhnten und beschützten.

WENN DU SELBST AN DICH GLAUBST, TUN ES IRGENDWANN ALLE ANDEREN.

Ich kann absolut nachvollziehen, dass sie einen anderen, neuen Weg einschlagen möchten als die Generationen vor ihnen. Dass sie Arbeit anders definieren, dass nicht ausschließlich Karriere und Geld zählen, ist doch gut – ich wäre der Letzte, der dagegen ist, wenn sie nach Sinnhaftigkeit schreien. Dass sie Glück anders wahrnehmen, Sicherheit alternativ benennen, Diversität suchen, all dies ist nicht falsch. Aber die Vorstellung, es ginge ohne Mühen, ohne Kampf, ohne Schmerz – ist leider falsch: Wer nicht auch leidensfähig ist, wird nie etwas erleben, nie etwas erschaffen, ob bei der Arbeit, in der Liebe, im Alltag. Wer denkt, es geht ohne, möchte die Welt retten und dabei auf Bali chillen, einen Halbtagsjob haben oder täglich Avocados essen. Wer denkt, es geht ohne, möchte sich selbst finden, ohne in den Spiegel zu schauen, sondern lieber viel Geld für Coachings und Retreats zahlen, die einem das abnehmen. Das ist nicht echt, das wird es so nicht geben, niemand wird das Perpetuum mobile des Glücks erfinden, nicht in dieser Welt.

Das ist aber auch nicht so schlimm, wie manche meinen könnten. Denn es geht eben nicht um die Entscheidung zwischen einem selbstbestimmten, glücklichen Leben oder Sich-den-Arsch-aufreißen. Sondern darum, Blut, Schweiß, Kraft, Zeit in die eigenen Ziele zu investieren, absolut alles zu geben für das eigene Glück – weil erst dadurch Glück entsteht. Nicht, weil ihr es so schwer haben sollt wie wir, nicht, weil Arbeit Arbeit ist und Schnaps Schnaps. Sondern weil Glück ohne Anstrengung verpufft wie eine Seifenblase: leicht, kurzlebig, substanzlos.

Ich habe diesen Schmerz gespürt, ich habe ihn in meinen Jobs gesucht, gefunden, gelebt und geliebt. Er war mein Garant dafür, dass ich mich auf dem richtigen Weg befinde, auf dem unbequemen Weg, der mich geradewegs zum Ziel bringt: zu meinem Glück, meiner Sinnhaftigkeit, meiner Freude. Es war die Anstrengung eines jeden Tages, die mir sagte, dass dieser Tag gut war, es sich gelohnt hat, etwas entstanden ist. Wer dieses Gefühl nicht kennt, den Kipppunkt zum Erfolg nach dem Kampf nicht erlebt hat, wird das nicht nachvollziehen.

Steve Jobs würde mir sicher zustimmen. Er ist mit Muhammad Ali und Gunter Sachs eines meiner größten Idole. Ich verehre seine Arbeit, seine Kraft, seine Produkte – und seine Unangepasstheit. Er hat den Kampf gegen das Mittelmaß gefochten wie kaum ein anderer. Er war auch verrückt, im Positiven wie Negativen. Vor allem aber hat er nie aufgegeben, sich nicht reinreden lassen von den Durchschnittstypen, denen sein Weg nicht passte. 1997, als Apple fast bankrott war, nahm ich einen Kredit auf und kaufte mir eine Handvoll Apple-Aktien. Nicht weil ich Gewinn sah oder ich zu viel Geld hatte (hatte ich nicht), sondern weil ich mich ihm nahe fühlte und so überzeugt von diesem Mann war, dass ich ihn unterstützen wollte. Er hat allen gezeigt, wie wichtig Misfits sind. Dass es wehtut, dass man allein dasteht – und dass es sich lohnt.

Das ist fast dreißig Jahre her. Heute stehen wir an der Schwelle zu einer neuen Zeit. Doch während die neue bislang keine etablierte ist, bäumt die alte sich ein letztes Mal auf, verfällt die sonst meist träge Masse in Panik, schlägt um sich. Aber noch immer ist niemand gewillt oder befähigt, Misfits zu ertragen oder selbst Verantwortung zu übernehmen. Weil wir nicht aufhören möchten, uns selbst zu verarschen. Wir beschäftigen uns mit den aberwitzigsten Problemen, statt aufzuschauen. Wäre es nicht so traurig, wäre es urkomisch.

Wenn ich gefragt werde, ob ich etwas anders machen würde als zwei oder drei Jahrzehnte zuvor, wäre ich heute Mitte zwanzig, sage ich immer: Ja – und bin mir doch nicht sicher. Allein weil es damals manche Fragen nicht gab und wir Antworten auf andere hatten, die heute irrelevant sind. Wir haben damals nicht hinterfragt, ob Zwanzigstundentage gesund sind, ob wir glücklich sind, ob wir wirklich das tun, was wir tun möchten. Aber unglücklicher waren viele von uns nicht. Ähnliches gilt für meine Branche: Ich würde als junger Mensch heute wahrscheinlich nicht mehr in die Werbung gehen – jedoch nicht, weil es damals falsch war, ganz im Gegenteil. Sie hätte in ihrer jetzigen Form nicht mehr diesen Reiz für mich, diese Tiefe, diese Verbindung zu den Menschen. Das würde mir fehlen und mich abwenden lassen.

Ganz sicher würde ich etwas anderes finden, was meine Leidenschaft wecken und mich mitreißen könnte, stünde ich an der Schwelle zur Arbeitswelt. Ob mir das heute mit einer Viertagewoche und in Balance mit meinem Familienleben gelänge, bezweifle ich allerdings weiterhin. Aber das sind nur Spekulationen, Spielereien, die keine logischen Antworten bringen, aber es ist auch nicht entscheidend, nicht für mich oder sonst wen. Wichtiger ist, wohin wir in den nächsten Jahren steuern, gemeinsam. Ob wir erkennen, worauf es ankommt, was wir wirklich verändern können und was nicht.

Die Frage lautet nicht, warum wir in dieser oder jener Welt aufgewachsen sind, warum wir es so schwer hatten, warum wir zu klein, zu schwach, zu dunkel oder zu untalentiert sind. Sondern ob wir aus genau diesen Umständen das Beste für uns ganz allein herausholen. Ich habe früher mit meinen Kindern regelmäßig *Forrest Gump* geschaut, weil dort diese Wahrheit so trivial und so fantastisch abgebildet ist: Wir sind kleine Federn – wohin es uns verschlägt, können wir nicht ändern, diese Macht haben wir nicht. Aber wir können alles danach in die Hand nehmen. Jeden Schritt, den wir ab der Landung machen, ist unserer. Ob sich uns Monster in den Weg stellen, ob uns jemand kritisiert, anzweifelt, unterschätzt – scheiß drauf. Wenn du wahrhaftig bist. Eigentlich wollte ich diesen Film mit meinen damals kleinen Kindern ansehen, weil sie mich fragten, ob ich denn nie weinte. Ich tat es tatsächlich selten, und wenn es mal so arg stand, wollte ich nicht unbedingt, dass die Kinder solche Probleme mitbekamen. *Forrest Gump* war die ideale Gelegenheit, diese weinende Seite von mir zu zeigen, sie tiefgründig zu unterhalten – und ihnen gleichzeitig ein wenig von der Welt zu erzählen, von der wahrhaftigen Welt.

Wer ist das heute noch: wahrhaftig? Wer reflektiert Anstand, Respekt und Konsequenz für sich und sein Handeln? Trägt die Verantwortung dafür? Die eine Hälfte weiß gar nicht, was das heißt, und lässt sie außer Acht, während sie die andere Hälfte diskreditiert, verachtet, hasst. Und diese zweite Hälfte? Heult, lässt Verantwortung ebenfalls außen vor, vergisst ihre ganz eigene Macht, ihre Kraft, sich gegen die Bilder der anderen zu stellen und ihr eigenes Leben zu leben. Beide Seiten werden verlieren. Und schieben der anderen die Schuld dafür zu, fast ganz ohne Anstrengung. Das Ergebnis, wie gesagt: kein Glück.

Es gibt keine Formel für Glück. Das weiß ich am allerbesten, mein Leben kann wohl kaum der Inbegriff von Glück sein. Und doch bin ich glücklich. Nicht, weil ich durch so viel Mist waten musste, weil niemand für mich da war, weil ich leiden musste. Sondern weil ich durch all das weiß, warum ich hier bin, was ich geleistet habe, wer ich bin, an jedem verdammten Tag. Ohne mich zu betrügen, ohne anderen etwas vorzumachen, ohne mich zu verstellen. Es war anstrengend, ja, aber genau deswegen kann ich von Glück reden.

ES WAR ANSTRENGEND, JA, ABER GENAU DESWEGEN KANN ICH VON GLÜCK REDEN.

Wo möchtest du es leben?

Auch Ibiza bedeutet für mich Glück. Ob es allerdings meine letzte Station wird, kann ich nicht sicher sagen. Dieser Ort ist wunderbar, er passt sehr gut zu mir – und ich zu ihm, jetzt, mit meinem Wissen, mit meiner Ruhe. Aber das liegt nicht ausschließlich in meiner Hand. Viele andere Faktoren, das Leben, die Welt spielen mit um mein Schicksal. Ich weiß das seit geraumer Zeit, ich bleibe mein Leben lang eine kleine Feder im Wind. Und genauso weiß ich, dass ich meinen Weg gehen werde, wohin auch immer es mich noch verschlagen könnte. Das macht mir keine Sorge, denn ich werde mich nicht belügen, nicht betrügen, nicht verarschen. Sondern mich der Landung stellen, mich umschauen, in mich hineinhorchen und weitermachen.

Meine aktuellen Unternehmungen kann ich von jedem Ort der Welt aus fortführen. Sie machen mir enorm viel Spaß, der Markenaufbau ist eine Spezialität, die ich über viele Jahre erlernt und perfektioniert habe. Die Werbung, mein liebstes Gewerk, wird zunächst weiterhin auf mich verzichten müssen. Sie wird aber womöglich nicht mehr lange leben, zumindest nicht so, wie ich sie kannte: mit Substanz, mit Gewicht, einem Ziel, als Problemlösung. Ich habe gekämpft, alles versucht, was in meiner Macht stand. In der Werbung waren neunundneunzig Prozent der Leute talentierter als ich, aber niemand hatte meinen Willen. Jetzt ist es an der Zeit, loszulassen – bloß ist nicht mehr viel da, was ich loslassen könnte. Sie hat sich fast vollständig aufgelöst, geblieben sind Social-Media-Bildchen, Influencer-Spielchen, Menschen, die hinschauen, aber nichts sehen, weil sie nichts mehr

> **IN DER WERBUNG WAREN NEUNUNDNEUNZIG PROZENT DER LEUTE TALENTIERTER ALS ICH, ABER NIEMAND HATTE MEINEN WILLEN.**

erwarten. Hierbei kann ich sehr gut nachvollziehen, warum es den jungen Leuten schwerfällt, sich anzustrengen: Sie wissen nämlich nicht, wofür. Ich wüsste es in der Werbung auch nicht mehr.

Eventuell ist genau das meine Challenge: das Loslassen. Auf der anderen Seite ergäbe das Sinn – und das passt weder zu mir noch zu meinem Leben. Ob, wann und wie die Werbung und ich für einen »Last Dance« wieder aufeinandertreffen, sei also mal dahingestellt, doch ich glaube, sie selbst vermisst ihren Wert und ihre Kraft. Könnte ich sie ihr zurückgeben, würde ich es tun. Bis dahin bleibe ich bei meinen neuen Tätigkeiten. Und ich bleibe wahrhaftig – denn ich merke, dass ich hier wirklich mit Leidenschaft bei der Sache bin. Es macht mir viel Freude, mich Dingen zuzuwenden, die offen sind für mich, für meine Sichtweise und für meine Energie. Ob das in ein paar Jahren weitere Marken sind, die Werbebranche an sich, ob ich was völlig anderes mache, ist dabei gleich – aber ich möchte Menschen bewegen, sie überzeugen, mitreißen. Sehen, wie ein Wandel stattfindet, eine Entwicklung vorangeht.

Ich sagte bereits, dass ich auf Ibiza sterben möchte. Ich liebe das Leben, aber ich muss nicht uralt werden. Das ist so ein seltsames Konzept von Leben: mehr, mehr, mehr. Himmel, wer es mit fünfundsiebzig Jahren nicht geschafft hat, glücklich zu sein, schafft es mit hundert Jahren auch nicht mehr. Allein die Vorstellung, dass heute geborene Kinder fast sicher hundert Jahre alt werden, sprengt mir den Kopf: Sie werden in diesen schnellen Zeiten so unglaublich viel erleben – wie soll man das verstehen, bestaunen und verarbeiten? Gier und Überheblichkeit drängen viele dennoch immer weiter, mich nicht. Ich weiß, was ich kann, was es gibt. Ich möchte irgendwann einfach müde sein dürfen, zufrieden, vollständig. Meine Enkel würde ich gern noch kennenlernen, das wäre wunderbar. Opa sein wäre etwas Neues, das mich womöglich auf ganz andere

Weise herausfordert oder mir – wie so vielen anderen Vätern – die Chance gibt, etwas aufzuholen.

Dieses Buch zu schreiben, das hieß zugleich: meinen Blick noch einmal auf mein gesamtes Leben zu richten, voller Bewusstsein auf alle Phasen zu schauen. Das war nicht nur emotional und intellektuell anstrengend, es tat zudem extrem weh – mitunter, weil ich all die Baustellen betrachten musste, die solche geblieben sind und die ich in diesem Leben nicht mehr bereinigen kann. Ich habe zehn Jahre darüber nachgedacht, dieses Buch zu schreiben, und jedes Jahr Nein gesagt, weil ich bislang nicht so weit war. Jetzt war ich es, bereit für den Schmerz und das Glück. Denn auch das gehört zur Wahrhaftigkeit: sich einzugestehen, dass man nicht allwissend oder perfekt ist. Und seine Geschichte anzunehmen, wie grausam sie auch gewesen sein mag – denn Karma wird den Rest regeln. Ich glaube nicht an einen Gott – er war entweder nie da oder macht seit Tausenden Jahren Urlaub –, aber an eine gewisse ausgleichende Gerechtigkeit. Ich habe sie in all den Jahren gesehen, gespürt: Sie holt alle ein, die sich selbst auf Kosten anderer betrügen. Das nenne ich Karma, und das lässt mich tief schlafen.

Ich bin gespannt auf die nächsten Jahre, ich freue mich, bin neugierig – denn immerhin diesen Teil des kleinen Jungen habe ich mir erhalten. Manchmal denke ich, ich bin der Einzige, so viele andere haben es verlernt, sehen nichts Neues oder Spannendes mehr. Entweder ist es ihnen zu fremd, oder sie lassen es im Augenwinkel an sich vorbeiziehen, arrangieren sich, weil jeder Wandel, alles Neue mühselig ist. Nicht für mich: Die Welt kann mich mal kreuzweise. Kein Krieg, kein Verlust kann mich in seiner Opferrolle halten, kein Leid kann das Kind in mir töten. Ich liebe es, Neues zu entdecken, etwas auszuprobieren, dazuzulernen,

DIE WELT KANN MICH MAL KREUZWEISE.

zu verstehen und wieder zu hinterfragen. Wenn ich damit aufhöre, bin ich tot, doch bis dahin lasse ich es mir gut gehen. Und schaue den anderen dabei zu, wie sie mit den Armen fuchtelnd rufen, ich sei verrückt, das sei alles Unsinn. Ja, bin ich, und ja, das ist es, wortwörtlich.

Abbildungsverzeichnis

Soweit nicht anders vermerkt, handelt es sich um Privatfotos.